KB218436

이런 책은 처음이다. 〈후생동물〉에서 피터 고프리스미스는 우리의 뇌를 형성한 진화적 발전에 초점을 맞추고 있다. 당신이 이러한 발전에 대해 얼마나 많이 알고 있다고 생각하든, 이 책은 당신의 이해를 더 깊어지게 할 것이다. 고프리스미스는 직접 한 관찰과 경험을 통해 과학자와 비과학자 모두에게 우리가 사는 세계를 더욱 선명히 보여 준다.

엘리자베스 마셜 토머스 인류학자, 『길들여진, 길들여지지 않은』 『개와 함께한 10만 시간』 저자, 《아메리칸 스콜라 The American Scholar》

생생하고 아름다운 풍경으로 반짝인다. 〈후생동물〉에서 피터 고프리스미스는 동물의 마음이 작동하는 방식을 조명하기 위해 방대하고 광범위한 다이빙 지식 및 현장 경험과 함께 해양 생물을 탐험한다.

에이미 네주쿠마타틸 미시시피 대학교 영문학 교수, 시인, 《뉴욕 타임스 New York Times》

피터 고프리스미스의 관심사는 특별하고 희귀하다. 연구에 의해 밝혀진 과학적 사실들뿐 아니라 그가 본 것들, 그의 앞에 있는 생물의 특수성, 그리고 그것이 가진 의미를 민감하게 캐치한다. 흡입력 있고 읽는 기쁨이 있는 이 책을 항상 곁에 두고 싶다.

나이절 워버턴 철학자, 『철학의 역사』, 『논리적 생각의 핵심 개념들』 저자

잠수하는 철학자 혹은 유튜버 고프리스미스는 후생동물들이 세계를 감각하는 방식에 대해 매력 넘치는 논의를 펼친다. 이전에 나는 아동기와 지성이 서로 상관관계가 있다고 주장했는데, 이 책에서의 동물들의 모습을 통해 반드시 그렇지만은 않음을 깨달았다.

앨리슨 고프닉 UC버클리 심리학 교수 『아기들은 어떻게 배울까』 저자

후생동물은 전작 〈아더 마인즈〉의 미덕을 공유한다. 고프리스미스는 종종 놀라운 동물 행동에 대한 그의 이론적 테마를 직접적인 경험과 잘 섞어낸다. 그의 탐구 스타일은 의식 자체의 문제에도 잘 어울릴 뿐만 아니라, 읽는 독자들의 삶에도 영향을 미칠 것이다.

데이비드 파피노 뉴욕 시립대학교 대학원 교수, 전 킹스 칼리지 과학철학 교수

피터 고프리스미스는 바다 생물들의 광경으로 심오한 과학 드라마의 막을 올리며 시작한다. 이어서 인간이 아닌 생물의 삶을 통해 지각과 정신의 본질이 갖고 있는 깊은 비밀을 밝히고, 마음을 소유한다는 것이 무엇을 의미하는지 발견한다. 저자는 '생명과 정신은 물에서 시작되었다'는 질문에 확고하고 대담하게 답해나간다.

바버라 키저 과학전문 에디터, 《월스트리트 저널 Wallstreet Journal》

철학자들은 오랫동안 의식의 본질에 대해 논의해 왔다. 이 탐사 연구는 인간뿐만 아니라 동물계의 다양한 면에서 "보편적 경험"을 찾아 진화의 맥락에서 접근한다. 저자는 추상적이기로 악명 높은 주제를 명쾌하게 설명하고, 모호한 철학적 은유를 해부하며, 그가 호주의 해안에서 직접 관찰한 문어, 고래 상어, 청소 새우에 대한 생생한 설명을 엮는다.

뉴요커 《New Yorker》

고프리스미스는 동물계에서 의식의 존재에 대한 풍부한 관점을 보여준다. 그의 진화적 접근법은 인간의 뇌와 문어의 팔에 분산된 신경망을 비교할 때처럼 생물학적 지식으로 가득하고, 스쿠버다이빙을 하는 동안 그가 마주치는 동물들의 생생한 디테일로 훌륭하게 보완된다. 그가 다루는 철학적 주제와 그가 만나고 말하는 생명체에 대한 열정은 이토록 매혹적인 이 책에서 분명하게 드러난다.

퍼블리셔스 위클리 《Publishers Weekly》

내가 아는 어떤 사람도 피터 고프리스미스처럼 쓰고 생각하지 못한다. 그의 생명과학적 사고와 더불어 실제 세계에 있는 철학적 함의를 깊이 탐구하는 태도는 독자들에게 오싹함을 느끼게 할 정도로 노련하다. 이 책은 삶이 무엇인지, 삶이 무엇을 의미하는지, 우리가 이해하는 것을 어떻게 이해하는지, 그리고 우리 존재가 얼마나 경이로운지 찾아나서는 가장 깊은 곳으로의 잠수다.

칼 사피나 생태학자, 뉴욕 주립대 스토니브룩 캠퍼스 석좌교수, 『소리와 몸짓』 저자

METAZOA

후생동물
바다로부터 뭍까지, 동물에게서 배우는 마음의 진화와 생명의 의미

초판 1쇄 펴냄   2023년 2월 1일
초판 2쇄 펴냄   2023년 5월 11일

지은이   피터 고프리스미스
옮긴이   박종현
책임편집   이송찬

펴낸곳   도서출판 이김
등록   2015년 12월 2일 (제2021-000353호)
주소   서울시 마포구 방울내로 70, 301호 (망원동)

ISBN   979-11-89680-39-8 (03470)

값 22,000원
잘못된 책은 구입한 곳에서 바꿔 드립니다.

후생동물

바다로부터 뭍까지,
동물에게서 배우는
마음의 진화와 생명의 의미

피터 고프리스미스 Peter Godfrey-Smith
박종현 옮김

이음

2019~2020년 호주 산불로
생명을 잃은 모든 존재들과
화마와 싸운 분들을 위해

차례

Metazoa: Animal Life
and the Birth of the Mind

낸터킷의 선주들아, 당신들에게 간곡히 충고하겠다. 때아닌 사색에 젖어서 이마가 마르고 눈이 푹 꺼져 있는 젊은이를 방심해서는 안 되는 바닷일로 데려가는 것을 조심하라. … 어떤 작살잡이가 이런 젊은이 하나에게 말했다. "아니 이 원숭이 같은 놈아, 3년이나 떠다니고 있는데 여태 너는 고래 하나 잡아올리지 못했다. 네 녀석이 여기 올라오면 고래들이 닭 이빨처럼 드물어지는구나." 고래가 실제 드물었을 수도 있다. 아니면 그들은 먼 수평선에 떼지어 있었을지도 모른다. 허나 이 정신 팔린 젊은이는 파도 소리에 생각이 뒤섞여, 공허하고 무의식적인 몽상의 아편 같은 노곤함에 빠져서는 끝내 자신의 정체성을 잃는다. 그의 발 아래 신비로운 바다를 통해 인류와 자연에 가득 퍼진 깊고 푸르며 무한한 영혼의 이미지를 본다. 그리고 그를 피해가는 모든 기묘하고 보일락말락하며 미끄러지듯 움직이는 아름다운 것들을 본다. 뭔지 모를 것들의 흐릿하게 보이는 등지느러미를, 영혼 속을 계속해서 스치는 규정키 어려운 사유들의 현현으로 본다. 이 황홀 속에서, 당신의 정신은 그것이 왔던 곳으로 사라지고 시공간을 초월하여 퍼져 버린다. 위클리프의 흩뿌려진 범신론적 잔해처럼, 둥근 지구 모든 해안의 한 부분이 된다.

—허먼 멜빌, 『모비-딕』

1. 원생동물

몇 걸음 내려가면

당신은 방파제 바위로 이루어진 계단을 열 걸음 내려가 잔잔하고 고요한 만조滿潮의 바다 속으로 든다. 수면 아래로 잠길수록 소리가 희미해지고 빛은 옅은 초록이 되어간다. 들리는 것은 숨소리뿐이다.

　곧 온갖 색과 모양이 마구 뒤섞인 해면sponge의 정원에 닿는다. 어떤 것들은 전구나 부채 모양을 한 채 바닥에서 위를 향해 자라난다. 또 다른 것들은 불규칙하게 뒤덮은 층을 이루며 옆으로 제각기 퍼져 간다. 고사리나 꽃처럼 생긴, 엷은 분홍빛의 주전자 주둥이 모양을 하고 안쪽엔 에나멜 패턴이 있는 해초강海鞘, ascidian 생물이 해면들 사이사이에 있다. 이 주둥이들은 선박 갑판에 있는 아래 방향으로 굽은 굴뚝을 닮긴 했지만 모든 방향으로 향해 있다. 그것들은 온갖 얽히고설킨 생명체들로 덮여 있어서, 그 모습이 때로는 독립적인 유기체라기보다, 존재들이 살아가는 물리적 풍경의 한 부분으로 보이기까지 한다.

하지만 해초들은 마치 잠을 자는 듯 하다가도, 당신이 지나갈 때 반쯤은 감각한 양 미세하게 움직인다. 때로는 해초의 몸이 반으로 쪼그라들면서 품고 있던 물을 분출해 놀래키는데, 마치 어깨를 움츠렸다가 한숨을 내쉬는 것처럼 보인다. 당신이 지나가자 풍경이 살아 움직이며 참견을 하는 것이다.

해초들 사이로는 말미잘anemone과 연산호soft coral가 있다. 어떤 산호들은 아주 작은 손들이 다발을 이룬 모양을 하고 있다. 꽃의 규칙성을 띤 손들이 주변의 물을 꽉 움켜쥐었다가 다시 천천히 편다.

당신은 숲처럼 삶으로 둘러싸인 곳을 헤엄쳐 지나간다. 그러나 당신이 숲에서 조우하는 것은 다른 진화 경로인 식물 진화의 산물이다. 해면의 정원에서 당신이 보는 것은 대부분 동물이다. (해면을 제외한) 이들 대부분은 신경 체계, 즉 몸 전체에 뻗어 있고 전기가 흐르는 가닥을 지니고 있다. 이들은 움직이고, 뿜고, 뻗고, 멈칫거린다. 어떤 것은 당신이 닿자마자 반응한다. 석회관갯지렁이serpulid worm는 암초에 붙은 오렌지빛 깃털 다발처럼 생겼는데, 당신이 가까이 가면 깃털마다 달려 있는 눈을 감춘다. 초록 숲속에서 나무들이 재채기하고, 기침하며, 손을 뻗고, 숨은 눈으로 흘깃거리는 모습을 상상해 보라.

해안에서 멀어지며 찬찬히 헤엄치노라면 아직 남아 있는 동물 동작action의 초기 형태와 그 동류를 볼 수 있다. 당신은 과거로 헤엄치는 것이 아니다. 해면, 해초, 산호는 모두 현존하는 동물로, 인간을 낳은 것과 동일한 시간동안 진화한 결과물이다. 당신은 조상들이 아니라 먼 친척들 사이에 있다. 당신과 당신을 둘러싼 정원은 모두 단 하나의 가계도 family tree 끄트머리 가지에서 만들어진 것이다.

해안에서 더 멀리 나오면, 더듬이와 집게발을 지닌 청소새우banded shrimp가 바위 밑에 있다. 군데군데 투명한 몸 위 크기는 몇 인치에 불과하지만, 더듬이와 다른 부속지들까지 합친 전체 길이는 적어도 몸길이의 세 배다. 아마 지금껏 언급한 생물 중에서 당신을 밀려오는 빛이나 덩어리로 여기고 반응하는 게 아니라 하나의 대상으로서 인식하는 첫 번째 존재일 것이다. 조금 더 가면 바위 위에서 문어가 고양이처럼 (위장색을 했지만) 누워서, 다리 몇 개를 늘어뜨리고 나머지는 돌돌 말고 있다. 이 동물은 새우보다 더욱 노골적으로 당신을 지켜보고, 당신이 지나갈 때 머리를 들어 주시한다.

1857년, 영국의 탐험선 HMS 사이클롭스 호가 북대서양 깊은 곳에서 뭔가를 건져 올렸다. 해저 진흙으로 보이는 그것은 알코올에 담겨 생물학자 토머스 헨리 헉슬리Thomas Henry Huxley에게 전달되었다.[*]

이 샘플이 그에게 전달된 것은 딱히 특이해 보여서가 아니라, 당대의 해저에 대한 학문적이고 실용적인 관심, 곧 해저 전신 케이블을 깔려는 계획 때문이었다. 대서양을 가로질러 메시지를 전송하는 최초의 케이블은 1858년에 완성되었지만, 절연絕緣에 실패하여 신호가 바닷물 속으로 새어 나가는 바람에 단 3주간 지속되는 데 그쳤다.

헉슬리는 진흙 덩이를 관찰하면서 몇몇 단세포 생물들과 뭔지 알 수 없는 둥그런 존재들에 주목하였고, 이를 약 10년 동안 보관해 놓았다.

그 후 헉슬리는 더 성능 좋은 현미경으로 그것을 다시 관찰했다. 기원을 알 수 없는 원반 혹은 공 모양 조직들, 그것들을 둘러싼 점액질의 "투명한 젤리 같은 물질"이 보였다. 헉슬리는 자신이 극히 단순한 형태의 새로운 종류의 유기체

---

[*] 이 책의 뒷부분에 있는 '주'에서 참고문헌의 출처를 확인할 수 있다. 주석은 무척 많으며 원전에서 제시하는 논의보다 조금 더 나아갔다. 주석은 페이지별로 정리되어 있으며 본문의 해당 구절을 함께 수록해 두었다.

를 발견했다고 주장하였다. 그는 조심스럽게, 원반과 공 모양의 조직들은 젤리 같은 살아 있는 물질이 만들어 낸 딱딱한 부분이라고 해석하였다. 헉슬리는 독일의 생물학자, 삽화가, 철학자인 에른스트 헤켈Ernst Haeckel의 이름을 따서 이 새로운 생명의 형태를 **바티비우스 헤켈리**Bathybius Haeckelii라 명명하였다.

헤켈은 이 발견과 명명을 마음에 들어했다. 그는 이와 같은 생명체가 반드시 존재한다고 주장해 왔다. 헉슬리처럼 헤켈도 1859년 출판된『종의 기원』속 다윈의 진화론을 철저히 신봉했다. 헉슬리와 헤켈은 각기 영국과 독일에서 다윈주의를 앞장서 옹호하는 이들이었다. 한편 이 둘은 이 책의 몇몇 구절을 비롯해 생명의 근원과 진화 과정의 시작에 대해 추론하기를 꺼리던 다윈의 태도를 맹렬히 비판하기도 하였다. 생명은 지구상에 오직 한 번만 생성되었는가, 아니면 여러 번에 걸쳐 나타났는가? 헤켈은 생명이 무생물에서 자연스레 만들어지는 일이 가능하며, 그러한 일이 지속적으로 일어나고 있다고 믿었다. 그는 생명의 기본적 형태인 바티비우스가 광대한 심해저를 덮고 있으리라 생각했다. 이것을 산 것과 죽은 것(즉 무기물) 사이의 가교 혹은 연결고리로 여긴 것이다.

고대 그리스 시대부터 이어져 온 생명체의 구조에 대한 전통적 개념은 동물과 식물, 단 두 종류의 존재만을 인정하였다. 모든 산 것은 이 둘 중 하나에 속해야만 했다. 18세기 스웨덴의 식물학자 카를 린나이우스Carl Linnaeus가 새로운 분류 체계를 고안하면서, 식물계, 동물계에 더하여 '암석' 또는 라피데스Lapides라고 하는 무생물 영역을 포함시켰다. 이러한 삼분법은 "동물, 식물, 혹은 무생물?"이라는 친숙한 질문 속에서 여전히 발견할 수 있다. ("Animal, vegetable, or mineral?"은 스무고개에서 흔히 사용되는 질문으로 박물관의 유물을 식별하고 논하는 영국 TV 프로그램의 제목이기도 하다. – 옮긴이)

아주 작은 생명체들은 린나이우스 이전에도 관찰되었다. 아마도 1670년대에 가장 성능이 뛰어난 초기 현미경을 만든 네덜란드의 포목상 안토니 판 레이우엔훅Antonie van Leeuwenhoek이 가장 먼저 그것들을 관찰하였을 것이다. 린나이우스는 현미경으로 관찰한 여러 종류의 작은 생명체들을 자신의 분류법 속 "벌레" 범주에 포함시켰다. (그는 식물과 마찬가지로 동물을 분류하기 시작한 『자연의 체계』 열 번째 개정판에서 자신이 모나스Monas라고 이름 붙인 "미물" 그룹을 포함시켰다.)

생물학이 발전할수록 미시적 스케일의 난제들이 떠오르기 시작했다. 학자들은 이들을 식물(조류) 또는 동물(원생동물)로 분류하려 했지만, 새로 발견되는 생명체가 이 중 어디 속하는지 구분하기가 쉽지 않자 자연스레 기존 분류법에 무리가 있음을 느끼게 되었다.

1860년 영국의 박물학자 존 호그John Hogg는 식물도 동물도 아니며, 점점 단세포로 인식되는 작은 생명체를 위해 제 4의 계界를 더하는 것이 현명하다고 주장했다. 그는 이 생물들을 **원생생물**Protoctista이라 칭하고, 동물, 식물, 암석의 뒤를 이은 **원시계**Regnum Primigenum 범주에 넣었다. (호그가 사용한 용어는 후에 헤켈에 의해 "Protista"라는 보다 짧은 현대어로 바뀌었다.) 호그가 보기에 서로 다른 생명체 간의 경계는 모호했지만, 암석과 산 것들 사이의 경계는 확연했다.

지금껏 설명한 범주 논쟁은 생명에 관한 것이지 정신에 관한 것은 아니었다. 하지만 생명과 정신의 관계가 확고하다고 인식되지 않았더라도, 이 둘은 오랫동안 어떠한 방식으로든 연결되어 있으리라 여겨져 왔다. 2,000년 전 형성된 아리스토텔레스적 관점에서 보면 **영혼**soul은 생명과 정신mental을 통합시킨다. 아리스토텔레스에게 있어 영혼은 몸의 움직임을 지시하는 일종의 내적 형태이며, 생명체마다 그 단계나 수준이 다르다. 식물이 살기 위해 영양분을 섭취하는 것은 일종의 영혼이 있음을 보여 준다. 동물도 영양분을 섭취하며, 또한 환경을 감각하고 그에 반응할 수 있다. 식물과는 다른 종류의 영혼을 갖고 있는 것이다. 인간은 동물의 두 능력에 더하여 이성을 지니고 있다. 따라서 세 번째 종류의 영혼을 갖고 있다. 아리스토텔레스는, 영혼이 없는 무생물도 자연 속 각자의 자리를 추구하면서 각기 목표에 부합하는 행동을 한다고 보았다.

17세기 "과학 혁명"은 아리스토텔레스의 그림을 전복시키며, 이 관계들을 다시 그려냈다. 이는 신체는 목적의식이 거의 또는 전혀 없으며, 기계적, 반복적으로 작동한다는 개념을 확고히 했고, 영혼은 고상하거나 영적인 개념으로 취급했다. 영혼은 아리스토텔레스의 세계에서 살아 있는 모든 자연물에 없어서는 안 될 요소였지만, 이제는 보다 심원하고 지적인 사유 대상이 되었다. 한편으로 영혼이란 신의 의지에 의해 구원받아, 일종의 영생이 가능한 어떤 것이기도 했다.

이 시기 영향력 있는 대표적 인물인 르네 데카르트René Descartes에게 물질과 정신은 완벽히 분리된 것이었다. 인간은 이 둘의 조합으로, 물질적이면서 **동시에** 정신적인 존재이다. 이 '동시에'가 가능한 것은 우리 뇌 속 작은 기관에서 두 영역이 만나기 때문이다. 이러한 주장이 데카르트의 "이원론dualism"이다. 그가 보기에 다른 동물에게는 영혼이 없으므로 순전히 기계적이다. 개에게 무슨 짓을 해도 그들은 느끼지 못한다. 인간을 특별한 존재로 만드는 영혼은 더이상 아주 희미한 형태로라도 다른 동식물에는 거하지 않게 된다.

다윈, 헤켈, 헉슬리의 시대인 19세기로 오면 생물학 및 여타 과학들이 발전하면서 데카르트의 이원론은 점차 설득력을 잃는다. 다윈의 연구는 인간과 다른 동물이 그다지 뚜렷하게 구분되지 않는다는 그림을 보여 주었다. 각기 다른 정신적 능력을 지닌 다양한 형태의 생명체들이 환경 적응과 종분화에 의한 점진적 진화 과정을 통해 등장해 왔다는 것이다. 이는 몸과 정신, 두 가지 모두를 설명하기에 충분한 모델로 보였다. 단, 기원을 알 수 있다면 말이다.

"기원을 알 수 있다면"이라는 **가정**은 중요했다. 헤켈과 헉슬리 등은 이 문제에 다음과 같이 접근했다. 그들은 현존하는 생명체들 중에서 삶과 정신의 시작을 가능케 하는 무언가를 발견할 수 있으리라 여겼다. 이 무언가란 초자연적인 것은 아니되 평범한 물질과는 확실히 다를 것이었다. 만일 그 물질을 분류할 수 있다면, 숟가락으로 떠낼 수 있을 것이며, 숟가락 안에서도 특별한 무언가로 남아 있어야 한다. 그들은 그것을 "원형질protoplasm"이라 불렀다.

이상한 접근법으로 보일 수 있겠지만, 이러한 사유는 부분적으로 세포와 작은 생물의 관찰에서 기인한 것이었다. 세포의 내부를 보았을 때 세포가 명백히 수행하고 있는 일을 해내기에는 가지고 있는 기관이 충분치 않아 보였고, 각 부분이 다른 부분과 충분히 다르게 보이지 않았으며, 그저 투명하고 보드라운 형체에 불과해 보였다. 영국의 생리학자 윌리엄 벤저민 카펜터William Benjamin Carpenter는 1862년에 쓴 저작에 단세포 생물의 움직임이 자신을 놀라게 했다고 적었다. 개체 내부의 "정교한 장치들이 할 법한 생명 활동이" 실은 "아무리 봐도 똑같은 작은 젤리 조각들"에 의해 이루어진다는 것이다. 이 젤리 조각은 "팔 없이 음식을 쥐고, 입 없이 삼키며, 위 없이 소화시키고, 근육 없이 이동한다." 이 관찰은 헉슬리 그리고 다른 학자들을 평범한 물질로 이루어진 복잡한 조직이 생명 활동을 설명할 수는 없으며, 오직 본질적으로 살아 있는 다른 어떤 요소가 있을 것이라는 생각으로 이끌었다. "조직은 생명의 결과이지, 생명이 조직의 결과물이 아니다."

이러한 상황에서 바티비우스는 특별한 주목을 받았다. 바티비우스는 아마도 자연 발생적으로 나타나고 끊임없이 다시 만들어지는 심해저의 유기물 카펫을 형성하는, 생명체의 순수한 표본으로 비쳤다. 다른 많은 표본들도 연구되었다. 비스케 만에서 채취된 바티비우스의 경우는 움직일 수 있는 것처럼 묘사되었다. 하지만 다른 생물학자들은 이것이 원시 생물의 형태라는 추정에 확신이 없었다. 그것을 둘러싼 많은 추측들이 난무했다. 바티비우스는 저 밑에서 어떻게 살아 있는 것일까? 무엇을 먹는 것일까?

1870년 왕립학회에서 조직한 프로젝트인 챌린저 탐험대가 4년 동안 세계 수백 곳의 심해저에서 채취한 샘플들을 가지고 돌아왔다. 탐험의 목적은 깊은 바닷속에 사는 생명체의 목록을 최초로 정리해 보려는 것이었다. 탐험대의 책임 과학자였던 찰스 위빌 톰슨Charles Wyville Thomson은 바티비우스와 관련된 의문을 경계하면서도 연구하고픈 의지가 있었다. 탐험대가 전혀 새로운 샘플을 얻은 것은 아니었다. 배에 탑승한 두 과학자는 이리저리 만져보다가, 바티비우스가 살아 있지 않으며 생물 비슷한 것조차 아니라고 의심하기 시작했다. 실험 끝에, 그들은 (HMS 사이클롭스 호에서 가져온 것을 포함하여) 바티비우스가 바닷물과 보존용 알코올 사이에서 일어난 화학반응의 산물에 지나지 않음을 증명하였다.

바티비우스는 죽은 것이었다. 헉슬리는 즉시 자신이 착각했음을 인정했다. 헤켈은 불행하게도 거의 10년을 더, 바티비우스가 미싱 링크라는 믿음에 집착하였다. 하지만 생물과 무생물 사이에 바티비우스라는 다리를 놓으려는 시도는 실패했다.

그 후에도, 어떤 사람들은 여전히 생명과 물질을 연결하는 특별한 실체라는, 앞에서 말한 것과 대체로 같은 다리에 대한 희망을 놓지 않았다. 하지만 시간이 지나며 이러한 견해들은 사라져 갔다. 천천히 이루어지는 관찰은 그들의 견해를 되돌려 놓았으며, 이 과정은 생명 활동을 더 이상 신비롭지 않은 것으로 만들었다. 생명에 대한 최종적 설명은, 평범한 물질이 알려지지 않은 방식으로 조직된 것이라는 헉슬리와 헤켈이 동의할 수 없는 방향으로 가고 있었다.

앞으로 나오겠지만, 그 물질은 어떤 의미로도 "평범"하지 않다. 하지만 그 물질을 구성하는 요소는 평범하다. 생명체는 세계의 나머지를 구성하는 것과 같은 화학적 원소로 이루어져 있고, 무생물과 다름없는 물리적 원리에 따라 움직인다. 우리는 아직 생명이 어떻게 시작되었는지 모르지만, 어떤 특별한 물질이 생명의 세계를 만들었다고 믿게 만드는 일종의 미스터리 속에서 기원을 찾지는 않는다.

이는 생명에 대한 물질주의materialist적 시각이자 초자연적 개입을 부정하는 관점의 승리였다. 또한 이는 물리적 세계 자체가 그것의 기본 구성요소들 안에 통합되어 있다는 시각의 승리이기도 했다. 생명 활동은 불가해한 요소로 설명되는 것이 아니다. 그래서 아주 작은 규모의 복잡한 구조에서 봐야 한다. 이 규모는 상상 이상으로 미세하다. 예로, 리보솜ribosome은 단백질 분자 합성이 이루어지는 세포의 중요한 소기관이며 그 자체로도 복잡한 구조이다. 하지만 이 문장 끝의 마침표 안에는 1억 개의 리보솜이 들어갈 수 있다.

생명은 이렇게 제자리를 찾았다. 하지만 정신에 대해서는 해결되지 않은 문제가 아주 많이 남아 있다.

간극

19세기 후반 이래 다윈주의적 혁명이 가속화되면서 데카르트로 대표되는 정신에 대한 이원론적 시각이 더이상 유지되기 어려워졌다. 이원론은 어떤 의미에서 인간을 유독 특별한, 신에 가까운 존재로 자연 속에 위치 지어 왔다. 다른 존재들은 살았든 죽었든 간에 순수한 물리적 존재에 불과한 반면, 우리는 거기에 어떤 요소를 더한 것이었다. 인류를 보는 진화적 시각은 우리와 다른 동물들 사이의 연속성에 주목했기에 (아주 불가능하지는 않지만) 이원론을 계속 신봉하기는 어렵게 만들었다. 이는 사고, 경험, 감각을 물리적, 화학적 과정으로 설명하는 물질주의적 시각의 발달을 추동하였다. 생명이 물질주의적 태도에 굴복했다는 사실은 고무적이긴 했으나, 실제로 얼마나 도움이 되는지는 확실하지 않다. 생물학에서 물질주의의 성공이 정신에 관한 수수께끼들을 어떻게 다룰 수 있을지는 명확하지 않았던 것이다.

역사를 돌아보면 우리는 현재까지 이어져 오는 공존할 수 없는 두 가지 흐름을 구분할 수 있다. 앞서 보았듯 아리스토텔레스는 식물과 동물, 그리고 인간이 각기 다른 단계의 영혼을 가지고 있다고 보았다. 아리스토텔레스에 따르면 우리가 "정신"이라 부르는 것은 생명 활동의 한 형태 또는 확장이다. 그의 시각은 진화론적이라고는 할 수 없지만, 이 사유를 진화론의 맥락 속에서 재구성하는 일은 그리 어렵지 않다. 복잡한 생명으로 진화하는 과정에서 목적성 동작이 고도화되고 환경에 대한 민감성이 발달하면서 자연스럽게 정신이 만들어졌다는 식으로 말이다.

반면, 데카르트는 생명과 정신을 완전히 분리된 것으로

보았다. 이 두 번째 관점에 따르자면 생명을 더 잘 이해한다고 해도 정신에 관한 의문점을 대하는 데는 딱히 도움이 되지 않는다.

지난 100년 여 동안 이 분야 내에서는 물질주의적 시각이 대세였으나, 한 측면으로는 데카르트의 관점에 가까워졌다. 20세기 중엽 이후로, 이론가들은 생명과 정신의 본질 사이에 밀접한 관계에 있다는 시각에서 멀어졌다. 이는 컴퓨터의 발전 때문이었다. 20세기 중엽 이후 발달한 컴퓨터 테크놀로지는 정신과 물질의 관계를 생명이 아닌 논리로 잇기 시작했다. 추론과 기억, 즉 계산에 기반한 새로운 기계화는 진보를 위한 더 나은 방법으로 보였다. 인공지능 시스템이 발달하면서 어떤 것이 지능이 있는 것처럼 보이더라도 이를 살아 있다고 생각할 이유가 딱히 없어졌다. 동물의 육체는 별로 중요하지 않은, 사실상 전혀 필수적이지 않은 어떤 것이 되어 버렸다. 이제는 소프트웨어가 핵심이 되었다. 뇌는 프로그램을 실행하고, 그 프로그램은 다른 기계(및 그 외의 것들)에서도 마찬가지로 잘 작동할 수 있다는 것이다.

이 시기는 정신과 물질에 대한 문제들이 첨예해진 때이기도 하다. "정신"이라는 수수께끼는 보다 구체적인 난제들로 대체됐다. 새로운 관점으로는 정신의 문제 일부를 물질주의적 개념으로 쉬이 설명할 수 있었지만, 다른 부분은 외려 답을 하기가 어려워졌다. 주체적 경험, 즉 의식이 그러했다. 예로, 기억에 대해 생각해 보자. 우리는 많은 동물 종種이 기억을 지님을 안다. 그들은 뇌 속에 과거의 흔적을 남기고, 후에 뭘 해야 할지 고민할 때 이 흔적을 활용한다. 뇌가 어떻게 이 일을 수행하는지 상상하는 것은 그리 어렵지 않다. 대부분의 궁금증이 아직 풀리지 않았지만, 풀어낼 수 있을 것이라 보인다. 기억의 이러한 면이 어떻게 작용하는지는 알아낼 수 있을 것이다. 하지만 인간의 경우, 적어도 어떤 종류의 기억은 무언가로 **느껴지기도**feel 한다. 1974년에 토머스 네이글Thomas Nagel이 표현한 것처럼, 정신을 **지닌 것 같은 무언가**가 있다(정신을 지닌 것처럼 **느껴지는**feel). 좋거나 나쁜 경험을 기억함을 느끼는 무언가가 있다. 유용한 정보를 저장하거나 검색하는 능력인 기억의 "정보–처리information-processing" 측면에 이러한 부가적 특성이 동반될 수도, 그렇지 않을 수도 있다. 이러한 정신–육체에 관한 난제는, 생물학, 물리학, 혹은 컴퓨터 기반 개념들을 통해 감각된 경험felt experience이 어떻게 세상에 존재하는지를 풀어내면서, 우리의 정신적 삶 그 마지막 부분을 설명하려고 한다.

　이 정신의 문제에 접근하기 위해 여전히 다양한 고전적 방법들이 쓰인다. 주된 시각으로 한편에는 물질주의 혹은 "물리주의physicalist" 시각이, 다른 편에는 이원론이 있다. 이보다 급진적인 의견도 제시되었는데 흥미롭다. **범심론**panpsychism 은 책상과 같은 물건을 포함한 모든 물질에 정신적 측면이 있다는 입장이다. 이는 온 우주가 경험으로 만들어진다는 생각인 **관념론**idealism과는 차이가 있다. 범심론은 세계가 보이는 것처럼 물리적 형태를 지녔음에 동의하되, 세계를 이루는 물질에는 늘 정신적인 면이 있다고 여긴다. 물질의 정신적 측면 일부가 뇌 속에서 조직되면서 경험과 의식을 일으킨다는 것이다. 일견 이상해 보일 수 있지만, 진지하게 옹호하는 이들이 있다. 앞서 언급한 토머스 네이글은, 모든 시각에는 문제점이 있으며 범심론이 딱히 다른 시각들보다 열등하지 않기에 이를 하나의 가능한 선택항으로 남겨두어야 한다고 주장한다. 바티비우스에 몰두하던 시절 이후의 헤켈 역시 범심론에 매혹되었다. 헉슬리는 이와는 다른 비주류 시각에 관심을 가졌다. 그는 의식적 경험이 물리적 과정의 결과지만 절대 그 원인은 아니라고 보았다. 이것은 이원론의 한 종류이며 여전히 옹호자들이 있다.

이러한 대안적 우주관들의 과감한 접근이 아닌, 보다 일상적인 논의들을 살피더라도 정신이 어디에 존재하는지에 대한 다양한 생각들을 볼 수 있다. 어떤 이들은 정신이란 것이 (거의) 어디에나 있다고 여긴다. 다른 이들은, 정신은 인류에게만 있거나 우리와 비슷한 몇몇 동물들에게만 해당되는 것이라 생각한다. 수면에서 열심히 헤엄치는 단세포 생물인 짚신벌레paramecia를 볼 때, 누군가는 그것이 하고 있는 일이 감각만으로 충분히 가능할 것이라 생각할 것이다. 짚신벌레는 반응을 하며, 목표가 있고, 아주 작은 스케일이지만 경험도 지닌다는 것이다. 어떤 이는 짚신벌레는 물론이고 보다 복잡한 동물인 물고기에게조차 감각이 존재하지 않는다고 여긴다. 그들이 보기에 물고기는 다양한 반사적 행동과 본능을 갖고 있고, 꽤 복잡한 뇌 활동을 하지만, 모두 "어둠 속에서" 일어나는 일일 뿐이다. 이들의 생각이 틀렸다면, 왜일까? 만일 범심론 역시 틀렸고, 한 톨의 모래가 감각을 지녔다는 증거가 없다면, 그것은 왜 틀린 것일까? **어쩌면** 그런 방식으로 존재할 수도 있지 않을까? 보통 이런 상황에는 일종의 자의적 판단이 나타난다. 사람들은 자기 마음에 드는 대로 말해도 된다. 현재 대부분의 사람들이 어떤 입장을 취하고 있는지 추측해 본다면 이렇다. 어떤 살아 있는 존재가 경험이란 것을 하는지 사람들에게 묻는다면, 보통 포유류와 조류들에게는 "그렇다", 어류와 파충류에게는 "글쎄", 그리고 나머지에게는 "아닐걸"이라는 대답을 들으리라 생각한다. 하지만 누군가 개미, 식물, 짚신벌레를 비롯한 더 많은 존재들을 "그렇다"에 포함시키거나 반대로 포유류만 그렇다고 말할 때 논쟁의 고삐가 풀려 버린다. 누가 옳은지 어떻게 밝혀낼 수 있을까?

이러한 (판단의) 자의성은 철학자 조셉 레빈Joseph Levine이 "설명적 간극the explanatory gap"이라 부른 것과 관련이 있다. 정신이 순수하게 물리적 기반만을 지닌 것이라 확신하게 되더라도, 우리는 왜 **이러한** 물리적 구조가, 다른 것도 아니고 **이러한** 종류의 경험을 낳는지를 여전히 설명해야 한다. 특정한 종류의 뇌를 지녔다는 사실이 왜 이러한 과정을 통하여 **이리** 느끼게 만드는 것일까? 다른 시각들에 난점이 있어서 우리가 물질주의를 참으로 여기게 된다손 치더라도, 우리는 그게 **어떻게** 참인지, 어째서 존재가 그러한 방식으로 있을 수 있는지 알기 어렵다.

이것이 내가 이 책에서 다루고 싶은 질문들이다. 이 책의 목적은, 특정한 경험에 관한 레빈 식의 질문(색을 보거나 고통을 느끼는 데 뇌의 어떤 활동이 수반되는가 등)에 답하는 것이 아니다. 그것은 신경과학이 할 일이다. 그것을 대신할 목표는 우리를 비롯한 물질적 존재들이 어째서 무언가처럼 느끼는지feel like를 이해하는 것이다. 여기서 "우리"는 넓은 의미를 지향한다. 이 책에서는 인간의 의식의 복잡성이 아니라, 다른 많은 동물들로 확장될 수 있는 보편적 경험이 주된 대상이 된다. 경험에 대한 이러한 질문에 대해, 앞서 언급한 (박테리아에는 "그렇다", 조류에게는 "아마도 그렇지 않다"라 말하는) 판단의 자의성을 제거하는, 그리하여 당신을 놀라게 할 만한 방향으로 다룰 것이다.

정신-육체의 문제를 다룰 나의 접근법은 생물학적이며, 물질주의적 세계관에 부합한다. 흔히 "물질주의"는 굉장히 단호하고 냉정한 시각으로 여겨진다. 세상은 생각보다 작고, 특별하거나 신성하지 않으며, 서로 부닥치는 원자들에 지나지 않는다는 관점으로 말이다. 원자의 부닥침은 물론 매우 중요하지만, 그렇게 딱딱하고 옭아매는 분위기로 이 책을 끌어갈 생각은 없다. "물리적" 혹은 "물질적" 세계란 퍽퍽한 충돌이나 메마른 구조의 세계만을 의미하지 않는다. 그것은 에너지와 장場, 그리고 보이지 않는 영향들로 이루어져 있다. 우리는 세계 속에 든 것들에 경이로울 준비가 되어 있어야 한다.

이 책은 기본적으로 생물학적 물질주의를 바탕으로 접근하지만, 여러 의미로 나의 관점은 **일원론**monism이라 불리는 좀 더 너그러운 태도를 취한다. 일원론은 자연의 가장 기본적 층위를 구성하는 근원적 단일성에 대해 관심을 갖는 태도이다. 물질주의 역시, 주체적 인식을 포함한 정신 현상이란 것을 생물학, 화학, 물리학적으로 설명되는 기본적 행동의 표현이라 여긴다는 점에서 일원론의 한 종류이다. 모든 것이 정신적인 행동이라는 관념론 역시도, 단일성에 대한 또 다른 종류의 일원론적 주장이다. (관념론자들은 물질적 대상과 행동으로 보이는 것들이 어떻게 해서 정신과 영혼의 진정한 표현인 것인지를 설명해야 한다.) 우리가 "물질적", "정신적"이라고 부르는 것들이 또 다른 근본적인 무언가의 표명이라 생각하는 또 다른 종류의 일원론이 있는데, 바로 **중립적**neutral 일원론이다. 정신을 물리적 개념으로 설명하거나 물질을 정신적 개념으로 설명하는 대신, 이 두 가지를 다른 어떤 개념으로 설명하는 것이다. 이 "다른 어떤" 것은 신비 속에 있다. 만일 내가 물질주의자가 아니었다면 중립적 일원론을 취할 수도 있었겠지만, 그랬을 가능성은 희박하다. 내가 나아가려는 길은 삶에 대한 물질주의적 이해로 시작하여, 어떻게 생명 체계의 진화적 발전이 정신을 탄생시킬 수 있었는지를 보여 주는 것이다. 적어도 부분적으로는, 정신과 물질 사이의 설명적 간극을 줄여내고자 한다.

하지만, 계속 나아가기 전에, 수수께끼의 정신의 측면과, 그것을 논하기 위해 우리가 사용할 개념들을 살펴보자. 네이글이 "…와 같은 무언가something it's like... 있다"고 말한 정신의 측면을 지금은 보통 **의식**consciousness이라 부른다. (네이글 스스로도 이 단어를 사용하였다.) 이런 의미에서 보면, 만약 당신됨과 같은 것을 느끼는feel like to be you 무언가가 있다면 당신에게는 의식이 있다. 하지만 이 "의식"이라는 용어는 꽤 복잡한 것을 담고 있어서 종종 오해를 불러일으킨다. "…와 같은 무언가"라는 구절에는 어떤 종류의 느낌의 현전現前, presence이라도 포함될 수 있다. 만일 모호하고 흐릿한 감각이라도 당신 삶의 일부분으로 스며든다면, 당신됨을 느끼는 무언가가 있는 것이다(물고기나 나방도 그럴 수 있다). 문제는 의식이라는 단어가 이보다도 많은 의미를 담고 있다는 사실이다.

예를 들면, 뇌과학자들은 의식이 포유류를 비롯한 몇몇

척추동물에서만 발견되는 대뇌피질(뇌 상부의 주름진 부분)에 기반한다고 말한다. 뇌 감염으로 인해 새로운 사건을 기억하는 능력을 잃은 환자에 대해 이야기하는 의사이자 작가인 올리버 색스Oliver Sacks의 말을 옮겨 본다. "신경 체계의 근원적 부분과 연계되는 동작 패턴 및 절차 기억과, 대뇌피질에 기반한 의식 및 감수성sensibility 사이의 관계는 무엇인가?" 색스는 질문을 던지고 있지만, 동시에 '의식과 감수성은 대뇌피질에 기초한다'는 가정을 하고 있다. 누군가에게 대뇌피질이 없다면, 여기-내가-있다는 강렬한 의식은 없지만 여전히 어떤 종류의 감각을 가질 수 있다는 의미인가? 혹은, 대뇌피질이 없이는 모든 빛이 꺼지고, 설사 어떤 행동을 해낼지라도 경험experience을 지니지 못하게 된다는 뜻인가? 대부분의 동물, 특히 이 책에 등장하는 대부분의 동물에게는 대뇌피질이 없다. 그들은 우리와 다른 종류의 경험을 할 것인가, 아니면 전혀 경험이란 걸 하지 않을까?

어떤 이들은 대뇌피질이 없다면 어떤 경험도 존재할 수 없다고 생각한다. 책의 뒷부분에서 더 깊게 다룰 테지만, 이러한 시각에 동의하기는 어렵다. 우리는 여러 의미에서 늘, 모든 경험의 형태가 인간의 경험과 같을 것이라 생각하는 습관을 피해야 한다. "의식"이란 단어를 감각된 경험을 일컫는 광범위한 의미로 사용하면, 잘못된 길로 빠지기 쉽다. 하지만 요즘에는 많은 사람이 "의식"이라는 단어와 그 파생형들("현상학적 의식")을 이렇게 넓은 의미로 사용한다. 개념에 과도하게 집착할 생각은 없다. 게다가 완벽한 용어도 없다. 어떤 의미에서, "감응sentience"은 보다 넓은 개념을 지칭키 위한 용어이다. 우리는 "어떤 동물이 감응적일까?"라고 물어볼 수 있다. 이는 어떤 동물이 의식적인지에 대한 질문과는 다르거나 다를 수 있다. 그러나 "감응"은 종종 특정한 **종류**의 경험을 지칭하기 위해 사용된다. 쾌락과 고통 그리고 그와 연관된 경험들, 예컨대 좋고 나쁨의 판단 등을 가리키는 데 말이다. 이러한 경험들은 분명 중요하고, 복잡한 의식 없이 존재할 수 있다고 이해되는 것들이다. 그러나 이것들이 기본적이거나 단순한 경험의 유일한 종류는 아니다. 뒷부분에서, 나는 경험의 감각적sensory 측면과 판단적evaluative 측면이 다소간 분리되어 있음을 살필 것이다. 상황을 기록하는 것과 좋고 나쁨을 판단하는 것은 서로 다를 수 있다는 것이다. "감응"이란 언제나 이 구분 속의 감각적 측면만을 가리키는 것이 아니다.

또 다른 개념으로, 규정하기 어려운 "주체적 경험subjective experience"이 있다. 이는 불필요해 보이기도 하는 개념으로(다른 종류의 경험이란 게 있기는 한가?), "의식적" 혹은 "감응적" 같은 이해하기 쉬운 형용사를 달고 있지 않다. 그러나 "주체적 경험"이란 **주체**subject라는 개념을 상기시킴으로써 바람직한 방향을 시사한다. 어떤 의미에서, 이 책은 주체성subjectivity

의 진화, 그러니까 "주체성은 무엇이며, 어떻게 나타났는가?"를 다룬 책이다. 주체란 경험의 고향, 경험이 사는 곳이다.

때로는 우리가 이 이야기를 통해 이해하고자 하는 바로 그것, 즉 정신에 대해서도 논할 것이다. 정신의 진화와 그것이 세상 속에서 어떻게 적응하는지에 대하여 말이다. 법칙을 정하기보다는 용어들 사이를 누빌 것이다. 하나의 언어만 고집하여 논하기에는 우리의 이해가 충분치 않다.

이 책에서 다룰 프로젝트는 여러 방식으로 설명이 가능하지만, 어떻게 보더라도 쉽지 않다. 이 프로젝트에서는, 세상이 변화하는 과정에서 정신이나 의식이 없는 존재들이 경험을 감각하는 방식으로 스스로를 조직할 수 있음을 보여준다. 방법은 알 수 없지만, 비정신적인 활동 세계의 일부가 정신이 되었다.

이원론, 범심론 및 많은 다른 관점에서는 이러한 일이 불가능하다고 여긴다. 다른 어떤 것, 전혀 비정신적인 재료들로는 (온전히) 정신을 만들어낼 수 없다는 것이다. 정신은 모든 것에 깃들어 있거나 "위에"(정신이 없이 완성될 수 있는 물질적 체계에 부가된다는 의미에서) 덧붙어야만 한다고 여긴다. 그러나 나는, 다른 어떤 것으로부터 당신이, 혹은 진화가, 정신을 빚어낼 수 있다고 생각한다. 그 자체로는 정신적이지 않은 것들의 조합 속에서 정신이 만들어진다. 정신은 자연 속 비정신적 요소들이 조직됨으로서 실체화하는 진화적 산물이다. 그 실체화가 이 책의 주제가 된다.

　정신이 진화의 산물이며 **빚어진** 무언가라고 했지만, 이 표현으로부터 일어날 수 있는 흔한 오해의 여지를 없애고자 한다. 물질주의 시각은 정신을 뇌 속 물리적 작용이나 **결과 물** 또는 산물이라고 주장하지 않는다. (헉슬리는 그렇게 생각한 것 같다.) 대신, 경험을 비롯한 여러 정신의 일들은 일종의 생물학적, 그러니까 물리적 과정이라는 것이다. 우리의 정신은 물질과 에너지의 배열과 활동이다. 이 배열은 진화의 산물로, 천천히 실체가 되었다. 그러나 언젠가부터 존재한 이 배열은 정신의 **원인**이 아니다. 그것들이 "곧" 정신이다. 뇌의 작동은 사고와 경험의 원인이 아니다. 그 **자체가** 곧 사고요 경험이다.

　이상이 내가 살펴보려는 생물학적 물질주의 프로젝트다. 나는 이와 같은 견해를 납득시키고, 실제로 어떻게 작동하는지 역시 보여 주고자 한다. 최대한 생물학적 물질주의 속으로 깊게 들어가는 일이 이 책의 목적이다. 우리가 논의하는 문제가 마술사가 모자에서 토끼를 꺼내듯 쉽사리 해결될 거라 생각하지는 않는다. 그보다는 점진적인 과정이 될 것이다. 나는 글 속에서 내 생각에 타당하게 여겨지는 세 가지 요소를 결합시켜 해답을 그려나갈 것이다. 그러나 모든 질문에 답하지는 않을 것이며 많은 수수께끼들은 그대로 남을 것이다. 나의 생각은 수 년간 써 온 이 책의 서문으로 염두에 둔 한 구절에 생생하게 표현되어 있다. 수학자인 알렉산더 그로텐디크Alexander Grothendieck의 문장이다.

바다는 아무 일도 없는 듯 간섭도 받지 않는 듯, 눈에 안 띄게 조용히 다가온다. (⋯) 허나 그것은 마침내 단단한 것들을 감싸, 반도가 되게, 또 섬이 되게 한다. 마치 바다에 퍼져 녹아들듯 잠기게 한다.

그로텐디크는 순수수학 중에서도 지극히 추상적인 문제들을 연구했다. 위의 인용은 그가 자기 분야에서 문제에 어떻게 접근했는지를 묘사한다. 우리 앞의 문제는 기존의 방법으로는 풀 수가 없어 보인다. 우리가 해야 할 일은, 문제 **주위**에 지식을 쌓고, 그 과정을 통해 문제들이 변화하며 사라지기를 기대하는 것이다. 그 상황은 재구성되고 마침내 이해가 가능해진다. 이 과정의 이미지를, 그는 물속으로 잠겨 사라져가는 덩어리로 그려낸다.

나는 이 이미지를 오랫동안 마음에 간직해 왔다. 몇몇 철학자들이 생각하는 것처럼 이 분야의 수수께끼가 조금 다르게 이야기하는 걸로 극복할 수 있는 단순한 허상이라고 생각하지 않는다. 새로운 것을 배워야 한다. 하지만 배워 나가면서 문제의 형태가 변하고, 사라진다.

이 이미지가 매우 적절해 보여 나의 책머리에 붙여보았

다. 그런데, 지구가 빠르게 더워지면서 극지방의 얼음이 녹아 귀중한 태평양의 섬들이 사라지는 이 시점에는 새로운 함의가 생겨 버린다. 이러한 상황에서 책을 이 인용으로 시작하는 것은 옳지 않아 보였다. 그러나 여전히 그로텐디크의 비유는 나의 사유의 길잡이이며, 그 문장의 시각은 이 책이 어떻게 진행될지를 표현해 내어 준다. 이 책은 생명의 본질, 동물의 역사, 그리고 우리를 둘러싼 동물들이 존재하는 여러 방식을 탐구함으로써 정신과 몸에 관한 수수께끼에 다가간다. 동물의 삶에 대한 연구를 통해 우리는 문제 주위를 둘러싼다. 문제가 형태를 바꾸며 가라앉는 모습을 본다.

　이 책은 전작 『아더 마인즈』로 시작된 기획의 연장이다. 전작에서는 문어를 포함한 두족류cephalopod 동물들을 통해 진화와 정신을 탐구했다. 『아더 마인즈』는 스쿠버 다이빙과 스노클링을 통해 물속에서 생물들과 조우하며 시작한다. 변화무쌍하게 색을 바꾸는 그들의 복잡성을 맞닥뜨리면서, 그들의 내부에서 어떤 일이 일어났는지를 이해하려 시도한다. 그들의 진화 경로에 대한 추적은 우리를 동물사의 주요 사건들로, 계통수genealogical tree 속의 오랜 한 갈랫길로 인도한다. 5억 년 전으로 거슬러 올라가는 이 갈랫길의 한쪽은 문어 및 다른 동물들로, 다른 한쪽은 우리들로 이어진다.

　이 동물들의 안내를 따라가며 본 정신, 육체, 경험에 대한 생각이 전작에서 그려졌다면, 이번 책에서는 사유들이 좀더 나아가고 또 덧붙는다. 철학의 측면에서 보다 면밀히 살핀 결과와, 계통에 관한 더 많은 탐구, 그리고 나의 동물 친척들과 함께 지낸 물속에서의 시간이 사유를 발전시켰다. 『아더 마인즈』가 계속 문어 이야기로 돌아가곤 했다면, 이 책은 보다 많은 종류의 동물들로 옮겨가며 진화학적 계보를 보다 자세히 그리고 더 멀리 살피는 데 목적을 둔다. 어떤 동물들에게는, 나 역시도 관찰하고 조우할 수 있는 대상이다. 다른 것들에게는, 꿈보다도 못한 어떤 현전이었을 것이다. 책의 끝으로 가면서 우리는 육체와 정신이 우리와 비슷한, 가까운 친척들을 살필 것이다. 그러나 역사적인 이야기는, 초기 진화 단계에 비중을 둘 것이다. 경험이라는 것이 어떻게 지구에, 처음에는 물속에서 그리고 나중에는 뭍 위에서 존재하게 되었는지를 이해하는 것이 역사적 탐색의 목적이다.

이 책은 이렇게 진행된다. 우리는 현존하는 생명체들의 안내를 따라 동물 생명의 이야기 위를 처음부터 걷고, 기고, 자라며, 헤엄칠 것이다. 각 동물들을, 그들의 몸을, 그들이 어찌 느끼고 행동하는지를, 그들이 어떻게 세계와 관계 맺는지를 배울 것이다. 그들의 도움을 받아 우리는 역사뿐 아니라, 지금 우리 주변에 있는 다른 형태의 주체성들을 포착하려 한다. 목적은 모든 동물들을 백과사전식으로 알려는 것이 아니다. 나는 정신의 진화가 이행된 흔적들, 특히 이러한 진화가 발생한 단계의 흔적에 주목했다. 이것들 중 대부분은 해양 동물이다. 이제부터, 함께 걸어 내려가 보자.

2. 유리해면

타워

해면 정원은 특히 해류가 지나는 곳의 햇빛이 잘 드는 수면층의 바로 아래서부터 시작된다. 빛이 사라지고, 움직임 없는 동물의 몸들로 이루어진 풍경이 나타난다. 컵이나 전구, 성배, 혹은 가지를 뻗은 나무의 모습이다. 때로는 벙어리장갑을 낀 손처럼 생긴 모습이, 광대한 해저가 부드럽고 불완전한 팔을 위쪽으로 내민 것처럼 보이기도 한다.

　이 얕은 지대에서 조금 더 차갑고 깊은 바닷속 컴컴한 광경을 내려다본다고 상상해 보자. 수면에서 900미터 아래의 해저에는 창백한 색을 띤 30센티미터 정도 되는 원통형 타워들이 다발을 이루고 있다. 각 타워의 바닥 쪽은 단단히 고정되어 있고, 위쪽은 그보다는 조금 넓고 살짝 벌어져 있다. 부들부들한 외부 안쪽에는 작고 단단한 조각들이 격자 모양을 이루고 있다. 별, 갈고리, 가느다란 십자가 모양을 하고 있는 미세한 조각들은 얼기설기 직조되어 타워 형태를 이룬다. 타워는 해저에 연약한 닻을 내리고 있다. 이 닻들 그리고 격자 모양들은 이산화규소, 즉 유리의 주성분으로 만들어졌다.

온대 암초 혹은 황량한 심해 위에 놓인 해면은 죽어 움직이지 않는 것처럼 보이지만 가까이서 살피면 그렇지 않다. 그것은 고요한 펌프이다. 빨아당긴 물이 자신의 몸을 통과하게 한다. 그것은 이를 통해서 감각하고 또 반응한다. 바다의 타워 유리해면glass sponge은 마치 해저의 전구("생각 아이콘!")처럼 빛을 내고 전기가 통하는 신체를 갖고 있다.

세포와 폭풍

정신의 진화는 배경에 생명 그 자체가 있다. DNA와 그 작동처럼 생명과 관계 있는 모든 것이 그렇다는 말은 아니다. 그와는 다른 특징이 배경이 되었다. 그 시작은 세포다.

동물과 식물 이전의 초기 생명체는 단세포 형태였다. 동물과 식물은 세포들의 거대한 협업체이다. 이러한 협업이 이루어지기 전의 세포들은 아마도 각자 완전히 홀로 있지는 않았고, 보통은 군락이나 덩어리를 이루며 살았을 것이다. 그때까지는 세포 하나가 그 자체로 하나의 작은 자아였다.

세포는 내부와 외부가 나뉘어 있고 막으로 경계 지어져 있다. 세포를 감싸는 이 막에는 통로channel와 수용체port가 박혀 있다. 경계를 사이에 두고 왕복이 계속되며, 내부에서는 엄청나게 많은 일들이 펼쳐진다.

세포는 물질, 그러니까 분자들이 모여 구성된 것이다. "물질"이란 말에서 무엇을 떠올릴지 모르겠으나, 이 단어는 불활성이고, 묵직한 존재감이 있으며, 밀어야만 비로소 움직이는 무게가 있는 대상으로 인식되기 쉽다. 물질을 상상하면, 육지에서 책상이나 의자 정도 되는 중간 스케일의 물체가 작동하는 모습이 떠오른다. 하지만 세포라는 물질을 이야기하려면 그 생각을 달리하여야 한다.

세포 속 사건들은 나노스케일, 즉 100만분의1밀리미터 규모에서, 그리고 물이라는 매질 속에서 일어난다. 이와 같은 환경에서 물질은 육지의 책상과는 다르게 움직인다. 생물물리학자 피터 호프만Peter Hoffmann의 말을 빌려오자면, 모든 세포 속에서는 "분자 폭풍molecular storm", 즉 충돌하고 밀고 당기는 소란이 끊임없이 일어난다.

각자 기능이 있는 복잡한 장치들로 꽉 찬 세포 하나를 상상해 보자. 물 분자가 계속해서 이 장치들을 두들겨 댄다. 세포 속의 물체는 10조분의1초마다 빠르게 움직이는 물 분자와 부딪힌다. 10조분의1초는 오타가 아니다. 세포 속에서 일어나는 사건의 규모는 너무 작아서 우리의 직관으로 상상하기란 사실상 불가능하다. 이러한 충돌은 하찮은 것이 아니다. 충돌이 갖고 있는 힘은 세포 속 장치들이 스스로 만들어 내는 힘을 보잘것없게 만들 정도다. 세포 내부의 장치는 사건들을 특정한 방향으로 몰고 가서 폭풍에 일관성을 만들어낼 수 있을 뿐이다.

물이라는 매질은 이 폭풍을 유지시키는 데 중요하다. 이렇게 작은 스케일의 물체들은 육지에서는 서로 달라붙어서 기능을 멈춘 채 덩어리를 이룰테지만, 물 안에서는 달라붙지 않는다. 대신 그것들은 끊임없이 움직여서, 세포를 스스로 생성된 활동으로 가득 채운다. 앞서 언급했듯, 우리는 "물질"을 움직이지 않는, 불활성의 무언가로 여긴다. 하지만 세포가 하는 일은 기실 어떤 사건을 일으키는 것이 아니라, 끊임없이 일어나는 사건들의 흐름에다 리듬과 논리를 깃들게 하는, 다시 말해 질서를 짓는 일이다. 이러한 환경에서 물질이란 가만히 있지 못할뿐더러, 외려 너무 많은 일을 할 위험이 있다. 문제는 구조를 혼란에서 벗어나게 하는 것이다.

우리가 물질에 대해 생각할 때 습관적으로 연상하는 거의 모든 것들이 생명체와 그 탄생에 대한 사유를 방해한다. 만일 생명이 육지에서 책상이나 의자 크기의 요소에서 진화해야 했다면, 진화는 일어날 수 없었다. 하지만 생명은 물속에서(해저 지표면 위의 얇은 층 안에서), 분자 폭풍 속에서 나타난 질서 때문에 진화했다.

45억 년 정도 되는 이 행성의 역사에서 생명은 꽤나 이른 시기인 약 38억 년 전쯤에 태동하였다. 최초의 생명체는 세포 형태는 아니었을지라도, 특별한 일련의 화학적 과정이 억제되고, 차단되고, 흩어져 없어지는 것을 막을 수 있는 최초의 수단이 있었을 것이다. 그러다 어떤 단계에 이르러 나타난 최초의 세포는 내용물이 새어 나올 정도로 허술했다. 하지만 마침내 박테리아처럼 조직을 유지하고 또 번식하는 세포까지 도달했다.

세포가 그들을 스스로 지속시킬 수 있는 힘(물질을 변형시키고, 질서를 부여하며, 광기에 체계를 만드는 힘)을 갖게 되면서 이룩한 가장 큰 성취는 전하電荷를 통제하게 된 것이었다.

전하 길들이기

전하를 길들인 것은 근대 인류사에서 엄청난 사건이었다. 19세기 동안 전기는 번개가 칠 때 마주치는 신비하고도 위험한 힘에서 현대 사회를 만들어 낸 테크놀로지의 한 요소가 되었다. 당신이 전깃불 아래서 혹은 전자기기 화면으로 이 책을 읽고 있다면 그것은 모두 전기 덕분이다. 이러한 근대화는 전기가 이룬 두 번째 진보다. 전기는 수십억 년 전, 생명체 진화의 초기 단계에서 이미 한 번 길들여졌다. 세포와 생명체 속에서 전기는 많은 일을 수행하는 수단이다. 그것은 뇌(우리의 뇌는 전기를 이용하는 시스템이다)를 비롯한 여러 활동의 기반이다.

전기란 무엇인가? 많은 물리학자들이 이 질문에 대해 명확한 답을 찾지 못했다. 전하는 물질의 기본적인 특질이다. 전하에는 양전하와 음전하가 있다. 같은 전하(예를 들면 양전하와 양전하)를 가진 물체는 서로 밀어내고, 다른 전하(양전하와 음전하)를 가진 물체는 서로 끌어당긴다. 물체는 보통 이 둘을 모두 가지고 있다. 원자는 더 작은 입자의 조합인데, 양전하(양성자)와, 음전하(전자), 그리고 많은 경우 전하를 지니지 않는 입자(중성자)로 이루어져 있다. 원자에는 보통 양성자와 같은 수의 전자가 있어서 음전하와 양전하가 정확히 균형을 이룬다. 따라서 원자 자체에는 순전하가 없다.

전기는 매우 강하게 밀고 당긴다. 리처드 파인만Richard Feynman의 『물리학 강의』 속 독창적인 표현을 옮겨 본다.

물질이란 서로 강하게 밀고 당기는 양성자와 전자의 조합이다. 하지만 이들 간의 균형은 아주 완벽해서 당신이 누군가의 곁에 서 있다 해도 아무 힘을 느낄 수가 없다. 만일 아주 작게라도 불균형이 있다면 알아차릴 수가 있을 것이다. 만일 팔 길이만큼의 거리에 누군가와 서 있는데 각자가 양성자보다 전자를 1퍼센트 더 가지고 있다고 한다면, 그 밀어내는 힘은 어마어마할 것이다. 얼마나? 엠파이어 스테이트 빌딩을 들어올릴 정도? 아니다! 에베레스트 산을 밀어올릴 정도로? 아니다! 그 반발력은 지구 전체의 "무게"를 움직일 수 있을 정도다!

극성을 띤 요소들의 뭉치는 일반적인 물질의 구성 요소다. 그 속에서 음전하를 띤 전자들은 원자의 바깥쪽에, 양성자와 중성자들은 안쪽에 위치한다. 바깥쪽에 있는 전자들이 더해지거나 떨어져나가면 **이온**이 된다. 이온은 이러한 더해짐 혹은 떨어져나감으로 인해 불균형이 일어나면서 그 자체로 전하를 갖게 되는 원자(혹은 원자들이 합쳐진 분자)를 이른다. 많은 화학물질이 물에 녹아서 물속을 떠다니는 이온을 만들어 낸다. **소금물**은 물 그리고 용해된 이온들이다. 바닷물 한 방울에 있는 수많은 이온은 자기들끼리 혹은 물 분자와 당기고 끌며 상호작용한다.

전기의 **흐름**인 전류는 양전하 혹은 음전하를 띤 하전입자荷電粒子, charged particle의 움직임이다. 전선 속에서는, 전선을 구성하는 나머지 요소는 제자리에 있고 전자가 움직이면서 전류를 만든다. 조명, 모터, 컴퓨터 등 여러 기술에서 사용되는 전류는 이러한 방식으로 작동한다. 하지만 전류는 또한 이온 전체의 움직임이 될 수도 있다. 예를 들어 물속의 양이온 혹은 음이온을 특정한 방향으로 움직이게 유도할 수 있다면 그것이 곧 전류이다. 전류의 흐름을 만드는 것이 아닌, 그 **자체**로 전류다. 전체 이온의 움직이는 패턴을 알맞게 만들어 낸다면, 소금물이 담긴 병이 이러한 전류를 지니도록 할 수 있다. 인간의 발명품들과는 다르게, 생명 체계들 속 전류는 대부분 이러한 형태이다.

전하 자체는 어떤 생명이나 정신이라고 할 수 없다. 전하는 생물은 물론 무생물의 세상에도 많은 일을 일으킨다. 그러나 생명 활동은, 특히 이온을 모으고 빨아들이고 옮기고 내보내는 일을 통해 전하를 띠며 이루어진다.

세포막은 세포의 안팎을 경계 짓지만 특정한 물질을 선택적으로 지나게 하는 통로도 갖고 있다. 이 중 대부분은 **이온 통로**ion channel이다. 이온 통로는 특정 상황에서 이온을 한쪽으로부터 다른 쪽으로 이동하게 둔다. 어떤 경우에는 세포가 세포막 안쪽으로 이온을 빨아들인다.

박테리아를 포함한 모든 세포 생명체에는 이온 통로가 있다. 박테리아가 애써 이온이 드나드는 입구와 통로를 만든 이유는 명확하게 밝혀지지 않았다. 어쩌면 초기 이온 통로는 세포가 외부와의 관계 속에서 전하를 전체적으로 조절할 수 있게 하기 위해 생겨났을 수도 있다. 전하를 길들인

만큼은 조율할 수 있었을 것이다. 생명체의 경계를 가로지르는 이온의 움직임은 더 많은 역할을 수행하게 된다. 이온의 흐름은 기초적인 감각의 기능을 할 수 있다. 특정한 외부 화학 물질과 접촉하면 통로가 열리고 이온이 유입된다고 가정하자. 이렇게 들어온 하전입자들은 움직이면서 세포 내부에 새로운 사건을 만들어 낸다.

이러한 이온의 흐름은 결과적으로 왕복 이동에 가까워지는데, 이는 훨씬 광범위한, 그러니까 세포의 전면적인 변화로 이어진다. 이 다음 단계는 흥분성excitability이다. 통로들은 하전입자의 흐름을 제어하는 한편으로 통로 스스로를 제어한다. 다시 말해 스스로를 열거나 닫는다. 이러한 여닫음은 화학적 또는 물리적 영향으로 일어날 수 있지만, 이 동작 또한 전하 스스로를 참여시킬 수도 있다. 전압의존성 이온 통로는 전기적 사건에 노출되면 그에 대한 반응으로 열리는 통로를 말한다. 이것은 연쇄반응으로 이어질 수 있다. 전류의 흐름이 세포막 너머로 퍼지는 더 큰 전류 흐름을 생성하는 것이다.

이 작동이 앞에서 언급한 이온의 흐름이 세포에 닿는 화학물질에 민감하다는 이야기보다 딱히 대단하지 않게 보일 수도 있다. 그러나 전압의존성 이온 통로는 활동전위action potential라는 또 다른 혁신의 기초가 된다. 이는 세포막, 특히 우리 뇌세포의 세포막을 연쇄적으로 변화시키며 옮겨가는 반응이다. 한 지점에서 양이온이 세포로 진입하고, 인접한 이온 통로에 영향을 주어 더 많은 이온의 진입을 허용케 만든다. 전기적 간섭의 파도가 고동치며 막 위를 따라 이동한다. 활동전위는 순식간에 일어나는 일이라 뇌세포가 "발화firing"한다고 묘사된다. 발화는 전압의존성 이온 통로에 의해 일어난다.

전압의존성 이온 통로에 있는 흐름을 제어하는 장치는 접촉한 전하의 영향을 받는다. 이온의 흐름이 전기적으로 제어된다는 말이다. 트랜지스터와 같은 원리이다. 이 절을 시작하면서 전기를 인간 기술의 영역으로 끌어온 19세기의 진보에 대해 언급했다. 20세기에는 트랜지스터의 발명으로 또 한 번의 진보가 일어났다. 컴퓨터와 스마트폰 속의 실리콘 칩이 이와 같은 작은 전기 스위치들을 모아 놓은 것이다. 트랜지스터는 1947년경 벨 연구소에서 개발되었다. 최초의 트랜지스터는 1인치 정도의 크기였고, 계속적인 개량을 거치며 소형화되었다. 같은 장치가 수십억 년 전, 박테리아의 진화 과정에서 개발되었다.

박테리아가 발명한 것이 트랜지스터였다면, 그걸로 어떤 일을 하였을까? 왜 그들은 전기로 전기를 제어해야만 하였을까? 내가 아는 한, 여기에 대한 모두가 동의하는 해답은 아직 없다. 세포의 전기화학적 유지를 위한 방법의 일환으로 사용하고 있었을지도 모른다. 혹은 헤엄치기를 제어하는

데 사용했을 수도 있다. 외부 화학물질을 감각하는 통로가 우연히 전하를 감각하고, "생물막biofilm" 속 군집을 이루는 박테리아들이 이온을 이용하여 세포에서 세포로 신호를 전달했을 수도 있다. 그렇지만 박테리아는 활동전위, 즉 우리 뇌에서 일어나는 것처럼 빠른 연쇄 작용을 갖고 있지 않고, 이점은 그리 이상하게 보이지는 않는다. 수십억년 전, 자연은 컴퓨터 테크놀로지에서 기초라고 할 수 있는 하드웨어를 발명했다. 컴퓨터와 마찬가지로 복잡하며 자원을 많이 소모하는 장치다. 박테리아 안에도 그 장치가 있었지만 그것으로 대단한 연산을 하는 것처럼 보이지는 않는다.

발생한 이유와 상관없이 전압의존성 이온 통로는 전하 길들이기에 있어 획기적인 사건이었다. 나는 앞서 이 통로들에 명백한 하나의 용도가 있는 것은 아니라고 말했다. 같은 맥락에서 트랜지스터도 마찬가지이며, 두 경우 모두 바로 그 점이 중요하다. 트랜지스터는 일반적인 제어의 수단으로, **이곳**의 사건이 **저곳**의 사건에 빠르고 안정적으로 영향을 주도록 만드는 장치이다. 사건은 유용하고 다채로운 방향으로 제어될 수 있다. 활동전위가 시작되면, 전압의존성 이온 통로는 세포의 활동이 "디지털" 방식을 띨 수 있게 만든다. 하나의 뉴런이 발화되거나 아니거나 하도록, 즉 예 혹은 아니요가 되도록 말이다. 모든 동물이 이렇게 발화하는 뉴런을 가진 것은 아니고 또 신경 체계가 이보다 단순한 단계의 흥분성을 거쳐 작동할 수도 있지만, 이러한 디지털 방식 특질은 분명 유용하다. 진화적 관점에서 보면 지금 활용되는 것과 별 차이점이 없는 이러한 제어 장치가 이토록 오래전에 발명되었다는 점은 놀랄 만한 일이다.

유비쿼터스 컴퓨터와 인공지능의 시대에 생명체와 생명체의 발명품 사이의 관계를 묻는 일은 당연하고 또한 불가피하다. 생명체와 컴퓨터는 다른 물질로 이루어졌음에도 본질적으로는 같은 일을 하는가? 뜻밖에도 둘 사이의 유사점이 꽤 나타나지만, 다른 점을 인식하는 일도 중요하다. 먼저, 세포가 하는 대부분의 일은 컴퓨터가 할 필요가 없는 것들이다. 세포가 내부에서 하는 활동의 많은 부분은 세포 자신을 유지하는 일과 관련이 있다. 들어오는 에너지를 지키고, 물질의 부패와 변성에도 불구하고 활동의 패턴을 지속하는 일이다. 생명체 속에서 컴퓨터가 하는 것처럼 보이는 활동(전기적 변환과 "정보 처리")은 항상 다른 화학적 과정들의 바다 안에 내재되어 작은 생태계처럼 작동한다. 세포의 경우 모든 일이 언제나 액체 매질 속에서 일어나며, 분자 폭풍 그리고 생명체가 인입되어 있는 화학적 간섭에 영향받는다. 컴퓨터를 만들 때, 우리는 보다 변함없이 일정하게 작동하도록 만든다. 의도치 않게 발생하는 불가사의한 일 때문에 방해 받을 여지를 최소한으로 줄이는 것이다.

이는 더 광범위한 지점과 연결된다. 앞서 나는 세포 및 단순한 동물 내부의 얽혀 있는 부분과 그 안에서 일어나는 과정을 서술하려 했다. 여기서 사용할 만한 자연스러운 단어는 "기계"다. 우리는 지금 감각 기계, 흥분성 기계를 살펴보고 있다. 내가 입력한 "기계"라는 단어를 지워야 할지는 정말 모르겠다. 넓은 의미에서 전압의존성 이온 통로는 작은 기계가 맞고, 신경과 뇌 역시도 마찬가지다. 이를 부인한다면 (영혼+육체의) 이원론 또는 ("생명력"의) 생기론vitalist적 시각으로 향하게 되는 셈이다. 그렇기에 나는 스스로 이 단어를 지우지 말자고 다짐했다. 그렇지만 기계와 생명체의 차이점을 간과할 수는 없다. 세포 속에서, 생명이라는 프로세스는 분자 폭풍 그리고 불완전한 이온의 이동에 질서를 부여하는 것을 포함한다. 이는 우리가 만든 기계에서 일어나는 일과는 다르다. 보통 기계를 만들 때는, 복잡하고 혼란한 무언가를 시뮬레이션하기 위해 사용할 때조차도 예측 가능하며 제한된 활동을 수행하게끔 한다. 세포 속 복잡한 존재들을 "기계"라 일컫는 것은 어떤 의미에서 옳고, 다른 의미에서 그르다.

동물 이전 생명체의 특징 중 하나를 더 강조하고 싶다. 앞서 몇 번에 걸쳐 언급했지만, 여기서 논의의 중심에 놓을 것은 교통traffic, 즉 생명체와 이를 둘러싼 환경 사이의 왕복이다. 교통에는 앞서 이야기한 이온의 흐름과 외부의 물질을 들여보내고 노폐물을 내보내는 일도 포함된다. 세포들은 경계 지어져 있기는 하지만 세상에 닫혀 있지는 않다. 나는 여기서 세포 생명체의 **"창이 난**windowed**"** 특성을 강조하고 싶다.

교통에는 대사(에너지를 얻어서 생존에 사용하는) 측면과 더불어 정보 측면이 있다. 인입되는 영향력 있는 것들 중 몇몇은 그 자체로 중요한 반면(예를 들면 음식), 어떤 것들은 예측과 경고라는, 즉 다른 무언가를 가리킨다는 점에서 중요하다. 대사를 위한 교통은 생명을 지속하려면 불가피하다. 생명 활동은 그 자체로 생명체 밖에서 시작되고 끝나는 에너지의 흐름 속에 있는 하나의 패턴이다. 나의 동료 모린 오말리Maureen O'Malley가 이를 화학 용어와 다른 이미지를 적절히 조합해서 표현했다. 그는 살아내기 위해서는 "산화-환원의 롤러코스터 위에서 끊임없이 주고받는" 방법을 습득해야 한다고 이야기했다. (산화-환원 반응은 두 분자 사이 전자의 전달이 포함되어 있다.) 오말리가 강조한 것처럼, 그리하여 생명체는 본질적으로 외부의 변화와 사건에 민감하다. 외부로 향하는 창을 없앨 선택권이 없으며, 에너지가 있는 바깥 세계를 향해 열어야만 한다. 이렇게 세상으로 열리게 됨으로써 거기서 일어나고 있는 일들의 영향을 받는다. 외부 사건의 영향을 받게 되면서, 진화는 이 민감성을 사용하는 방향으로 이루어졌다. 유기체가 찾아내는 사건에 대응하는 방법은 보통 간단하게도 그냥 계획을 계속 하는 것이다. 작은 박테리아를 비롯한 모든 세포 생명체는 세계를 인식하고 그에 반응하는 능력이 있다. 적어도 가장 기초적인 형태의 감각 sensing은 아주 오래도록 편재해 왔다.

후생동물

지금껏 이 장의 두 가지 주제 중 하나를 논했다. 세포는 물리적인 존재이지만, 우리에게 익숙한 다른 사물들과는 다른 점이 있다. 그것들은 활동의 폭풍을 가두고 형태짓는 막을 만든다. 경계 지어져 있지만, 경계를 넘나드는 교통에 영원히 의존한다. 스스로를 규정짓고 스스로 유지하는, 세포는 자아self다. 이 이야기의 다음 단계는 우리를 새로운 종류의 존재, 새로운 종류의 자아로 데려간다. 바로 동물이다.

　　우리는 동물을 생각할 때 우리와 유사한 동물을 먼저 떠올린다. 다른 영장류나 개, 고양이, 혹은 새들 말이다. 그러나 동물의 범위는 그보다 훨씬 멀리 뻗어 있다. 동물, 곧 후생동물metazoa은 지구상 모든 생명체들이 연결된 계통학적 네트워크인 생명의 나무tree of life에서 커다란 가지 하나를 이룬다. "후생동물"이란 개념은 19세기 후반 앞 장에 등장한 독일의 생물학자 에른스트 헤켈에 의해 소개되었다. 그는 다세포동물인 후생동물과 단세포인 원생동물protozoa을 구분하였다("zoa"는 "동물원zoo" 및 "동물학zoology"속의 동물과 같은 의미이다). 그리스어 접두사인 메타meta는 원래 **다음**이나 **옆**을 의미했는데, **우월한**의 함의가 더해졌고, 지금은 내려다본다는 맥락에서 "**주변**"이라는 의미도 있다. 헤켈은 아마 "우월한"과 "다음"의 의미를 염두에 두었을 것이다. 하지만 원생동물은 더이상 동물로 여겨지지 않기 때문에 두 개념 속의 "zoa" 부분은 오해를 불러일으킬 수 있다. 현재로서는 후생동물만이 동물이다.

동물은 다수의 세포로 이루어져서, 하나의 개체로 살아간다. 이 점을 제외하면 동물들은 각자 아주 다양한 방식으로 살아간다. 동물 범주 안에는 기린에서부터 산호까지 있다. 몇몇 단세포 생물보다도 크기가 작은 말벌이 있는가 하면, 몸무게가 50톤이 넘는 고래도 있다. 어떤 것들은 거의 식물처럼 보인다. 현대 생물학에서 "동물"은 그것의 생태나 생김새에 관계없이 계통수의 특정한 분파 속에서 발견되는 생명체 모두를 이른다. 산호는 늑대만큼이나 동물이다. 이것이 "동물"이라는 용어가 의미 있게 사용되는 유일한 방식은 아니지만, 다른 용례들과 달리 모호하지 않으며 명료하다.

동물은 "열등함lower"과 "우월함higher"의 척도로 나눌 수 없지만 그렇게 생각하는 선입관을 깨뜨리기는 쉽지 않다. 계통수에서, 어떤 동물들이 더 일찍 등장했다는 의미에서 "아래low에 있다"고 말할 수는 있다. 하지만 지금을 살고 있는 곤충들이 우리보다 열등한 것은 아니다. 살아 있는 모든 것은 나무의 맨 위 끄트머리에 있다. 따라서 진화학적 "척도" 혹은 "사다리"를 이야기하는 것은 의미 없는 짓이다. 동물계는 그와는 다른 방식으로 이루어져 있다. 어떤 동물들이 다른 동물들보다 더 많은 부위를 갖고 있다든가, 행동 범위가 더 넓다든가, 삶의 단계가 더 복잡할 수는 있겠지만, 지금의 생물학에는 다윈 이전에나 흔히 쓰이던 우월함이나 열등함의 척도에 내어줄 자리가 없다.

동물이 포함되어 있는 계통의 네트워크("생명의 나무")는 기실 나무의 형태는 아니다. 많은 경우 그보다 더 얽히고 설켜 있다. 나는 편의상 이를 나무로 부를 것이다. 이 나무에는 지구의 모든 알려진 생명체들이 조상과 후손의 관계로 연결되어 있다. 아주 오래된 나무이지만 여전히 자라고 있다. 나무는 오랜 시간 속에서 진화적 과정을 거치며 자랐다. 개체군과 종은 때때로 둘로 나누어진다. 나뉜 두 가지는 각자의 길을 따라 진화하면서 고유한 특질을 지니게 된다. 멸종할 수도 있지만, 그렇지 않은 새로운 종은 후에 다시 나누어질 수도 있다. 우리는 최초의 한 갈래에서 시작해서 여러 가지를 이루었고, 각각의 가지들 역시 하나의 종으로 남기보다는 여러 종의 집합을 갖게 되었다.

아주 오래 전, 나무가 어리고 작았을 때 새로운 잔가지 하나가 튀어나왔다. 이 가지는 살아남았고, 계속해서 갈라졌으며, 특별히 멀리 다양한 방향으로 뻗었다. 계통수의 이 부분에 있는 생물이 바로 동물이다. 진화에는 끝이 없으며, 미래에 동물 범주 안팎의 가지가 어떻게 갈라져 나아갈지는 아무도 알 수 없다. 하지만 동물들은 아주 다양한 양태로 살아가는데, 그들 사이에 공통적으로 보이는 삶의 **스타일**, 즉 나무 속 동물 갈래에서 만들어진 삶의 방식이 있다.

동물은 박테리아보다 크고 내부가 복잡한 단세포 생물의 한 종류에서 출발했다. 이들 **진핵생물**eukaryote은 에너지를 운용하는 특별한 장치(미토콘드리아)와 내부의 발달된 골격, 곧 세포골격cytoskeleton을 가지고 있다. 세포골격은 세포의 모양과 움직임을 제어할 수 있게 해 주는, 서로 연계하여 움직이는 섬유와 관으로 이루어진 내부 네트워크이다.

동물이 등장하기 전, 세포골격의 존재는 단세포 생물의 움직임의 새로운 장을 열었고, 이로 인해 능동적인 사냥도 할 수 있게 되었다. 이 장치는 박테리아처럼 주로 화학적 처리에 기반을 둔 존재에서, 일정 부분 행동(움직임과 조작)에 기반을 둔 존재로의 변화를 가능케 했다. 동물의 특성으로 들릴 수 있겠지만, 우리는 여전히 단세포 생물인 원생생물에 대해 이야기하고 있다. 원생생물 중 몇몇은 아주 크게 자란다. 예를 들면 일부 **카오스속**chaos의 생물은 박테리아뿐 아니라 작은 무척추동물까지 사냥한다.

식물은 계통수의 또 다른 갈래이자 오래 이어져 온 다세포적 실험이며 역시 진핵세포의 집합체이다. 균류 또한 마찬가지다. 진화에서 반복되는 주제는 항상 작은 단위들이 협력해서 더 크고 새로운 단위를 형성하는 것이다. 진핵세포도 이와 같이, 한 세포가 좀 더 단순한 다른 세포를 삼키는 방식을 통해 존재하게 되었다. 삼켜진 세포는 진핵세포가 동력원으로 사용하는 미토콘드리아를 만들어 냈다.

병치juxtaposition는 집어삼킴과는 다른 방식의 하나됨인데 동물과 식물의 갈래에서 모두 나타난다. 병치는 하나의 세포가 둘로 나뉘되, 나뉜 딸세포들이 각자 따로 놀지 않고, 화학적 성질에 영향을 주는 변이의 결과로서 서로 뭉치는 것이다. 이 세포들이 다시 나뉜 딸세포들도 서로 뭉치고 그리하여 더 큰 생명체가 된다. 이 생물은 하나의 전체로서 움직이지는 못하며, 커지기만 할 뿐 명확한 재생산 수단이 없다. 하지만 이는 새로운 종류의 생명체로 향하는 한 걸음이다.

다세포 생물들은 단세포 형태로부터 지속적으로 진화하였다. 동물계에서 이 진화는 (1억 년 정도는 오차가 있을 수 있지만) 약 8억 년 전부터 이루어졌다. 초기 형태들의 화석이 남아 있지 않지만 첫 단계를 상상해 볼 수는 있다. 서로 떨어지지 않으려는 세포들이 계속 분열해서 만들어진 바닷속의 세포 공들을 말이다.

공 다음은 어떻게 되었을까? 전통적인 추론에 따르면 다음 단계는 컵, 즉 속이 비어 있고 열린 구체로 본다. 세포로 이루어진 공이 스스로 접히면서 안쪽이 비게 되는 것이다. 이 가능성을 가장 먼저 그림으로 남긴 사람 역시 에른스트 헤켈이다.

컵 가설이 그럴듯한 이유는 광범위한 동물에서 개체의 발달 과정(난세포에서 성체가 되는 과정) 초기에 이러한 형태가 나타나기 때문이다. 이 속이 빈 형태를 **낭배**Gastrula라고 한다. 개체의 발달 초기에 관찰되는 형태를 진화 초기에 존재한 것으로 여기는 것은 오류이지만(헤켈이 그랬다), 컵 형태는 오래전부터, 널리 퍼져 있다는 점에서 하나의 실마리가 될 수 있다. 헤켈은 이 가상의 동물을 "낭배동물gastraea"이라 이름 붙였다.

헤켈의 가장 빛나던 순간은 1장에서 이야기한 바티비우스가 아니라 이 낭배동물을 논하던 때였다. 여전히 낭배동물은 초기 동물의 형태일 가능성이 있다고 여겨진다. 열려 있는 구체는 소화기관의 초기 형태일 수도 있다. 그렇다면 최초의 동물은 위장을 중심으로 형태를 이루며 나타났을 수도 있다. 이 밀폐된 환경에 음식을 모아 넣고 소화 효소를 분비하면 흘리지 않고 섭취할 수 있을 것이다.

인간의 소화기관에는 우리가 먹은 음식물이 담겨 있다. 거기에 더해, 우리의 소화기관에는 셀 수 없이 많은 박테리아가 살고 있다. 그들이 균형을 유지하는 동안 우리는 이들로부터 많은 이익을 취한다. 이러한 협동은 동물들 사이에서 지극히 흔하다. 이는 아마도 동물 진화의 초기 단계에서부터 이루어졌을 것이다. 이것은 헤켈의 독창적인 시각도, 헤켈 이후에 등장한 많은 다른 사유도 아니다. 많은 동물의 몸이 음식의 소화를 비롯한 여러 역할을 수행하는 박테리아의 군집체라는 인식에서 만들어진 비교적 새로운 견해다. 우리의 몸과 미생물의 밀접한 관계에 대해 인식하게 된 것은 생물학자들이 동물의 삶을 사유하는 데 있어 중대한 변화였다. 그리고 이 밀접한 관계는 아주 먼 옛날로 거슬러 올라갈 수 있을 것이다. 세포의 역사 속 "집어삼키기"나 미토콘드리아의 생성과 같은 사건들, 또 식물의 엽록체 등을 되새겨 보자. 이러한 만남을 통해 대사 작용이 세포 안으로 들어왔거나, 혹은 일단 들어온 다음 길들여졌다. 그에 반해, 우리는 미생물을 세포 안으로 들여보내지 않고도(대신 그들을 가둬둘 우리를 만들었다) 그들과 협동하는 육체를 만들었다. 동물 생명체는 다양한 생태계를 소화시키며 시작된 것일 수도 있다.

미생물과 협동을 하든 하지 않든, 열린 구체라는 아이디어는 마치 다시 도래한 세포의 두 번째 진화처럼 보인다. 첫번째 단계에서 우리는 화학반응을 제어하는 어떤 단일체를 생성하는 경계(그리고 경계를 드나드는 통로)를 만들어 냈다. 이제 우리는 많은 세포를 갖고 있다. 그것들은 쑥 들어가서 안과 밖을 지닌 구체를 형성한다. 개별 세포들은 구체의 일부로서 이 더 큰 단일체 안팎의 교통을 제어한다.

이 지점(혹은 다른 어딘가)에서 초기 동물의 몸이 점점 형태를 이루었다. 다음 단계를 연구할 수 있는 화석 자료는 아직 거의 없다. 허나 현존하는 동물들로부터 실마리를 얻을 수는 있다. 이러한 실마리는 오독되기 쉬운데, 기실 현존하는 다른 동물들은 남아 있는 조상이 아닌 먼 친척이라는 것을 잊어서는 안 된다. 그들은 우리와 같은 시간 동안 진화해 왔다. 하지만 이들 중 몇몇은 어떤 의미에서 예전의 형태와 닮아 있거나, 적어도 이전의 형태들을 가리킨다.

이 실마리를 지닌 트리오, 해면, 빗해파리comb jelly 그리고 털납작벌레placozoa를 살펴보자. 이 셋은 완전히 다른 동물이다. 해면은 성체가 되어 한번 정착하면 이동하지 않는다. 식물과 같이 한 군데에 고정되어 살아간다. 어떤 종류의 해면은 매우 크게 자라난다. 반대로 털납작벌레는 아주 작고 납작하며 형태가 거의 잡히지 않는 몸을 하고 기어다닌다. 제대로 살피려면 현미경이 필요하다. 해면과 털납작벌레는 신경 체계가 없다. 빗해파리는 이름에서 보듯 해파리를 닮았지만 진화적으로는 거리가 멀다. 신경 체계가 있으며, 몸의 측면에 난 섬모들을 리듬에 맞춰 움직여 헤엄친다. 실마리 트리오 중 하나는 바닷속의 움직임 없는 한점의 장식물이며, 다른 하나는 아주 작으며 신경이 없고 기어다닌다. 마지막 하나는 투명하고 헤엄을 친다.

동물 중에서도 왜 이들이 초기 형태의 실마리일까? 첫

째, 이들은 다양한 의미에서 단순한 생물이다. 부위의 개수와 세포의 종류가 그리 많지 않다. 둘째, 이들 모두 우리와 계통적으로 아주 멀다. 계통수에서 보면 이들은 무척이나 일찍 우리가 있는 가지에서 갈라져 나갔다.

먼 거리, 그리고 단순함이라는 두 가지 특징의 조합에 대해 잠시 생각해 볼 가치가 있다. 이 둘을 연관시켜야 할 까닭은 딱히 없다. 지구 위에서 함께 살아가는 아주 복잡한 동물 중에서도 아주 일찍 우리와 다른 진화 경로를 밟기 시작한 경우를 찾을 수 있다. 우리가 우리의 몸과 뇌를 진화시킨 시간 동안 이 다른 동물도 역시 진화했다. 복잡하되 우리와 먼 가장 좋은 사례로는, 이 책의 뒷부분에서 다루게 될 문어를 들 수 있다. 그러나 문어는 우리가 지금 이야기하는 해면 등의 동물들만큼 멀지는 않다.

나는 우리의 조상들 중 초기 동물은 해면처럼 생겼고, 그 다음 조상은 해파리처럼 생겼다고 말하고 싶은 유혹을 종종 받는다. 있을 법도 하지만, 진화의 나무에서는 볼 수 없는 순서다. 그것은 마치 사촌을 할아버지처럼 대하거나, 혹은 먼 사촌이 할아버지와 더 닮았다는 이유로 다른 사촌보다 가깝게 대하는 것에 다름아니다. 사촌과 조부의 이야기로 빗대어 본다면 이러한 방식의 논리짓기가 말이 되지 않음을 알 수 있다. 하지만, 몇몇 먼 사촌들이 실마리를 지니고 있을 수 있다고 여길 만한 이유들은 있다.

우리는 몸 안에 여러 진화의 발명품들(뇌, 심장, 척추 등)을 물려받아 지니고 있다. 해면과 빗해파리는 우리와 공통 조상을 갖고 있지만 이 발명품들을 가지고 있지는 않다. 그렇기에 이들은 우선 그 발명품들 없이 살아야 한다면 어떠했을지를 보여 준다. 더하여, 이들은 진화의 선상에서 어떤 단계까지는 이 특질들을 가지고 있다가 잃어버린 것도 아니다. 즉 이들이 이 발명품들을 가진 적이 없었다는 사실은 명백하다. 그들이 갖고 있지 않은 발명품들 중에는 단순한 장식품 이상의 것들이 있다. 그중 하나는 우리가 가진, 좌우가 있는 몸의 형태다. 내장을 이루는 조직의 복잡한 주름도 발명된 것이다. 이 발명품들을 갖고 있지 않은 먼 동물들을 유전학적 자료와 화석을 통해 살피면서, 계통수 저 아래에 있는 조상들이 어떠했는지 감을 잡아보고자 한다.

유리를 투과하는 빛

역사적으로, 해면은 초기 동물에 대한 가장 중요한 실마리로 여겨져 왔다. 해면은 화석화된 기록도 존재하며, 많이 연구되기도 했다. 그러므로 우리는 이 해면들이 다른 조상들과 유사한지 아닌지는 넘겨짚지 말고, 그들의 특이한 모습에 주목하면서 살펴보자.

해면은 온대 바다 해저에 손가락 혹은 나무 모양으로, 열대 산호초 위 거대한 굴뚝 모양으로, 혹은 이 장 맨 앞에서 언급한 것처럼 심해의 얼어 붙은 타워 모양으로 여기저기에 퍼져 있다. 어떤 것들은 스스로 형태를 만들기보다 다른 생명체들을 덮으며 모양을 만들어간다. 물은 그들의 아랫부분으로 들어와, 몸을 통과하여 위쪽으로 나간다. 먹이는 주로 몸으로 들어오는 물에 섞여 있는 박테리아다. 어떤 해면은 좀더 야심찬 섭생 체계를 갖고 있다. 예를 들면 심해의 몇몇 포식자 해면은 덫을 놓아서 작은 동물을 섭취한다.

해면의 몸은 우리의 몸과 큰 차이가 있다. 대부분의 세포들이 몸속을 통과하는 물과 직접적으로 닿는다. 해면의 몸은 미세한 통로로 구성된 하나의 미로이며, 그 안에는 미생물 파트너들이 빽빽이 들어 있어서, 환경이 그 몸에 가득 퍼져 있다.

해면에는 뇌나 신경 체계가 없다. 해면 유생(성체가 되기 전 형태)은 작고 통통한 시가 담배 모양으로 생겼는데 헤엄을 칠 수 있고, 신경 체계와 유사한 감각 구조를 가지고 있다. 이러한 감각의 메커니즘은 몸속 다른 세포들이 아니라 바깥 세계를 향한다. 유생이 한번 정착한 뒤로는 한 자리에서 성체로 자라난다. 신경 체계가 없다고 해서 움직이지 않는 것은 아니다. 모든 세포마다 그 안에서는 앞서 말한 폭풍이 일고 있다. 겉으로는 무척 조용해 보이지만, 어떤 면에서는 활동적 측면을 지니고 있다는 것이다.

작은 꼬리(편모flagella)가 있는 세포들은 해면의 몸을 통과하는 물을 능동적으로 빨아들인다. 해면은 빨아들이는 정도를 조절하거나 멈출 수 있는데, 특히 물이 더러워서 통로가 막히는 상황에 대비하기 위함이다. 신경 체계가 없는 세포 무리에게 이러한 일을 하기란 쉽지 않다. 물이 지나가는 관을 따라 특화된 감각 세포들이 있어 다른 세포들에게 신호를 전달한다. 다른 세포에게 영향을 주는 임무는 막중하다. 주된 방법은 한 세포에서 다른 세포로 분자들을 전달하는 것이다. 그 결과로 관이 수축된다. 이 과정은 느릿하지만, 빨라야 할 이유도 딱히 없다. 해면이 살짝 확장되었다가 수축하는 모습은 나른하게 코를 고는 듯하다.

이 모든 사실은 다세포 생명체에 주어진 기회와 어려움을 동시에 보여 준다. 해면 내부의 세포는 물속을 자유로이 돌아다닐 때처럼 큰 세포에 먹힐 위험이 거의 없다. 그렇다고 다른 세포들과 함께 한 장소에만 머문다면 굶어 죽기 십상이다. 해면 내부에 촘촘하게 조직된 통로와 관들은 대부분의 세포들이 물과 직접 닿도록 유지시킨다. 그러나 이런 체제에서는 어떤 일이 일어난 뒤의 협응coordination을, 특히 협응된 움직임을 이루어내기 어렵다. 그 결과 해면은 대체로 식물과 비슷한 생김새를 갖게 되었다. 대부분의 해면들은 이에 만족하면서, 우리보다 더 오랜 세월 그리 생활해 오고 있다. 하지만 몇몇은 여전히 조금 다른 것을 시도했다.

유리해면, 곧 육방해면류Hexacinellida는 이 장의 테마인 단일성unity과 자아selfhood를 그들의 몸을 통해 고유한 방식으로 탐구했다. 유리해면은 다른 동물들과 마찬가지로 다세포 생명체이지만, 자라면서 대부분의 세포가 융합되고 경계가 없어진다. 외부와의 경계는 유지하지만 이웃한 세포들끼리는 합쳐진다. 그 결과 몸은 "삼차원적 거미줄"이라고 할 만한, 한 가닥으로 연결된 그물망을 이룬다. 단단한 부분으로 이 그물 가닥을 덮어 보호하고 지탱한다.

단단한 부분은 유리로 이루어져 있다. 종에 따라 그것은 단검, 별, 눈의 결정 등 다양한 모양으로 생겼다. 이것들이 그룹을 이루어 꽃이나 포도송이 모양을 이루고, 마침내는 합쳐져 타워를 떠받치는 뼈대가 된다. (아래의 그림은 바티비우스 가설을 침몰시킨 19세기 챌린저 탐험대의 수집물 판화를 레베카 겔런터Rebecca Gelernter가 다시 그린 것이다.)

다른 해면처럼 유리해면도 다른 종의 생명체들과 긴밀

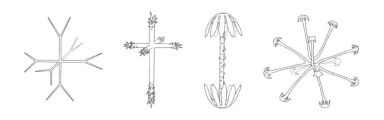

한 관계를 맺는다. 몸 안쪽에 새우 한 쌍이 들어와 살고 있는 유리해면은 비너스의 꽃바구니라고 부른다. 이 새우들은 아주 어릴 때 안에 들어와 평생 떠나지 않은 채 그 안에서 자라난다. 결국 어느 틈으로도 나갈 수 없을 정도로 커진다. 한 쌍의 새우들은 번식도 한다. 그 안에서 이들은 해면을 깨끗하게 유지하는 대가로 해면 뼈대의 보호를 받고, 해면이 몸으로 들여보내는 물속에서 먹이를 얻는다.

유리해면은 신경 체계가 없지만 전기를 사용하지 않는 것은 아니다. 그들이 전하를 길들이는 방식은 독특하다. 뼈대로 감싸진 살아 있는 가느다란 거미줄cobweb을 통해 해면 고유의 전기적 신호 전달을 하고 "활동전위"를 일으킨다. 유리해면은 몸 안에 지속적으로 물을 흐르게 만든다. 골격의 유리 부분이 살짝 뽑혀 나가거나 하는 자극을 받으면 물 빨아들이기를 재빨리 멈춘다. 이 동작은 몸을 통해 전기적 파동을 전달하여 이루어진다. 전기적으로, 유리해면은 하나의 거대한 세포처럼 움직인다. 한 번의 파동이 방해받지 않은 채 모든 곳으로 가닿는다. 유리해면이 이룩한 협응은 세포 사이의 신호 전달을 통한 것이 아니었다. 그들은 거의 하나의 세포처럼 존재했다. 이것도 동물 진화의 산물이겠지만 이들은 다세포 생물의 삶의 형태를 일부 버리고, 다른 방식의 단일성에 기반하여 살고 있다.

지금껏 이 생물의 전하, 소통, 그리고 협응에 대하여 이야기했다. 하지만 이들은 전기 작용을 하는 망과 함께 그것들을 둘러싼 뼈대, 즉 유리로 구성된 동물이다. 유리의 중요한 기능은 당연하게도 빛과 관련되어 있다. 어떤 유리해면의 뼈대 부위는 빛이 통과하거나 막히는 광섬유 케이블과 유사하다.

해면은 이 빛을 가지고 생물학적으로 유의미한 일을 하는 것일까, 아니면 그저 유리를 재료로 삼은 결과 빛이 나는 것일 뿐일까? 빛은 활용될까, 혹은 우연히 빛이 통하게 된 것일까? 다양한 종의 해면을 두고 여러 가능성들이 제기되고 논의되었다. 얕은 물에 사는 해면을 제외하면, 해면동물의 빛은 자신 또는 다른 동물의 생체발광 때문에 나온다. 이빛은 동물들 사이의 의사소통 수단일 가능성이 있다. 해면들 내부의 빛 주변에 모여 살며 때로는 해면이 빛을 내어 주지 않는다면 살기 충분한 빛을 얻지 못할 만큼 깊은 데 거하기도 하는 작은 규조류diatom나 다른 생물들을 먹여살리기 위한 수단일지도 모른다. 바다 밑바닥까지 빛이 들어오는 경우도 있다. 비너스의 꽃바구니는 주변의 바다로 희미한 빛을 내면서, 새우들에게 들어와 살라고 유혹한다. 아직 이에 대한 완벽한 답은 없다. 어떤 학자들은 이 이상 더 많은 일을 하기에는 빛이 약하다고 생각한다. 그것들이 설계된 것이든 혹은 우연히 생긴 것이든, 유리해면이 생물학적 빛의 수집자이자 큐레이터라는 점은 자명하다.

3. 연산호의 오름

<u>오름</u>

우리가 1장에서 걸어 내려간 계단에서 조금 떨어진 호주 시드니 북부의 만은 물속 모래 평원이다. 이 만은 유칼립투스 숲에서 흐르는 강이 태평양에 닿는 지점에 형성되어 있다.

이 물속 평원은 조수 간만의 차를 크게 겪는다. 물이 차면 바닷물이 강쪽으로 세차게 밀어오르고, 간조가 되면 되돌아간다. 이 물의 흐름은 많은 동물들을 끌어들인다. 허나 이는 한편으로, 스쿠버 다이버가 살필 수 있는 시간이 물이 드는 몇 시간 동안에 불과함을 의미하기도 한다. 물이 머무는 시간은 한 시간뿐이다. 물이 가장 많을 때에 들어가서 물이 다시 달려나가기 전까지 헤엄친다.

물때가 빠르게 바뀌면 물살이 당신을 잡아당기고 당신

은 움직인다. 곧 흐름을 거스르며 헤엄치는 것이 불가능해진다. 너무 오래 머무른다면 곧 바다로 끌려가게 될 것이다.

평원의 어떤 부분은 보라색과 흰색을 띤 연산호 밭이다. 연산호는 삐죽삐죽하고 광물화된 열대의 "단단한" 산호와는 달리 부드럽고 성글다. 연산호는 콜리플라워 형태의 나무 구조다. 그렇다고 이들을 콜리플라워와 비교하는 것은 안 될 말이다. 그들은 멀리서는 흰빛과 보랏빛의 구름 덩어리로 보인다. 가까이에서는 가느다란 관과 가닥들, 그리고 그 사이에 살고 있는 개오지과 조개들cowrie shell과 게들을 볼 수 있다.

바다 속에서 육지로 향하는 가벼운 해류를 만나면 아마 밀물의 끝자락일 것이다. 당신은 글라이더를 타고 내려오는 듯한 기분을 느끼면서 마침 조용히 다가오는 구름도 볼 수 있을 것이다. 그리고 그 구름들이 바다 밑에서 돋아난 통통한 엷은 색 가지 위에서 자라나고 있다는 것을 알게 될 것이다. 이 나무들은 각각 단일 생명체는 아니다. 이들은 산호충coral polyp이라는 작은 동물의 군락이다. 2장에서 우리는 작은 스케일의 광란이 끊임없이 일어난다는 것을 알게 되었다. 그러나 다른 동물들이 활발히 산호 가지 위를 기어다니는 사이, 산호는 그저 가만히 앉아 있는 듯 보인다.

몇 년 전, 이 지역에 사는 다이버이자 연구자이며, 고요한 만조의 때에 이곳으로 수없이 뛰어든 톰 데이비스Tom Davis

는 궁금했다. 아무도 보지 않을 때 연산호들은 무엇을 할까? 대부분의 날에는 하루 종일 조수의 흐름이 너무 강해 다이빙이 불가능하다. 하지만 그는 아래에 카메라를 설치해서 물이 너무 빨라서 인간이 볼 수 없을 때는 무슨 일이 일어나는지 살피기 위해 저속 촬영을 할 수 있었다.

그는 아내 니콜라와 함께 산호가 발견되는 장소 몇 곳에 카메라를 설치했다. 회수한 카메라 속 결과물에서는 연산호가 물때가 바뀌어 물살이 빨라질 때 몸을 부풀려 찬찬히 커지며, 물이 고요할 때의 세 배에 이르는 크기가 되는 것을 볼 수 있었다. 아마도 그들은 물살에 휩쓸려 오는 먹이를 삼키기 위해 몸을 뻗쳤을 것이다. 물이 느려지자 산호들은 다시 작아졌고, 인간들이 돌아올 수 있는 시간 동안은 가만히 주저앉았다.

최초의 동물 동작을 찾아서

산호는 해파리 및 말미잘과 같은 **자포동물**cnidarian에 속한다. 동물의 역사 속에서 이들은 진화 경로에서 꽤 일찍 우리와 갈라졌다. 산호는 아마도 6억5000만 년에서 7억 년 전까지 인류와 조상을 공유했을 것이다. 정확한 시기는 알 수 없지만 해면과 당신이 공통 조상을 가졌던 때보다 최근인 것은 확실하다.

자포동물의 몸은 부드럽고, 방사형(원판이나 컵을 중심으로 조직된 형태)으로 조직되어 있으며, 일부는 촉수를 갖고 있다. 촉수들은 긴 리본이나 짧은 손가락이 될 수도 있다. 몸 안에는 근육과 전기가 통하는 신경 체계의 가닥들이 있다.

많은 자포동물이 복잡한 생의 주기 속에서 여러 형태의 몸을 거쳐간다. 이는 나비가 되는 애벌레의 변태와 약간은 비슷하면서도 다른데, 몸이 여러 단계를 거치며 변형될 뿐만 아니라 여러 번에 걸쳐 복수의 개체로 분화하기 때문이다. 이것은 마치 한 마리의 애벌레가 여러 마리의 나비가 되고, 그 나비가 다시 여러 마리의 애벌레가 된다는 말과 같다. 자포동물이 띨 수 있는 두 가지 성체 형태는 폴립polyp과 해파리 형태다. 폴립은 보통 컵처럼 생겨서 어딘가의 표면에 고착되어 있다. 메두사는 우리에게 친숙한 해파리 몸의 형태를 말하고, 흐느적거리는 촉수로 물속에서 헤엄친다. 많은 자포동물이 생애 주기에서 이 두 형태를 오간다. 산호와 말미잘은 폴립 형태로만 살아간다.

구름 나무가 있는 평원을 지나 조금 더 들어가면 암초 위에 또 다른 종류의 연산호들이 살고 있다. 이들은 덤불숲을 이루거나 불균일한 덩어리들로 무리지어 있다. 각각의 폴립은 긴 손가락 같은 여덟 개의 촉수를 가진 흰색 꽃처럼 생겼다. 각 손가락마다 옆으로 작은 가닥들이 줄지어 돋아나 있다. 이 가닥들을 우편pinnule이라 부른다. 손가락의 손가락이다. 보통 산호 군집의 일부분은 귤빛 해면이 덮고 있다. 해면은 담요처럼 바닥을 덮으며 자라는데, 폴립의 꽃과 같은 부분은 그것을 뚫고 올라갈 수 있다.

여덟 개의 손가락 모양 촉수를 가진 이 동물은 "팔방산호octocoral"라 부른다. 이들은 함께 무리를 지어 작은 손들의 숲을 이룬다. 인내를 갖고 살피면, 폴립이 천천히 손가락을 폈다가 주먹을 쥐는 모습을 볼 수 있다.

때때로 다른 촉수들이 펴져 있는 사이 하나의 촉수만 굽어 있기도 하다. 어떤 때는 모든 손이 닫혀 있고 말이다. 보다 넓은 스케일로 보면, 당신이 지나는 영역에선 모든 손들이 닫혀 있는데, 그 주변은 대부분이 열려 있을 수도 있다. 그들은 뭔가를 **향해** 뻗고 또 움켜쥐는 모습이지만, 무엇을 잡는 것인지 혹은 무엇이라도 잡으려 하는 것인지는 오랫동안 명확하게 알려지지 않았다. 캐나다의 생물학자 존 루이스John Lewis는 서른 종의 팔방산호를 살피다가 어떤 종들은 플랑크톤뿐 아니라 작은 무척추동물까지도 잡고 있음을 발견하였다. 펴고 쥠은 인간에게는 순간적인 행동이겠지만, 여기서는 보통 그보다는 우아하고 느릿한 움직임으로, 식물보다는 빠르지만 우리에게 친숙한 재빠른 동물들보다는 느리게 나타난다. 펴고 쥠이라는 동작 안에는 동물 행동의 시작 형태이자 가장 단순한 형태에 대한 암시, 이정표, 반향이 있다.

왜 그럴까? 첫째, 자포동물은 우리가 한때 가졌을 가능성이 높은 신체 디자인을 가진 오래된 동물의 형태이다. 말미잘, 산호, 해파리와 같은 지금의 자포동물이 우리의 조상과 닮았을지는 알 수 없으나, 그 방사형 구조는 아마도 우리 윗대 어떤 이들과 몸의 구성이 닮았을 것이라 여겨진다.

둘째, 그들은 동작act할 줄을 안다. 동작 자체는 자포동물의 발명품이 아니다. 많은 단세포 생명체가 프로펠러 같은 편모나 털 같은 섬모들을 이용해 헤엄을 친다. 어떤 이들은 먹이를 감싸거나 몸의 형태를 바꾼다. 꿀렁거림에 가까운 움직임motion은 모든 초기 동물 형태의 후보들에게서 볼 수 있다. 우리는 이전 장에서 해면이 물 빨아들이기를 제어하는 것을 보았다. 이는 동작에 가깝고 매우 오래되었을 것이다.

진화는 아직 회색 지대와 단편적인 사례들로 가득해서, 무언가의 **처음**에 관하여는 명백한 것이 거의 없다. 때로 진화는 오래된 것들을 새로운 층위 혹은 스케일 속에서 재발견하기도 한다. 단세포 생물에게는 헤엄치기, 붙잡기, 에워싸기 등의 동작이 존재한다. 그들에게 이러한 행동들은 다세포성multicellularity의 진화에 있어 중요한 원동력이 되었을 것이다. 동물 이전의 세계는 단세포 포식자들과 단세포 먹이들로 이루어졌을 것이다. 먹이가 되지 않고 싶은 이들이 할 수 있는 선택 중 하나는 삼켜지지 않을 정도로 커지는 것이었다. 그 후 세포들이 모여 동물을 이룰 때 동작은 더 큰 스

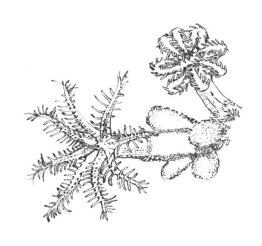

케일에서 재발명되어야 했고, 새로운 종류의 협응이 요구되었다. 변덕스러운 해면들은 이 재발견의 밖에 있는 부분적 사례이다. 자포동물에게도 동물의 몸이라는 광대한 스케일에서의 움직임과 재배열을 통한 동작이 존재함은 자명하다.

뻗고 또 움켜쥐는 것만이 자포동물이 할 수 있는 전부는 아니다. 또 다른 능력으로는 역시 매우 오래된 형태의 동작인 쏘는 세포, 즉 자포nematocyte의 발화가 있다. 모든, 아니 거의 모든 자포동물은 쏘는 세포를 가진다. 때로 이러한 쏘기는, 특히 말미잘의 경우 아주 미약해서 사람이 인지하기 어려울 정도다. 반면 상자해파리box jellyfish의 경우, 우리를 죽일 수도 있다. 자포의 형태는 다양하나, 아마도 계통수의 자포동물 부분에서 발달하여 많은 갈래들 속으로 이어져 내려왔다고 해도 될 만큼 서로 비슷하다.

극적이고 때로는 위험하기까지 한 사례로는 세포 속에 들어 있는 똘똘 감긴 작살이 있다. 작살이 들어 있는 세포는 "포열battery" 속에서 (대포 비유는 매우 적절해 보인다) 감각 세포 및 다른 제어 장치들에 둘러싸여 있다. 방아쇠가 당겨지면, 작살은 놀라운 속도로 짧은 거리를 빠르게 닿는다. 작살을 쏘는 행동 자체, 즉 수행된 움직임은 단일 세포에 의해 이루어진다. 감각 세포 등 주변의 도우미들이 있지만, 이 행동 자체에는 세포들 간의 협응은 필요하지 않다. 이를 연산호의 뻗기와 비교해 보자. 연산호의 뻗기는 세포 한 개의 행동이 아니라 여러 세포들의 무수한 수축들이 단합하여 함께 이루어져야만 한다. 내가 특별한 발명품이라고 강조하는 이 동작은 세포 하나의 입장에서 보면 엄청나게 넓은 스케일에 걸친 협응이 필요하다. 이것의 기원은 우리가 연산호의 뻗기에서 발견한 울림이다.

비록 자포동물의 이 행동들이 초기 동물 동작의 반향이라고 해도, 내가 꼭 이 사례를 선택해야 할 이유는 무엇인가? 협응에 의한 해파리의 혜택은 어떤가? 종종 해파리 단계는 자포동물의 삶의 방식 중에서도 나중에 더해진 단계로, 폴립 단계는 일찍 진화한 단계로 여겨진다. 하지만 해파리의 헤엄과 연산호의 뻗음은 어떤 의미에서는 같은 움직임이라는 점이 중요하다. 종 또는 컵 모양의 것들이 헤엄을 치거나 움켜쥘 때의 움직임은 모두 방사 형태 주변부의 수축을 수반한다. 폴립과 해파리의 생김새가 매우 다르게 보일 수 있지만, 기본 구조를 본다면 해파리는 폴립을 거꾸로 뒤집은 모양이다. 해파리의 경우 방사형의 수축은 헤엄치는 움직임을 만들어 낸다. 정지해 있는 폴립의 경우에는, 이 수축이 움켜쥐는 움직임을 만들어 낸다.

만일 우리가 "최초의 동작"을 찾고 있다면, 제기되는 또 다른 질문은, 생명체들이 행하는 또 다른 주요한 과업인 화학물질 생성이 아니라 왜 움직임에 주목해야 하는가이다. 몸의 부위를 움직이는 일과 화학물질을 만들어 내는 일은 둘 다 당신이 살아가는 데에 있어 도움이 되는 효과를 얻는 방식이다. 그렇긴 하지만, 동물의 몸 스케일에서 제어된 운동의 출현은 훨씬 획기적인 사건이었다. 자포동물이 동작을 발명한 것은 아니지만, 우리는 이 동물들에게서 전과 다른 종류의, 다른 스케일의 동작들을 관찰할 수 있다. 이러한 동작을 수행하는 몸은 세상 속 새로운 종류의 존재였고, 새로운 일들을 일으키는 변수가 되었다.

동물이라는 경로

"생명의 나무"에서 뻗어 나온 동물의 가지에는 잇따른 혁신이 축적되었다. 이 중 가장 중요한 혁신은 아마도 신경 체계일 것이다.

　지금껏 살펴본 동물들 중 신경 체계는 자포동물과 빗해 파리에는 있지만 해면과 털납작벌레에는 없다. 신경 체계는 꽤 일찍 진화했는데 어쩌면 한 번에, 어쩌면 여러 번에 걸쳐 이루어졌다. 신경 체계가 하는 일의 기본은 동물보다 훨씬 이전에도 존재하던 두 가지 기능이다. 2장에서 이야기했던 세포의 전기적 "흥분성" 즉 전기적 성질을 재빠르게 변화시킬 수 있는 능력과, 세포들 간에 화학적인 신호를 보낼 수 있는 능력이다. 신경 체계는 이 두 오래된 능력을 한데 행한다. 하나의 세포가 흥분할 때(전기적 성질이 갑자기 변화할 때) 사건은 해당 세포 하나에만 국한된다. 세포를 하나의 단위로 구별하는 경계들에 의해 사건의 전파가 막히는 것이다. 그러나 이 미미한 경련이 할 수 있는 한 가지는 세포의 경계에서 화학물질의 분비를 촉발시키는 것이고, 이 화학물질은 근처의 다른 세포들에 전달될 수 있다. 이는 결과적으로 두 번째 세포가 전기적 변화를 더(또는 덜) 겪게 할 수 있다. 흥분성과 화학적 신호를 전달하는 것이 신경 체계의 가장 중요한 작동 방식이다.

　신경 체계는 이러한 종류의 상호작용에 특화된 세포들로 이루어진다. 이들은 나무 모양을 하고, 하나의 세포가 다른 세포들과 화학적으로 접촉하는 미세한 돌기가 있는 것이 특징이다. 흥분성과 화학 신호의 조합은 다른 생명체에서도 발견되지만, 신경 체계는 보통 동물(모두는 아닌 대부분의 동물)에서만 발견된다. 동물의 감각이라는 측면에서 신경 체계를 특별하게 만드는 것은 나뭇가지의 형태를 한 뉴런이라는 세포들이다. 이것은 동물 말고는 어디에서도 찾아볼 수 없다. 이러한 세포의 존재는 몸속에서 영향력이 발휘되는 방식을 변화시킨다. 이 세포들은 보다 빠르고 목표가 있는 상호작용을 가능케 하는데, 하나의 세포가 다른 세포로 화학 물질을 보내는 보다 분산적인 영향력의 패턴과는 대조된다. 신경 체계는 육체를 새로운 방식으로 묶어 낸다. 벌을 연구하는 생물학자 라스 치트카Lars Chittka는 뉴런의 힘을 다음과 같이 효과적으로 묘사한다. 벌은 1세제곱밀리미터 크기의 뇌를 가지고 있다. 그것은 작아 보인다. 그러나 그에 의하면, 벌 한 마리의 뉴런 한 개는 그것이 뻗치고 있는 가지의 개수로 보자면 다 자란 떡갈나무만큼 복잡성을 가질 수 있다. 각 뉴런은 1만 개의 다른 뉴런과 연결된다.

신경 체계는 대부분의 생물이 지닌 능력들을 재구성한 것이지만, 동물들은 이 능력들을 더 확장시켜 그보다 훨씬 강력하게 만들었다. 이 시스템의 위력을 상기시키는 사실로 "신경 독소"가 (뱀 같은 동물이나 인간의 사악함이 만들어 낸) 속효 독소 중 가장 많다는 것을 들 수 있다(사린, VX가스, 노비촉과 같은 악명 높은 무기들이 신경 독소이다). 어릴 때 신경 독소에 대해 처음 듣고서 생각했다. (그것들이 몸에 들어오면)

아무것도 느끼지 못하게 될까? 마비되는 것일까? 생각이 멈출까? 그러나 신경 독소는 그보다도 많은 것들을 차단해 버린다. 질식, 혹은 심장 마비로 인해 죽음에 이르기도 한다. 본질적으로 보면 조직을 초토화하는 파괴적인 물질은 아니지만, 세포들 사이의 미세한 상호작용 지점을 방해하는 이러한 화학물질에 우리가 이리 취약하다는 사실은, 신경 체계가 동물의 육체를 얼마나 한데 묶어내고 있는지를 말해준다. 전달자들이 죽고, 그로 인해 부위들 간의 협응이 죽음으로써 몸의 죽음이 이루어진다.

진화적 개념에서 신경 체계와 면밀히 연계되어 있는 또 다른 특질은 근육이다. 해면의 미세한 움직임과는 다르게 자포동물의 동작은 근육에 기반한다. 지난 장에서 세포골격, 즉 몇몇 단세포 생물 속 움직이는 실 같은 내부의 뼈대에 관해 이야기한 바 있다. 동물들의 이러한 내부 뼈대와, 그것들과 연결된 다른 세포 사이의 협응이 근육의 혁신을 만들어 낸다. 이는 수많은 세포들의 협응에 의한 수축과 이완을 가능케 한다.

동물은 근육 없이도 몇몇 동작은 해낼 수 있다. 빗해파리의 몸에는 단세포 생물에서도 볼 수 있는 솜털과 같은 섬모 띠가 있다. 섬모들이 띠 위에 수직으로 나 있는 모습은 빗처럼 보인다. (이 동물의 이름이 빗해파리인 이유다.) 섬모의 움직임은 빗해파리가 다른 단세포 생물들처럼 헤엄을 칠 수 있게 해준다. (빗해파리는 근육이 있으며, 방향 전환에 사용한다.) 다른 많은 동물에서 섬모는 미세한 움직임에 사용된다. 그러나 좀더 큰 규모의 움직임, 예컨대 팔방산호의 뻗기, 해파리의 헤엄, 그리고 앞으로 언급될 여러 움직임들은 근육을 통하여 이루어진다.

지구상에서 동물이 독특한 역할을 할 수 있게 한 혁신을 논하면서, 나는 동작 측면의 새로운 능력들을 강조해 왔다. 아직 많이 언급하지 않은 또 다른 동물의 특질은 감각이다. 감각은 동물뿐 아니라 모든 세포 생명체에 항상 존재해 왔다. 하지만 우리가 제시한 몇몇 실마리들이 시사하는 바는 동물 진화의 초기 단계에서 명백하고 전례없는 혁신은 새로운 스케일에서 동작을 만들어 냈다는 것이었다. 이것이 변화의 요인이었다.

오늘날의 자포동물은 다양한 감각을 지니고 있으며, 이는 자포동물의 모든 역사적 단계의 조상 동물들도 마찬가지이다. 그러나 자포동물의 경우, 동작의 측면에 비해 감각의 측면은 상대적으로 "빈곤하다." 산호나 말미잘은 눈이 없고, 다른 자포동물은 기초적인 시각만 가지고 있다. (상자해파리만 예외인데, 이들의 시각은 나중에 만들어졌다고 여겨진다.) 폴립이 먹이를 향해 몸을 뻗고, 군집 전체가 나왔다가 들어가고, 자포가 발화하는 일은 여러 종류의 자극과 연결되어 있다. 자포동물은 균형 감각 혹은 중력 감각도 발달시켰다. 해파리는 **평형 세포**statocyst라 불리는 작은 결정체가 있는 기관을 이용해 물에서 방향을 잡는다. 이 결정체는 물보다 무거워서 동물의 위치 변화에 반응하여 움직이고 평행세포는 그것을 감지한다. 자포동물에게 다른 미미한 감각이 있을 가능성도 있다. 하지만 그들을 특별히 번성하게 만들고, 그들을 미지의 단계로 나아가게 만들고, 그들이 다른 길을 택하게 만든 것은 감각이 아니었을 것이다. 진정한 혁신은 새로운 종류의 동작에서 기인했다. 바로 근육으로 제어되는 움직임이다.

　동물의 삶이 이렇게 변화되었음을 염두에 두면서, 그 배경이 되는 정신-육체의 문제를 잠시 생각해 보자. 평범한 사고방식은 우리에게 정신이 무엇을 하는지를 이해하도록 도울 여러 개념들을 제공한다. 하나는 **주체성**이다. 이 개념은 **행위자성**agency과 상호 보완적인 짝을 이룬다. 주체성은 보이는 것, 즉 내게 해당하는for-me-ness 문제이다. 이는 한 사람에게 일어난 경험을 가리킨다. 행위자성은 행하고, 시도하고, 착수하는 문제이다. 행위자성은 나에 의한by-me-ness 문제로 동작의 원인과 결과가 된다. 이는 한 사람이 일으키는 것을 가리킨다. 흥미롭게도, "주체subject"("주체성"이 아니다)는 객체object의 반댓말로서 행위자 혹은 착수자라는 또 다른 함의를 지닌다. 이러한 개념들이 서로 얽히는 것은 이번이 마지막은 아닐 것이다.

일상적 개념으로서 주체성과 행위자성은 인간 혹은 동물의 각기 다른 측면, 그러니까 감각과 동작의 측면을 가리킨다. 그러나 진화의 관점에서 볼 때 이 둘은 밀접하게 엮여 있다. 감각의 존재 이유는 동작을 제어하는 데 있다. 사용하지 않을 정보를 습득만 하는 것은 생물학적으로 얻을 수 있는 이득이 없다. 정신의 진화는 행위자성과 주체성의 상호 연결된 진화를 포함한다. 그러나 모든 것이 정확하게 발맞추며 발달할 수는 없다. 아마도 어느 단계에서는 동작의 특정 영역의 혁신이 있었을 것이다. 새로운 종류의 행위자성이 상대적으로 단순한 감각 능력과 나란히 등장하였을 것이다.

이 부분에서 나는 네덜란드의 심리학자이자 철학자인 프레드 케이저르Fred Keijzer가 강조한 **동작의 형성**shaping of action이 신경 체계의 초기 진화에 중요한 영향을 미쳤다는 주장에 영향을 받았다. 다세포 스케일에서의 동작 형성 그리고 그러한 성취의 규모와 중요성, 이 성취와 동물 신체의 관계에 대한 이 장의 논의는 모두 그의 영향을 받은 것이다. 초기 동물들의 감각과 동작 사이 관계에 대하여 케이저르는 흥미로운 이야기를 꺼낸다. 그는 새로운 종류의 감각은 복잡한 동작 형성의 결과로서 "얼결에" 나타났다고 생각한다. 협응에 의해 짜인 어떤 움직임을 만들어 내는 정교한 시스템을 만든다고 해 보자. 그러기 위해서는, 시스템의 한 부분이 시스템 내 다른 부분에서 어떤 일이 일어나는지를 감지할 수 있어야 한다. 그러나 만일 외부의 무언가가, 특히 접촉을 통해 시스템에 영향을 준다면, 이러한 사건이 일어나고 있는 동작의 패턴에 간섭하게 될 때 자동적으로 기록되기 마련이다. 시스템 내부의 감각은 밖에서 무슨 일이 일어났는지를 기록하게 되거나 또는 쉽게 기록할 수 있을 것이다. 설사 신경 체계 전체가 내부로만 향해 있다 하더라도(케이저르는 그렇다고 이야기하지 않았지만), 이 체계는 밖의 일들에 반응해야만 한다. 이러한 체계는 밖을 보는 일을 다소간 피할 수 없다. 새롭고 확장된 동작들은 그에 어울리는 감각의 확장을 이끈다.

동물 진화의 초기 단계에서 복잡한 동작과 덜 복잡한 감각이 불균형하게 등장했다는 것은 그저 헛된 가설일 수도 있다. 어쩌면 복잡한 감각이란 게 숨어 있었을 수도 있다. 그러나 최초의 경험의 형태 또는 경험 **이전**의 동물을 생각해 보자. 동작이 감각을 앞서는 동물을 상상하고, 케이저르의 말대로 감각이 자동적으로 뒤따를지를 묻는 것은 흥미로운 일이다.

이러한 사유로부터 잠시 벗어나 이 지점에서 떠오르는 우리의 주제로 돌아가 보자. 모든 생명은 무언가를 한다. 그들은 동작을 조절하고, 주변의 것들에 영향을 미친다. 하지만 이것은 동물 안에서 새로운 형태를 취한다. 생명의 나무에서 자라난 동물에는 다세포적 자아multicellular self가 만들어졌다. 더하여, 동물의 진화는 다세포적 동작, 즉 수축하고 일그러뜨리고 움켜쥐는 여러 세포들에 의해 이루어지는 동작을 만들어 냈다. 신경과 근육이 이를 가능케 했다. 해면은 이렇게는 움직일 수 없는데 말이다. 이와 같은 종류의 동작은 진화의 측면에서 엄청난 혁신이었고, 모든 것을 바꾸어 냈다.

마침내, 그것은 모든 것을 바꾸어냈다. 이 변화가 언제 시작되었으며, 어떤 동물이 이 눈덩이를 굴렸을까? 자포동물을 닮은 것들이었을까, 혹은 좀더 이른 시기 살았던 다른 것들이었을까? 뒤에서 보겠지만, 지구의 엔지니어인 동물의 동작 엔진은 갑작스레 발진을 시작하였다.

아발론에서 나마로

이전 장에서 우리는 현존하지만 우리와는 거리가 먼 동물들을 살펴보면서 초기 동물의 형태에 관한 실마리를 찾아보았다. 생명의 나무 위 동물의 갈래에서 우리로부터 먼 쪽은 명확하게 알지 못한다. 몇 걸음 가까워질수록 명확해진다. 시간을 달려 진화해 온 모습을 선으로 그리면, 우리 동물들의 관계는 이런 모양이 된다.

신경 체계는 한쪽은 두족류와 포유류, 한쪽은 자포동물로 각기 갈라지는 분기보다 아래 어딘가에서 진화했다. 신

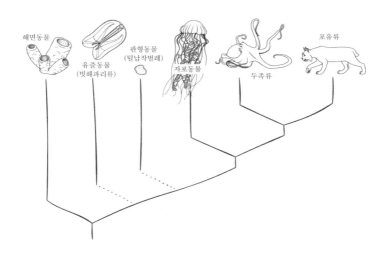

해면동물
유즐동물
(빗해파리류)
관형동물
(틸납작벌레)
자포동물
두족류
포유류

경 체계는 두 번에 걸쳐 진화한 듯한데, 그림 속 점선으로 표시된 미해결 질문의 답에 따라 달라진다.

지금껏 논한 분기와 진화적 혁신은 동물 화석이 나타나기 이전 시기에 이루어졌다. 동물 화석 자료를 찾을 수 있는 첫 번째 시대는 에디아카라기Ediacaran Period로, 약 6억3500만 년 전에 시작되었다. 동물 화석들이 찬찬히 보여 주는 장면은 작금의 우리 주변과는 매우 다른 모습을 하고 있다.

이 장면은 얕고 또 깊은 해저를 배경으로 하며, 작은 것에서부터 몇 미터에 이르기까지 크기가 다양하고 부드러운 몸을 가진 생명체들로 가득 차 있다. 몸은 보드라웠지만 이들 중 많은 것들이 흔적을 남겼다. 꽃, 소용돌이나 원반, 나선 혹은 끝없이 분기되는 프랙탈 등 여러 수수께끼 같은 형태들이 남았다.

어떤 이유로 이들을 동물이라 믿는 것일까? 실제로 몇몇 형태는 동물인지 아닌지 불확실하며, 동물과는 거리가 먼, 멸종한 다세포적 실험 혹은 실험들로 밝혀진 경우도 있다. 하지만 적어도 일부는 동물이 맞다. 이는 2018년 일리야 보브로프스키Ilya Bobrovskiy라는 학생이 러시아의 절벽을 타고 내려가, 이례적으로 크고 잘 보존된 유명한 에디아카라기 생물 디킨소니아Dickinsonia를 발견하면서 확인되었다. 보브로프스키의 예상대로 절벽의 바위에는 화석뿐 아니라 자연스럽게 미라가 된 채 약 5억 년간 보존된 것들이 있었다. 미라들의 몸에서는 동물만이 만드는 화학물질인 콜레스테롤이 검출되었다. 해저에서 살았을 것이 거의 틀림없는 디킨소니아는 납작했고, 1미터 길이의 욕실 매트를 닮았다. 눈이나 다리 같은 우리에게 친숙한 부위가 있었던 흔적은 없다. 에디아카라기의 동물들은 그렇게 존재했다. 길다란 이파리나 바퀴, 삼각형 혹은 오각형과 같은 몸의 형태는 갖췄을지라도 다리, 지느러미, 발톱 혹은 눈과 같은 복잡한 감각의 흔적은 지니고 있지 않았다.

에디아카라기의 자포동물이나 해면류에 관해서는 확실하게 남아 있는 것이 없지만, 여러 가지 가능성이 있다. 어떤 에디아카라기 생명체들은 현재의 "바다조름sea pen"을 닮은 생김새를 하고 있다. 이름이 멋진 이 생물은 이 장 초반

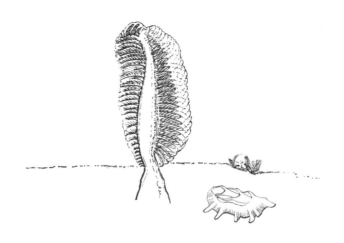

에 만난 연산호와 같은 그룹에 속해 있다. 하지만 이들은 나무라기보다는 펜촉이 땅에 꽂혀 있고 깃털은 줄기 위에 펼쳐져 있는, 오래 전 사용된 깃털 달린 펜처럼 생겼다.

　　에디아카라 시기의 생물이 바다조름과 얼마나 밀접한 연관이 있는지에 대해서는 논쟁 중인데, 면밀히 살필수록 차이점이 드러나기 때문이다. 이 시기의 다른 생물들도 자포동물의 형태로 볼 수 있는 갈라진 잎사귀 모양을 갖고 있지만 이러한 유사성이 오해를 불러일으킬 수가 있다. 이 시기의 많은 동물들이 처음에는 1946년 호주 남부의 석탄 탐사 중 화석을 발견했던 레그 스프리그Reg Sprigg에 의해 "해파리"라고 불렸다. 지금은 이 화석들에 대한 해석이 달라졌지만, 당시 물속에는 진짜 해파리들도 있었다. 다만 죽은 다음에는 알아볼 수 없을 정도로 쪼그라들었지만 말이다.

생물학적 상상 속의 에디아카라기는 보통 생명들 사이의 상호작용이 거의 없는 조용하고 평화로운 시기로 여겨졌다. 먹고 먹힌 흔적, 예를 들면 반쯤 먹힌 개체라든가, 현존하는 동물들이 공격과 방어에 쓰는 체내의 무기의 흔적이 보이지 않는다. 발톱이나 가시도 없다. 확언하기는 어려우나 성적 특화sexual specialization의 흔적이 없는 것으로 보면, 이 시기의 생물들은 특정한 성을 가지고 있지 않았다. 섹스는 거의 확실하게 존재하였다. 물론 (자포동물이나 해면과 같은) 다양한 무성생식의 방식들도 공존하고 있었지만 말이다. 이들은 보통 높은 밀도 속에서 살았는데, 여러 종의 수십에서 수백 개체들이 뒤섞여 있는 평평한 바위 판에서 알 수 있다. 그러나 히에로니무스 보스Hieronymous Bosch의 그림처럼 초현실적 장면들 속에서도 서로가 그다지 관계를 맺고 있는 것은 아니었다. 지금은 유실된 부드러운 부위로 상호작용을 했을 수 있겠지만, 동물들 간의 접촉을 이루는 친숙한 기관들은 아마도 존재하지 않았던 듯하다.

이러한 평화로운 이미지 자체로는 문제가 없다. 그러나 최근 몇 년 동안 세밀한 부분들이 차츰 드러나면서, 조용했던 에디아카라기는 이행과 변화가 나타나는 좀 더 극적 장면 속에 녹아들기 시작했다.

현재 이 시기는 세 단계로 나뉜다. 젊은 생물학자 벤 와고너Ben Waggoner가 20여 년 전에 분류한 기준이 새로운 자료들이 쌓이고 있는 지금까지도 유지되고 있다. 이 단계들은 (와고너가 지리학의 도움을 받아 지은) 멋진 이름들을 가졌다. "단계stage"라고 했지만 엄밀히 말하면 각각은 "군집assemblage" 이다. 한 군집은 거의 동시대를 살아간 동물들의 화석이 쌓여 만들어진 퇴적물을 말한다.

첫 번째 군집은 아발론Avalon으로, 5억7500만 년 전의 것이다. 에디아카라기 전체로 보면 이 첫 번째 단계조차 꽤나 늦다. 에디아카라기는 지구 전체를 얼음으로 덮은 거대한 빙하의 시기가 끝나가는 6억3500만 년 전으로 거슬러 올라간다. 조용한 시기를 지나고, 또다시 빙하기가 지난 뒤에 곧 화석들이 등장하게 된다. 두 번째 빙하기 이후 산소의 양이 유의미하게 증가한 것으로 보인다. 그러나 이 초기 단계들은 산소가 적은 세계라고 상상해야 한다. 이러한 상황이, 동물에게 활동이 하나의 선택사항일 정도로까지 제한했을 것이다.

캐나다의 한 지명에서 이름을 딴 아발론 군집은 식물 혹은 이파리 모양의 정적인 생명체가 특징이다. (이것은 어원과 멋지게 연결되는데, 고대 웨일즈어로 "아발론"은 "과일나무 섬"을 의미한다.) 이 생명체들은 대부분 겉으로 보기에 해저에 붙은 커다란 이파리 하나, 또는 잎의 다발처럼 생겼다. 가까이서 보면 각각의 잎들은 복잡하게 갈라진 요소들의 다발이다.

아발론 군집에는 해면동물이 있을 가능성이 있다. 지금

의 해면들을 연상시키는 모습은 아닌, 곧게 뻗은 원뿔 모양이다. 해면은 아직 수수께끼 속에 묻혀 있다. 유전학 및 화학적 증거들은 이 시기에 해면이 존재했고 심지어 흔했을 것이라 이야기한다. 하지만 지금까지 발견된 화석은 원뿔형 후보 하나, 그리고 최근에 발견된, 가운데 얇은 막대에 달린 오래된 텔레비전 안테나처럼 생긴 화석뿐이다.

아발론 시기의 생물들은 수백 혹은 수천 미터 깊이의, 광합성을 하기엔 지나치게 어두운 바닷속에 살았던 것으로 보인다. 지금은 상대적으로 비어 있고 생존이 어려운 지대이지만, 당시에는 이곳이 느릿하나 혁신적인 생명체들을 위한 요람이었던 듯하다. 이들은 유기 탄소organic carbon 입자들을 먹고 살았다. 이 생물들의 가지-위-가지branching-upon-branching 형태는 표면적을 최대한으로 하는 "프랙탈" 구조를 가지고 있어서 유기 탄소 안개 그리고 이를 태울 산소를 흡수할 수 있었다.

그에 이어, 전환이라 할 만한 일이 일어났다. 러시아의 지명에서 이름을 딴 백해White Sea 시기는 5억6000만여 년 전에 시작되었다. 이 시기의 화석들은 보다 다양한 몸의 형태를 보여 준다. 아직 지느러미나 다리는 없지만, 뼈대나 화석들은 이 시기 동물들이 움직일 수 있었음을 강력하게 보여 준다.

백해 군집의 생물들은 아발론과 달리, 심해가 아닌 얕은 해저에서 살았다. 어떤 의미로 그들은 살아서 숨쉬는 해저였다. "미생물 매트microbial mat"로 불리기도 하나, 이 시기 연구의 중심 인물이 된 캘리포니아 리버사이드 대학의 메리 드로저Mary Droser는 이것을 "짜인 유기체 표면textured organic surfaces, TOS"라고 부른다. 이 표면은 박테리아와 같은 것들뿐 아니라, 조류와 같은 생물들 그리고 거기 인입된 동물들까지도 포함하였다. 화석 기록에는 이러한 짜인 표면 자체의 "쪼글쪼글한 결을 이룬 판, 코끼리 피부 같은 질감"이 그대로 보존되어 있다. 크고 작은 산 생명과 그 사체들이 바닷속에서 2차원에 가까운 평평한 땅을 이루고 있었다.

이러한 환경 속에서 새로운 종류의 몸과 삶의 양식이 엿보인다. 바다조름처럼 생겼고 똑바로 서 있는 정적인 생명체들도 있지만, 매트 위에서 뜯어 먹기 위해 평평한 형태를한 것들도 있다. 그들 중 일부는 움직일 수 있었다. 디킨소니아는 (미라가 된 러시아의 콜레스테롤과 함께) 한 곳에서 뜯어먹다가 몸 전체의 흔적을 희미하게 남기면서 움직였다. 또다른 두 생물은 보다 활동적이었던 듯하다. 킴베렐라kimberella는 연체동물의 친척처럼 보인다. 그것은 꼭 기어다니는 마카롱을 닮았고, 삽처럼 생긴 몸의 부위를 뻗을 수 있어서 바닥을 긁고 다녔다.

또한 헬민토이디히나이츠Helminthoidichnites라는 수수께끼에 싸여 있는 화석도 있다. 19세기에 믿을 수 없을 만큼 어려운 이름Hel·min·thoid·ich·night·ies이 붙은 이 화석은 원래 좀더 후대의 암석에서 발견되었으며, 땅 속으로 파고들어 가는 작은 곤충 혹은 갑각류로 해석되었다. 유사한 흔적이 이 시기 화석이 처음 발견된 지역에서 멀지 않은 호주 남부의 에디아카라 시기 암석들에서 발견되었으며 메리 드로저와 짐 겔링Jim Gehling이 이를 분석하였다.

새로운 발굴 방식 덕분에 거대한 암석판 밑면까지도 전체적으로 연구할 수 있게 되었다. 그들이 면밀히 살핀 결과, 몇몇 암석판에 이동의 복잡한 패턴이 새겨진 흔적이 드러났다. 산 동물들이 해저 바닥의 여러 층을 돌아다니며 이랑을 만들어 놓았다. 그 흔적은 디킨소니아를 비롯한 다른 동물들의 몸을 향해 있다. 이것이 동물이 사체를 먹었다는 최초의 화석 증거이다. 또한 이는 목적 지향적인, 즉 감각된 목표를 좇는 움직임의 첫 물리적 흔적이다. 처음은 사체가 목표였으나 자연스레 산 것들, 특히 가만히 있거나 느리게 움직이는 먹이들의 섭취로 자연스레 이행하였다.

앞서 헬민토이디히나이츠가 수수께끼에 싸여 있다고 말했다. 에디아카라기의 모든 생명체들이 어느 정도는 수수께끼지만, 이 경우는 극단적이다. 긴 시간 동안 우리가 확보한 것은 동물 자체가 아닌 흔적들뿐이었다. 이 책의 집필을 끝낼 무렵, 헬민토이디히나이츠의 흔적을 만들어 놓은 장본인일지도 모르는 작은 콩 모양의 화석이 에디아카라기 화석들의 고향인 호주 남부에서 발견되었다.

백해 군집의 화석에서는 변화가 감지된다. 새로운 형태의 몸, 새로운 행동 능력, 달라진 환경이 등장했다. 이 시기부터는 여러 다른 동물들도 움직여 다녔던 것으로 보인다. 스프리기나Spriggina는 허둥대는 삼엽충과 닮은 겉모습을 하고 있으며 몸의 형태에서 움직임이 드러난다. 스프리기나의 움직임 흔적이 발견된 적은 없으나, 굴을 파거나 긁어야만 흔적이 남으므로 딱히 놀랄 일은 아니다. 단지 매트 위를 활주하기만 한다면, 수백만 년 후에는 어떤 흔적도 남지 않을 것이다.

이 시기에는 산소량이 천천히, 또한 불규칙적으로 증가했다. 아마도 사건의 순서는 이랬을 것이다. 더 많아진 산소로 인해 짜인 유기체 표면이 발달했다. 그것들은 매트 위의 느린 움직임을 촉발하는 먹이 자원이 되었다. 먹이는 동물의 몸에 자원이 농축되게 하고, 동물은 죽는다. 동물의 사체는 환경을 더 어수선하게 만들었다. 한쪽에는 먹이가 많은 한편 다른 쪽에는 적어졌다. 바닷속에서 냄새로 먹이를 추적하는 능력만큼 움직임은 전보다 가치 있는 것이 되었다.

아발론 및 백해 시기를 잇는 세 번째 단계는 "나마" 시기로, 아프리카 나미비아의 한 지역 이름에서 따왔다. 이 시기는 에디아카라기의 끝에 닿아 있는 가장 나중 시기이다. 바로 이전 시기에 기반하여, 우리는 나마 시기에 기어다님과 관련한 복잡성이 커졌을 것이라 예상해 볼 수 있다. 그러나 이 시기의 바위들은 외려 더 조용하다. 기어다니는 형태들이 놀랍게도 사라졌다. 헬민토이디히나이츠 흔적은 여전히 있다. "벌레세상wormworld"이라 일컬어지는 한 해석에 의하면, 이 단계 행위자들은 대부분 굴을 파고 숨는 작은 생물들이었다. 그렇지만 연체동물을 어렴풋이 연상케 하던, 좀 더 큰 크기의 움직이는 동물들은 사라진 듯하다. 나마의 생명체들은 굴을 파는 이들 말고는 흔들리는 잎 형태로 돌아가 버렸다(그 전의 잎 모양과는 달라졌지만 말이다). 그 이유는 아무도 모른다. 그리고, 나마 군집은 에디아카라기가 종말로 향함을 나타내는 것으로 보인다.

이것은 이 장의 테마인 동물 행동 진화에 관한 실마리를 찾으려는 시도에 어떻게 맞아들어갈까? 우리에겐 식물처럼 정적인 형태로 깊은 바닷속에 살던 아발론 시기가 있었고, 그 다음에는 얕은 바다에서 움직이는 생물들의 단계로 바뀌었다. 유전학적 정보들은, 대략 이들 화석이 나타나기 전, 혹은 첫 번째 시기 동안에 신경 체계가 진화하였다고 말해 준다. 그 다음에는 새로운 종류의 감각과 동작이 나타나기 시작한 백해 시기가 있었다. 나마 시기에, 이것들이 서서히 사라진다.

만일 아발론 동물들에게 (해면류일 수 있는 것은 차치하고) 신경 체계가 있었다면 그들은 이 체계로 무엇을 했을까?

오늘날의 연산호처럼 뻗거나 쥐는 협응의 과정에 썼다고 말해볼 수도 있다. 그러나 화석으로 잘 보존된 생명체들의 경우에도 열린 몸body openings, 즉 연산호처럼 음식을 넣을 수 있는 입이 있다는 증거는 찾아볼 수가 없다. 대신, 몸 전체의 표면으로 먹이를 흡수하였다. 여기서 표면적을 최대화하는 몸의 구조가 다시 한 번 이해할 수 있다.

아발론 시기의 잎사귀 같은 생명체들은 아예 동물조차 아니었을지 모른다. 설령 그렇다 해도, 신경 체계는 에디아카라기 후기의 기어다니는 동물들이 등장하기 이전에도 어떤 형태로든 존재하였을 것이다. 이 사실은 신경 체계가 어느 정도 방사형 디자인을 한 몸에서 진화하였다는 좋은 증거다. 신경 체계가 꽃 모양의 신체 속에 숨어 있었을지도 모르지만, 좀더 눈을 위로 들어 볼 필요도 있다.

지금껏 바다 밑바닥의 생명체들에 초점을 맞춰 온 이유는, 화석 증거들이 남아 있기 때문이다. 그러나 그 위에서는 더 많은 생물들이 물속을 떠다니고 있었을 가능성도 있다. 해파리나 빗해파리와 가까운, 부드러운 몸으로 헤엄치는 것들 말이다. 신경 체계의 진화 초기 단계 중 일부는 여기서 일어났을 수 있다. 투명한 초기의 헤엄치는 것들은 죽으면 화석으로 남기가 어렵다는 이유로 종종 고생물학에서 간과된다. 초기에 기어다니던 동물들은 자포동물의 원시 형태, 즉 해저에 닿아 그 위에서 움직이기 시작한 것들에서 진

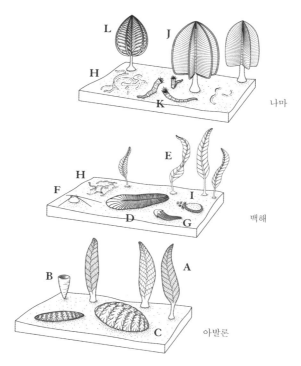

나마

백해

아발론

에디아카라기의 세 단계. 그림 속 생명체들 A: 카르니아(*Charnia*), B: 텍타르
디스(*Thectardis*), C: 프락토푸수스(*Fractofusus*), D: 디킨소니아, E: 아르보레
아(*Arborea*), F: 코론콜리나(*Coroncollina*, 일종의 해면류일까?), G: 스프리기
나, H: 헬민토이디히나이츠, I: 킴베렐라, J: 스와르푼티아(*Swarpuntia*), K: 클
라우디나(*Cloudina*), L: 랑게아(*Rangea*). 카르니아와 랑게아는 바다조름과 비
교되는 생명체들이다.

화했다고 여겨진다. 여기서부터는 매트 위를 돌아다니며 먹
는 움직임에서 다른 동물들에 직접적으로 행하는 행동으로
의 이행을 그려볼 수 있다.

에디아카라기에 관한 논의는 때로 화석 속에 존재하는 바닥에 살던 캐릭터들만을 가지고 "말이 되는 이야기"를 만들려는 경향을 보인다. 동작의 진화와 동물의 상호작용을 감안하면, 바다 밑바닥의 장면은 빙산의 일각일 뿐이며, 흔적을 전혀 또는 거의 남기지 않은 동물들에 의해 많은 일들이 일어나지는 않았을지 의문이 생긴다. 이것이 사실이라면, 퍼즐의 잃어버린 부분들을 채워 넣는 일은 어려울 것이다. 하지만 진화생물학에서는 놀랍게도, 갑작스런 기술적 진보나 미라화된 디킨소니아, 혹은 새로운 이론적 아이디어 등에 의해서 기존에 알 수 없었던 것이 밝혀지는 일이 종종 있다.

헤엄에서 기어다님으로의 이행에 관한 논의는, 지금껏 이야기되지 않았지만 면밀히 살펴보아야만 하는 발달의 단계를 떠오르게 한다. 이 시기의 해저 안개 속으로 돌아가 보면, 새로운 몸의 종류, 즉 좌우대칭형 몸bilaterian body으로의 진화라는 어마어마한 결과물을 만들어 낸 사건이 있었다. 위아래뿐 아니라 좌우 축을 지닌 몸 말이다. 우리의 몸 역시 좌우대칭이며 개미, 달팽이, 해마도 마찬가지이다. 우리의 팔과 다리, 눈과 귀는 양쪽에 달려 있고 많은 신체의 부분들이 좌우 짝을 이루고 있다. 현존하는 대부분의 동물들은 좌우대칭동물이다. ("대부분"이라는 말이 정확하다.) 킴베렐라와 스프리기나 등의 옛 동물들도 마찬가지다. 자포동물이나 산호, 해파리는 이에 속하지 않으며 빗해파리, 해면, 털납작벌레도 마찬가지다.

　　이러한 몸의 형태는 에디아카라기의 백해 시기 이전에 진화하였다. 이리 이른 시기에 발달했음에 틀림없는 이유는, 좌우대칭 형태의 동물이 여러 갈래로 갈라지기 이전에 이러한 형태가 존재했어야만 하고, 또 백해 시기에는 적어도 소수의 다양한 좌우대칭동물들이 있었기 때문이다. 당신과 나비, 그리고 당신과 문어의 마지막 공통 조상이 살던 시기는 최소한 여기까지 거슬러 올라간다.

끝기

좌우대칭형 몸은 특히 동작의 영역에서 하나의 혁신이었다. 좌우대칭형 몸은 어딘가로 가기 위해 준비되어 있다. 뭍 위에는 좌우대칭이 아닌 동물, 예컨대 기거나 걷는 해파리 혹은 허공에 손가락을 뻗치는 말미잘과 같은 것들이 존재하지 않는다. (조수 속에서 살아가는 몇몇 생물들이 있기는 하다). 대칭형 몸은 바다의 대지라고 할 수 있는 해저에서 시작된 듯하다. 그들의 몸은 방향을 설정하고 끌어서 마찰력으로 표면을 기어다니기 위해 만들어졌다.

　　첫 번째 좌우대칭 동물들은 화석으로 남은 백해 시기의 것들보다 단순하고 또한 작았겠지만 그 이상은 알 수가 없다. 오늘날 살아 있는, 이전의 형태들을 상기시키는 실마리들은 있다. 바로 편형동물flatworm이다. 명칭 자체가 그들의 생김새를 잘 말해 주는 작고 단순한 동물들이다.

편형동물은 얼마나 유용한 실마리일까? 어쩌면 그다지 도움이 되는 단서가 아닐 수도 있다. 단순한 정도와는 관계없이, 현존하는 편형동물들은 긴 시간 동안 그들의 본분을 다하며 살아 왔다. 편형동물 몸의 형태는 대략 몇 시기에 걸쳐 발달하여 왔다고 보는 것이 타당하다. 현존하는 많은 편형동물은 다른 생명체에 기생하여 살고, 기생 생활은 단순성을 좇게 한다. 그렇다면 편형동물은 초기 좌우대칭동물을 연구하기 위한 특별히 좋은 모델이 아닐 수 있다. 그렇지만 이 모든 것을 염두에 두고, 이 동물들을 있는 그대로, 동시에 보다 오래된 동물의 가능한 반향으로서 면밀히 살펴보자.

바다 편형동물들은 암초나 물속의 잔해들 위에서 찾아볼 수 있다. 주목할 것은 가장 단순한 형태이며 초기 좌우대칭 동물의 가장 큰 실마리로 여겨져 왔던 **무장류**acoel 편형동물이 아니라, **다기장**polyclad 편형동물이라 불리는 것들이다.

이들은 단순하게 생겼다. 더 크거나 작은 것도 있겠지만 대부분 약 1센티미터 정도의 길이다. 이들은 보통 타원형에 매끈하며 가장자리엔 주름이 있고 매우 얇다. 어찌 보면 휴지 조각처럼 보인다.

그러나 잠시 멈추어서 기다려 보면, 그들이 많은 일들을 하고 있음을 명백하게 알 수 있다. 그들은 저 아래 있는 다른 많은 동물들보다 빠르게 움직인다. 어떤 편형동물은 헤엄을 칠 수 있으며, 기어다니는 것들도 매우 활발하게, 목표를 향해 움직인다. "휴지 조각인줄 알았겠지만, 알고 보면 나는 정말 바쁘다고."

그들의 신체는 많은 것들을 조금씩 성취해 왔다. 그들은 "통과하는 내장"을 가지고 있지 않고(먹고 내보내기를 한쪽으로 한다), 순환계 역시 없다. 어떤 것은 등 가운데에 모여 있는 눈들이 외눈박이를 연상케 하고 지극히 단순한 종류의 다른 눈은 휴지 조각 같은 몸에 살짝 돋아난 끝부분은 물론 동물의 몸에서 평평한 면이라면 어디든 돋아나는 듯하다.

편형동물의 성생활은 생각보다 복잡하다. 그들은 보통 자웅동체로, 어떤 종은 둘이서 자신의 정자를 상대의 몸에 넣으려 "페니스 펜싱"을 벌인다. 그들이 화사한 색과 무늬를 지니고 있는 아름다운 생물이라는 사실 또한 놀랍다. 아직까지 그 이유는 명확하게 밝혀지지 않았다. 그들의 단순한 눈으로는 서로를 볼 수 없다. 꽤 많은 편형동물이 **갯민숭달팽이류**nudibranch라 불리는 기어다니는 작은 동물을 모방한다.

갯민숭달팽이류는 민달팽이, 그러니까 연체동물이다. 이들은 육지의 민달팽이와 달팽이들과 가깝지만, 그들이 지닌 엄청나게 다양한 색깔과 무늬는 놀랄 만큼 아름답다. 그들은 해면처럼 화학적으로 기피할 만한 먹이를 먹기도 하는

데, 이 때문에 그들은 어류나 다른 포식자들의 입맛에 맞지 않는다. 밝은 색깔은 이 점을 알리려는 것 같다.

이들의 주요한 두 개의 하위분류는 갑옷갯민숭달팽이류dorid와 큰도롱이갯민숭류aeolid이다. 전자는 편형동물이 흉내를 낸다는 관점에서 보았을 때 도움이 되는 민달팽이 모양을 하고 있다. 후자는 바람에 날리듯 계속해서 바닷속을 움직이는 몸 겉의 띠 같은 부속물들 때문에 그 이름이 붙여졌다. (그리스 신화에서 아이올로스는 바람의 수호자이다.) 매년 봄, 이 장 처음에 나온 지역 근처의 암초 위에는 작은 큰도롱이갯민숭류 동물들이 나타난다. 이들은 특히, 가닥들이 엉켜 형성된 수풀처럼 생긴 이끼벌레류bryzoan의 생명체들 위에서 발견된다. 큰도롱이갯민숭류 동물이 그것들 위에 있으면 거의 보이지 않는다. 그들은 머리칼과 같은 가지들을 지닌 나무 위의, 몇 밀리미터 길이의 작고 보석 같은 새처럼 있다.

진화의 나무 위의 큰도롱이갯민숭류 가까이에는 예쁜 이갯민숭이tritonia가 있다. 이 종의 생물들 가운데는 커다랗고 꽤 많이 연구된 동물들도 있지만, 이 장에서 이야기한 연산호나, 해면 속에 사는 아직은 신비로운 것들도 있다. 그들은 매우 작고 진주처럼 희며, 몸에서 첨탑처럼 뾰족한 것이 돋아난다. 돋아난 것 위에 다시 돋아서, 첨탑 위에 첨탑이 있다. 그것들은 미니어처 건축가인 작은 안토니 가우디tiny Antoni

Gaudi가 디자인한 것처럼 생겼다.

　이 흰색 예쁜이갯민숭이들을 보기는 어려운데, 이는 첨탑 위의 첨탑들이 연산호 폴립 속에 섞여 있기 때문이기도 하다. 이것 역시도 일종의 모방 사례라는 사실을 나중에 깨달았다. 예쁜이갯민숭이 한 마리가 연산호 군집 근처를 아주 천천히 움직이는 것을 본 적 있다. 어떤 이유에서인지 나는 이를 모방이나 위장이 아닌 오마주로 생각하고 있었다. 둘은 같은 모양으로 서로의 가까이에 서서, 산호의 뻗침을 예쁜이갯민숭이가 따라하는 어떤 조화를 이루고 있었다. 마치 이렇게 말하는 듯 보였다. "나의 몸은 최초의 동물 동작에 경의를 표합니다."

4. 팔이 하나인 새우

우리가 무심코 양해를 구하지도 않고 게를 갑각류로 분류
해버리는 것을 들으면 게는 잔뜩 화가 나서 이렇게 말할
것이다. "나는 그런 게 아니란 말이다." "나는 나, 오롯이
나란 말이다."
—윌리엄 제임스, 『종교적 경험의 다양성』

지휘자

지난 장에 펼쳐진 장면들—모래 평원, 빠른 조수, 위쪽으로
돋아난 연산호—로부터 조금 떨어진 곳에는 해저를 따라 모
래톱에서 만으로 이어지는 낡고 가느다란 파이프라인이 있
다. 반쯤 묻힌 이 파이프 주변에서 생명체들이 마구 섞여 자
라고 있다. 파이프라인을 따라 헤엄치다 보면, 해면들은 각

자의 몸으로 물의 흐름을 미세하게 조율하고 있고 연산호는 손가락을 닮은 촉수들을 펼치고 있다. 당신은 오래되고 느릿한 동물 동작의 형태를 지나쳐 간다. 그러다 바위 밑에서 뭔가 다른 것, 촉수의 움직임을 본다. 소란스럽게 움직이는 많은 다리들이다. 당신이 접근하자 당신을 향하고, 당신을 주목한다.

청소새우는 몸에 이발소 기둥처럼 붉고 흰 줄무늬가 있다. 이들은 랍스터나 게와 비슷한 갑각류crustacean다. "새우shrimp"라는 용어는 진화의 나무 속 한 갈래만을 딱 집어 가리키지 않는 느슨한 개념이다. "새우"라 불리는 동물들은 진화의 나무 위 이웃한 가지에 속한 것들 중에서 골라 모은 것이다. 마찬가지로 갑각류 역시 하나의 갈래가 아니다. 그러나 이 동물들은 모두 나무의 크고 중요한 가지인 절지동물arthropod이다. 청소새우Stenopus hispidus는 5~7센티미터 정도의 몸 길이에, 인상적인 집게가 달린 두 개의 발 그리고 몸보다 긴 여러 개의 흰색 더듬이를 지니고 있다. 특정 장소에서 이 동물 한 쌍을 본 몇 달 뒤, 그 근처를 지나면서 그들이나 아니면 다른 새우들이라도 여전히 거기 있는지 보러 갔다.

그 지점에 닿았고 나는 멍게의 주둥이 위에 앉은 청소새우 한 마리를 보았다. 그 새우는 큰 집게발 하나를 잃은 상태였다. 나머지 큰 집게발과 더불어 작은 발들을 많이 가지고 있었기에 큰 불편을 겪는 것처럼 보이지는 않았다.

바위 아래 머리를 콕 들이밀고 조는 작은 상어 앞에서 새우는 한참을 서 있었다. 상어는 살짝 뒤척일 뿐 딱히 그를 의식하지는 않았다. 어느 순간 새우는 선반처럼 튀어나온 바위를 아래로부터 오르더니, 거꾸로 매달려 고양이 수염 같은 더듬이 몇 개를 아래로 늘어뜨렸다.

한 번 만져볼까, 나는 생각했다. 새우가 겁먹을지 모르지만, 원한다면 바위 아래로 달아날 수 있을 터였다. 그것은 상어를 전혀 개의치 않는 것처럼 보였다. 그래서 나는 팔을 뻗어 더듬이 하나를 부드러이 건드리고 쓰다듬었다. 매우 놀랍게도, 새우는 곧바로 바위를 내려와서 내 쪽을 돌아보았다.

나는 기뻤다. 몇 년 동안 문어를 쫓아다니면서 동물과 어느 정도 관계를 맺을 수 있다는 관념에 익숙해졌으면서도 새우가 내게 자신의 얼굴을 전부 드러내는 모습에 깜짝 놀랐던 것이다.

그는 이내 제 갈 길로 돌아갔다. 새우의 내면에서는 무슨 일이 일어났던 것일까? 그것은 나를 알아챘고 심지어 만지는 것도 허락해 주었다. 지휘자가 하듯 한 팔을 든 작은 마에스트로가 졸고 있는 상어 앞에 서 있었다.

이는 지금까지 책에 묘사된 동물 중에서 당신처럼 대상을 볼 수 있는, 즉 대상을 분간할 수 있는 눈을 지닌 첫 번째 주인공이다. (물론 앞서 언급한 상자해파리처럼 이와 유사한 종류의 눈을 가진 몇몇 해파리는 예외다.) 또한 이것은 지금까지 내가 설명한 이들 중에서 빠르게 움직일 수 있는 첫 번째 동물이기도 하다. 그것은 당신 쪽으로든 먼 쪽으로든, 빠르게 기어오를 수가 있다. 그것은 대상을 조작manipulate할 수가 있다. 그것은 대상으로 시선을 향할 뿐 아니라 대상에 동작을 가할 수도 있다. 지금껏 논해 온 다른 것들과는 구별되는 존재 방식, 환경과의 관계를 지닌 동물이라는 것이다. 어떻게 이런 일이 생겼을까?

캄브리아기

이러한 종류의 동물은 동물 생명의 역사에서 또다른 중요한 시기인 캄브리아기의 산물이다. 이전 장에서 우리는 그보다 바로 앞 시기이자 동물 화석이 처음으로 나타난 에디아카라기를 살피었다. 이 시기는 화초를 닮은 정적인 동물들을 기어다니고 또 땅을 파고드는 동물들에 이르게 했다. 5억4000만 년 전 시작된 캄브리아기에는 단절에 가까운 급작스러운 전환이 나타난다. 이 시기의 화석에는 단단한 부위, 다리와 껍데기, 그리고 뚜렷한 눈을 가진 동물들이 보인다. 개척자는 새우의 옛 친척들이었다.

변화가 급작스러웠는지 아닌지는 ("급작스럽다"고 했지만 백만 년 단위의 시간이다) 여전히 논쟁 중이다. 왜 이 시기에 매우 다양한 종류의 동물들이 등장하였는지에 대해서는 여러 시각이 있지만, 이 시각들이 말하는 요소들은 동시에 작동할 수 있다. 환경 조건이 변했고 더 많은 산소를 이용할 수 있게 되었다. 바다의 화학적 조건은 동물에게 보다 유리하게 변해갔다. 그러나 단순한 화학적 영향을 넘어, 아마도 산소에 의해 가능해졌을 새로운 체제가 바로 진화를 통해 시작되었다.

우리는 에디아카라기의 백해 시기로 돌아가서, 해저의 진흙 표면을 기거나 파고들기 시작한 동물들을 보았다. 다른 생명체의 사체를 먹는 생물도 보았다. 진화의 경로가 보다 가시화되었는데, 처음에는 먹이를 향해 느리게 움직일 뿐이었다면, 다른 개체와의 먹이 경쟁을 위해 전만큼 느리지는 않게 움직이게 되었다. 사체 청소는 포식으로 이어졌다. 이는 "팔 경쟁arms race"을 낳았다. 동물이 당신을 잡아먹기 위해 당신의 냄새를 따라 추적하려면, 자신의 감각과 움직이는 방법을 발달시키는 것이 유리하다. 이 과정에서 눈의 진화가 특별한 역할을 했을 수 있지만, 곧 다방면의 감각과 행동이 함께 어울려 발달하기 시작하였다.

새로이 등장한 자들에 의해 상처 입은 에디아카라기의 가장 발달한 동물의 유해가 있다면 이 과정을 가장 깔끔하게 보여줄 수 있을 것이다. 실제로는 에디아카라기 동물은 캄브리아기 동물이 출현했을 때 이미 사라져 버렸기 때문에, 두 시기의 활발한 세대 교체를 보여 주는 화석 기록은 존재하지 않는다. 그들은 조용히 무대 뒤로 사라지고 다른 배우들이 그 역할을 대신했다.

변화를 이끈 것은 절지동물로 보인다. 오늘날의 절지동물의 대다수를 차지하는 곤충들은 나중에 등장했고, 때가 되면 만나볼 것이다. 가장 눈에 띄는 초기 형태인 삼엽충은 갑각류처럼 보이지만 거미와 더 가까운 관계일 것이다. 이 시기의 절지동물은 복잡한 동작을 조직하고 지지하는 뼈대를 가지고 동물의 새로운 존재 방식을 창조해나간 것으로 보인다. 그들은 집게발과 그것을 이끌어 줄 상을 맺는 눈도 발달시켰다.

청소새우는 이 새로운 종류의 동물의 전형이다. 그들은 절지동물의 정수이며, 그들의 존재 방식을 압축적으로 담고 있다. 모든 다리들을 꼼지락거리는 바람에 거기 뭐가 달려 있는지 알아내기까지는 시간이 좀 걸렸다. 기본적으로는 큰 집게가 달린 긴 앞발 한 쌍을 갖고 있는데, 내가 만난 개체는 집게발 하나를 잃어버린 모양이다. 두 쌍의 조그만 집게발이 있으며 그 끝으로 물체를 잡는다. 그러니까 집게가 네 개 더 있다. 그리고 접이식 머리빗을 닮은 것부터 다양한 모양의 다리가 있고, 나머지 작은 부위들을 갖고 있다. 사진을 보면, 여섯 개의 집게, 네 개의 다리, 여섯 개의 더듬이, 그리고 빗 모양의 다리 두 개가 있다. 적어도 열여덟 개의 다리 및 돌출부가 있는 셈이다. 마치 맥가이버칼 같은 몸이다.

청소새우의 몸놀림은 따라잡기가 쉽지 않다. 위에 묘사한 사건에서 어느 순간, 새우의 큰 집게발 하나가 자신의 다리 하나를 잡았다가 금방 놓아 버렸다. 먹이를 뒤지고 집는 데에는 자신의 여러 부분을, 특히 작은 집게들을 사용하였다. 이러한 행동들은 연산호의 느릿한 펼치기라든가 해면의 고요한 펌프질과는 큰 차이가 있다.

도구를 다 펼쳐 놓은 연장통 같은 생김새는 절지동물들 사이에선 꽤 전형적이다. 만약 우리가 소라게hermit crab를 만든다고 하면, 얼굴 위쪽에 주걱 같은 것을 붙이면 **안될 이유**가 있을까? 없지 않은가? 절지동물은 이렇게 진화해 왔다. 그들은 불확실하면 다리를 더 붙인다. 머리 위에 주걱을 붙인다. 팔이 하나인 새우는 원래 두 개를 가지고 있었지만, 어떤 갑각류는 본디 하나의 작은 집게와 마치 한밤중에 인터넷 쇼핑으로 충동구매한 것 같은 거대한 집게를 갖고 있다.

절지동물의 진화는 약 5억 년 동안 활기 넘치게 이어졌다. 발견된 것들 중 가장 큰 절지동물은 자이언트 아노말로카리스과anomalocarid다. 이 무리는 캄브리아기에 처음 나타났으며, 헤엄을 치면서 다른 동물들을 포식했다. 이들 중 가장 큰 것은 2미터가 넘는데도, 수염고래처럼 평화로이 플랑크톤을 섭취하였다.

지금은 헤엄을 치는 절지동물이 예전만큼 많지 않다. 물

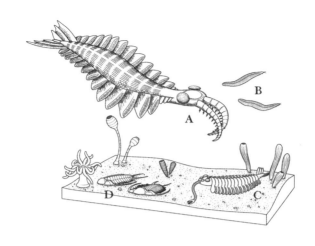

캄브리아기의 한 장면. 여기 그려진 동물들은 다음과 같다. A: 아노말로카리스 (바로 위에 언급된 평화로운 종류는 나중에 나타났으며, 여기 그려진 것은 다른 동물을 잡아먹는 부류이다), B: 7장에서 만나게 될 피카이아(*Pikaea*), C: 절지동물과 관계된 또 다른 포식자 오파비니아(*Opabinia*), D: 삼엽충(*Cheirurus*).

속에서의 경쟁은 오랜 시간을 거치며 양상이 달라졌고 또한 어려워졌다. 오늘날 헤엄치는 절지동물들은 대체로 조그맣고 연약하며 아름답다. 인도네시아의 렘베Lembeh 해협에서 다이빙을 하다가, 유령새우속Periclimenes의 아네모네 새우anemone shrimp가 헤엄치는 것을 보았다. (유령새우의 이름은 그리스의 바다의 신 포세이돈의 손자인, 변신 능력을 지닌 페리클리메노스의 이름을 딴 듯하다. 하지만 대부분의 종들은 나중에 안시클로메네스속Ancyclomenes으로 옮겨졌는데, 항생제 이름처럼 들리지만 "굽음"을 의미하는 그리스어 단어에서 왔다.) 이 새우들은 다른 동물을 청소해 주며, 자기보호를 위해 말미잘 사이에서 살아 간다. 아주 작고, 거의 투명하며, 밝은색 점과 무늬가 몇 개 있다. 말미잘 사이를 돌아다니는 그들의 모습은 행복한 천 사의 무리처럼 보인다.

이들은 성능 좋은 눈과 정교하게 만들어진 집게들을 가 지고 감각과 동작 두 측면에서 외부 사물과 연결된다. 그들 은 대상을 보고, 조작할 수 있다. 내가 만난 청소새우는 비록 팔을 하나 잃었어도 그 상황에서 팔과 집게를 가진 유일한 동물이었다. 주변에는 연체동물과 벌레들 그리고 상어가 있 었는데, 그중 아무도 이같은 조작 수단이라고 할 만한 것을 갖고 있지 않았다. (그날 주변에는 문어가 없었다.) 이 절지동 물은 다른 누구도 비할 수 없는 방식으로 사물에 행동을 가 할 수 있는 진정한 마에스트로였다. 그것이 과거 캄브리아 기에 일어난 일이다. 게다가 그때는 잠든 상어처럼 이빨을 가지고 있는 존재도 없었다. 팔다리가 없는 세상에서 팔 하 나를 지닌 새우는 왕이다.

동물의 감각

3장에서는 동물 동작의 초기 역사를 살펴보았다. 이제 새우 에 주목하면서 감각의 역사에 관한 몇몇 에피소드를 살펴보려 한다.

행동과 마찬가지로 감각은 동물이 발견한 것이 아니다. 알려진 모든 세포 생명체에게는 어떤 종류의 감각이란 것이 존재한다. 단세포 생물은 접촉, 화학물질, 빛, 그리고 지구의 자기장까지도 좇을 수 있다. 그러나 감각은 동물에 이르러 여러 변화를 겪었다.

앞 장에서 우리는 공간에 조직된 여러 부위들의 협응을 수반하는 동작을 살펴보았다. 같은 종류의 변화가 감각에도 일어났다. 동물은 인상 또는 모습을 파악할 수 있는 감각하는 표면, 집합체, 막을 진화시켰다. 한 예로, 우리 눈의 망막은 들어오는 빛으로 패턴을 형성하는 조직화된 세포층이다. 뇌가 이 패턴 또는 이미지를 보는 것이 아니라, 패턴 또는 이미지의 공간적 배치(패턴을 이루는 작은 요소들의 모임)가 그에 연결된 뉴런에 영향을 미치는 것이다. 피부에서 접촉을 감지하는 감각기관 역시 비슷한 원리로 감각된 모양이나 질감을 기록한다.

앞서 나는 행동의 진화가 감각의 진화보다 조금 "앞서 달려나갔다"는 아이디어를 제시했다. 이것은 어림짐작이었다. 우리는 새로운 종류의 감각과 새로운 종류의 동작의 순서가 어땠는지 모른다. 캄브리아기에 와서는 양쪽 모두 빠르게 발전하였다. 어떤 경우든, 동물들이 다세포적 동작을 진화시키며 새로운 종류의 존재가 될 때, 그들은 동시에 다세포적 감각을 진화시켜 몸의 부분들로 하여금 그들을 둘러 싼 환경을 발견하거나 반영토록 하였다.

대표적인 사례로 캄브리아기 초기에 정교화된 눈이 있다. 절지동물의 눈은 대부분 "복합체"로, 각각 수정체를 갖고 있는 작은 부분 여러 개로 이루어져 있다. 반면 우리의 눈은 "카메라"식 디자인으로 눈마다 하나의 수정체와 망막을 갖고 있다. 특별한 경우로, 절지동물 중 몇몇 거미는 우리와 같은 눈을 가지고 있다. (일부는 망원 렌즈까지 들어가 있다.) 그러나 갯가재mantis shrimp의 눈이야말로 절지동물의 눈 중 가장, 아니 기준에 따라서는 어떤 동물의 눈보다도 정교하다.

갯가재, 즉 구각목stomatopod 동물은 현존하는 해양 절지동물 중 가장 활기넘치는 이들일 것이다. 그리 크지는 않지만 어떤 의미에서 절지동물이 지배한 캄브리아기를 떠올리게끔 만드는 이들이다. 인도네시아 렘베 해협에서 이들 중 한 개체를 유심히 지켜본 적이 있다. 그것은 15센티미터 정도 크기로 작은 랍스터처럼 생겼으며, 골프채와 파티 조명처럼 생긴 것들로 장식한 머리를 제외하면 전형적인 절지동물 모습을 하고 있었다.

그것은 재빠르게 해저를 가로질러 달아났다. 나는 서두르지 않고 끈덕지게 그것을 따라가 보았다. 그것은 계속 움직이다가 때때로 갑자기 멈추어서는 뒤를 돌아보았다. 그때마다 나는 그것이 "뭐? 뭐야?"라고 짜증 섞인 질문을 한다고 상상했다. (보다 정확한 해석은 "뭐지… 뭐지…"일 것이다.) 동물이 뒤를 쳐다보기 위해서는 머리나 몸을 돌려야 한다고 생각하겠지만, 갯가재의 두 눈은 막대 끝에 달린 공 모양의 자루눈으로 자유롭게 회전하고 독립적으로 움직일 수 있다. 그러니까 돌아보지 않은 채 짜증 섞인 확인을 할 수 있었다.

갯가재는 눈 하나의 다른 부분으로 같은 사물을 볼 수 있기 때문에, 한 눈으로 깊이를 알 수 있다. 그들의 눈에는 약 열두 개의 빛 수용체가 있는 것에 비해 우리는 일반적으로 세 개를 갖고 있다. 이들은 또한 정교하게 만들어진 무기를 갖고 있다. 그들이 어깨에 걸멘 무기는 요컨대 망치와 창이 "스프링, 걸쇠, 지렛대"와 조합된 것이다. (버클리의 생물학자이자 구각류의 행동을 누구보다 잘 판별해 내는 로이 칼드웰Roy Caldwell이 공저한 논문을 인용했다.) 이 장치는 순간적으로 물을 증발시킬 수 있을 만큼 엄청난 속도로 망치를 발사한다.

청소새우는 좀 더 평화롭게 행동한다. 그들을 조우하고 그들의 반응을 보면서, 호기심이 많다는 첫인상을 받았다. 후에 나는 그 인상의 생물학적 의미를 알게 되었다. 이 새우들은 내가 인도네시아에서 본 작은 이들처럼 자신보다 큰 생물의 청소부다. 이들은 다른 이들, 그러니까 물고기와 장어, 거북이의 몸에 기생하는 것을 먹는다. 추측하건대 이 장처음에 내게 인사한 새우는 내가 청소 서비스 고객인지 확인하기 위해 내려온 것이었다.

이제 우리는 다세포 스케일의 동작과 감각으로 옮겨왔다. 동작과 감각이라는 두 영역은 각각 정교해진 것이 아니라, 상호 보완적 발전을 해 온 한 쌍이다. 감각과 동작이라는 두 오래된 능력이 조합되면서 이 둘의 관계가 새로이 형성되었다.

이 주제를 풀어내기 위한 이상적인 사례로 청소새우의 더듬이 또는 안테나를 들 수 있다. 더듬이는 새우의 몸보다 몇 배는 길다. 더듬이는 능동적으로 어느 방향으로든 움직이며 또한 감각을 한다. 내가 손가락을 뻗어 더듬이를 건드리면 청소새우는 보통 즉각적으로 반응한다. 그런데 이들은 대체로 좁은 바위 밑으로 다닌다. 새우가 움직이면서 더듬이는 늘 여기저기에 부딪친다. 같은 접촉이라도 서로 다른 이유에서 일어날 수 있는데, 자신의 움직임도 그 이유 중 하나다. 청소새우는 어떤 접촉이 돌아다니다가 부딪치는 것인지, 어떤 접촉이 나처럼 **다른 존재**의 동작 때문인지를 인식할 수 있는 듯하다.

더듬이 자체의 활용에 대한 연구나, 자신과 타자에 의해 일어나는 사건을 청소새우가 어떻게 다루는지에 대한 연구가 있는지는 모른다. 그러나 이러한 종류의 동물(가재와 파리)은 보통, 지금 자신이 무엇을 하고 있는지를 기록함으로써 감각 정보의 해석을 조정하는 시스템이 있는 것으로 나타났다. 이 능력은 모두는 아니지만 절지동물보다 단순한 신경 체계를 지닌 대부분을 비롯한 아주 많은 동물의 일반적인 특성이다. 그것은 감각하는 부분과 행동하는 부분이 협응한 한 형태이다. 지금 무엇을 하고 있는지(움직이는 중인지 멈춰 있는지) 그 결과에 따라 어떤 감각적 변화를 조우하게 될지 예측하며, 거기에 덧붙는 감각적 변화를 탐색한다. 이 "덧붙는" 변화는 외부에서 일어나는 일, 예컨대 누군가 손을 뻗어 더듬이를 쿡 찌르는 일을 의미한다.

만일 동물이 이렇게 하지 못한다면, 지금 일어나는 일을 이해하려는 시도를 스스로의 움직임이 방해할 것이다. 만일 동물이 이렇게 한다면, 이제 그것은 **자아**와 **타아**, 곧 동물 자신과 다른 모든 것 사이의 차이를 추적하는 방식으로 세계를 감각한다. 이 추적은 때로 신경 체계에 의해 매우 간단하게 이루어질 수 있지만, 그것이 어떻게 이루어지든 동물은 현재 외부에서 일어나는 일과 자신에 의해 일어난 사건들을 구별하기 위한 일을 한다. 그것은 외부 세계와 자신의 분리를 감각하는, 세상을 마주하는 새로운 방식이다.

많은 문헌들이 이를 동물이 직면하는 문제를 다루는 방법이라고 설명한다. 나도 위에서 그렇게 말했다. 신경과학자 비외른 메르케르Björn Merker는 그의 영향력 있는 논문에서 이렇게 상정한다. 그의 말에 따르면 이동은 훌륭한 기능이지만 대가 혹은 "부담"을 낳는데, 그중 하나는 세계가 보다 혼란스러워진다는 점이다. 그렇지만 이 상황을 다르게 볼 수도 있다. 동작이 감각에 영향을 줄 수 있다는 사실은 단지 문제가 아니라, 기회이기도 하다. 동작을 통해 세상을 살피고 새로운 자극을 받을 수 있기도 하다. 이제 세상을 쿡 찌르고, 간섭하고, 세상으로 하여금 대답을 하게 만들 수도 있다. 새우의 더듬이가 이 점을 명확하게 보여 준다. 동작은 당신이 얼마나 동작하고 얼마나 감각할 수 있느냐에 따라 단순하게 혹은 복잡하게, 난해하고 또한 간파 가능한 것을 감각하도록 이끈다.

자아과 타아 사이를 가르는 이러한 종류의 감각은 동물의 삶에서 중요한 특성이다. 이것은 세상에 새로운 존재 방식을 만들어 냈다. 이는 새로운 의미에서의 관점, 즉 시각의 성립을 수반한다.

지금까지는 "감각" 일반에 관해 논했지만, 이 현상은 감각마다 많은 차이가 있다. 시각과 촉각의 경우, 동작은 감각에 즉각적으로 강한 영향을 준다. 머리를 살짝만 움직여도 시야 전체가 변하는데, 만일 방금 머리가 움직인 사실을 기록하지 않았다면 매우 혼란스러울 것이다. 촉각도 마찬가지다. 그러나 청각은 많이 다르다. 당신의 동작이 당신이 듣는 것에 영향을 끼치는 것은 자명한 사실이지만, 보통 그 영향은 미미하다. 당신이 들을 때 머리를 움직이면, 변화가 있다 해도 들리는 세상이 극적으로 변화하지는 않는다. 작은 움직임은 무엇이 들리느냐에 뚜렷한 영향을 덜 준다. 후각과 미각 등 화학적 감각은 또 다르다. 아마 앞서 언급한 두 극단 사이 어딘가쯤에 있다.

모든 화석에는 불확실성이 있으므로 세상을 감각하는 이 새로운 방식들이 언제부터 시작되었는지는 정확치 않다. 이 모든 것이 갑자기 이루어졌을 것 같지는 않다. 캄브리아기가 특별한 역할을 했을 것이다. 왜냐하면 눈, 그리고 새로운 이동 방식이 이때부터 시작된 것으로 보이기 때문이다. 이 시기의 일부 삼엽충은 더듬이가 있었다. 다시 청소새우가 이 주제에 있어서 전형이다. 이 새우는 더듬이 그리고 긴 팔에 달린 집게를 지닌 지극히 삼차원적인 생물이다. 그들은 많은 공간을 차지한다. 즉, 그들의 몸은 공간 속에서 **현전**한다. 새우는 그를 둘러싼 사물들을 탐지하고 조작하는 원천이자 중심이다. 나는 새우의 경험이, 무엇이 자신이고 무엇이 자신이 **아닌지**에 관한 정확한 구분을 포함한, 매우 공간화된 세계에서의 경험이라 생각한다. 앞에서 말한 순간적인 움켜쥠 그리고 다리 내밀기를 기억해 보라.

한편, 이 분야에서는 청소원 동물들이 그들 스스로를 잘 구분해 낸다. 이들은 모든 환경 요소들 중에서도 가장 복잡한 요소인 다른 행위자를 다루기 때문에 자신을 둘러싼 환경에 매우 세심하게 관여한다. "거울 테스트"는 거울로만 보이는 몸의 얼룩을 닦거나 다듬는 것을 통해 거울 속의 자신을 **자신**으로 인식할 수 있는지를 알아보는 실험이다. 극소수

의 동물만이 이 시험을 통과한다. 포유류나 새(이 중에서도 극히 일부만 시험을 통과한다)가 아닌 것 중 이 시험의 다른 버전을 통과한 것으로 알려진 유일한 동물은 청소원 물고기다.

호기심 많은 게

갑각류는 우수한 감각을 지닌 활동적인 동물로, 수명도 다소 길다. 그것들은 딱딱한 껍데기 덕분인지 마치 작은 로봇처럼 보이고 그렇게 여겨져 왔다. 그러나 이 동물들 내부에서는 흔히들 생각해 온 것보다 더 많은 일이 일어나고 있다.

퀸스 유니버시티 벨파스트의 로버트 엘우드Robert Elwood와 동료들이 중요한 연구를 해 왔다. 소라게는 바다달팽이가 남긴 껍데기를 가져다가 그 안에서 산다. 그들은 갑옷, 아니 이동할 수 있는 집 마냥 껍데기를 두르고 있다. 엘우드와 그 동료들은 이 동물들이 일종의 통증을 느낄 수 있다는 상당한 증거를 수집했다. 여기서 중요한 것은 그들이 불쾌해 보이는 사건에 움찔하거나 반응하는 것이 아니라, 그들의 몸짓이 단순히 신체적인 반사가 아니며, 통증 같은 것을 느끼고 있음을 암시한다는 점이다.

앞으로 이 책에서 통증 이야기가 자주 등장할 테니 관련된 몇 가지 용어를 먼저 소개한다. **통각**nociception이란 손상의 감지와 그에 따른 반응을 말한다. 동물에게 통각은 매우 일반적이지만 보통은 일종의 반사로 해석된다. 그래서 생물학자들은 통각만으로 통증을 가려내는 데 충분치 않다고 여기면서 그 이상의 것, 즉 통증이라는 **느낌**과 연관된 무언가의 표지를 찾고 있다. 그들이 어떻게 느끼는지는 우리에게 알려줄 수 없기에, 이러한 표지들에 관하여는 다소간 논쟁의 여지가 있다. 표지에는 상처의 치료와 보호, 통증을 없애는 화학 물질(많은 경우 우리에게도 듣는 약) 찾기, 동작에 따른 좋고 나쁜 결과에 대한 일종의 학습이 포함된다. 예를 들어, 엘우드와 동료들은 새우들이 일종의 상처 돌보기를 한다는 것을 밝혀냈다. 식초나 표백제에 더듬이가 닿으면 이들은 그 더듬이를 손질하고 어항의 벽에 비벼댔다.

또 다른 실험은 절충안trade-off을 찾는지에 대한 것이다. 이 실험의 아이디어는, 만약 동물이 어떤 것에 대해 좋지 않은 느낌을 받을 때, 이 동물이 합리적이며 똑똑하다면, 이 느낌의 나쁨과 그 상황에서 발생할 여러 가지 이익 또는 비용을 저울질해 볼 수 있다는 것이다. 이는 반사 반응과는 매우 다르다. 소라게는 이러한 종류의 절충을 행한다. 엘우드의 실험은 미세한 전기 충격을 사용한다. 이 충격으로 소라게가 껍데기를 버리도록 유도한다. 그것만으로는 큰 의미가 없는 실험이다. 그러나 꽤 괜찮은 껍데기를 가지고 있을 때는 포기하기를 더 주저한다는 사실이 발견되었다. 껍데기를 떠나기 직전까지 더 많은 충격을 견뎌 낸 것이다. 주변에 포식자의 냄새가 나면, 소라게는 껍데기를 쉽게 포기하지 않았다. 이 경우에도 다른 상황이라면 껍데기를 버렸을 만한 충격을 더 견뎌 내려 했다. 이 모든 것이 소라게가 좋거나 나쁜 사건과 가능성의 범위를 따지고, 작은 충격에 의한 통증은 싫지만 다른 고려 사항들과 함께 결정의 변수로 삼는다는 것을 보여 준다. 최종 결정은 이 변수를 모두(또는 일부를) 고려하여 내려진다. 이 연구의 다른 발견들도 그들에게 느낌이 존재함을 암시한다는 점에서 훌륭하다. 충격을 받고 껍데기를 빠져나온 게는 가끔은 껍데기를 신중히 살피면서 문제의 원인을 찾았다.

갑각류를 대상으로 한 이 연구는 내가 아는 한 무척추동물을 대상으로 통증에 대한 꽤 신뢰할 만한 증거를 만들어 낸 최초의 연구였다. 엘우드 스스로 인식하듯, 이 연구만으로 결론을 내릴 수는 없다. 누군가는 이 테스트에 대해 의

문을 품을 수 있다. 엘우드가 주로 하는 답변은 좀 더 친숙한 척추동물이 통과했을 때 통증에 관한 좋은 증거를 얻을 수 있는 테스트를 하고 있다는 것이었다. 누군가는 이렇게 말할 수 있다. "새우도 통과하는 테스트라면, 테스트 자체에 문제가 있어 보인다." 응당 있을 만한 반응이며, 확실한 반론의 여지는 없다. 하지만 그 질문 이상의 논거가 없는 한 일종의 임기응변일 뿐이며, 인정하지 않으려는 시도에 불과해 보인다. 이 연구는 이 동물들을 통증과 유사한 무언가를 느낄 수 있는 존재로 볼 수 있는 실제 사례를 제공한다.

갑각류가 통증을 느낀다는 데 반대하는 일반적인 주장은, 같은 맥락에서 다른 여러 동물들에게도 가해지는데, 이는 다소 유치한 주장이다. 갑각류는 인간의 통증과 관련된 뇌의 영역을 가지고 있지 않다는 주장이다. 엘우드가 답하였듯이 갑각류에게는 우리처럼 시각과 관련된 영역이 있는 뇌는 없지만, 그들은 볼 수 있다. 진화는 때로 같은 기능을 수행하는 다른 구조를 만들어 낸다. 시각이 그러한 것처럼, 통증의 경우도 역시 그러할 수 있다.

대부분의 나라에서는 기본적으로 갑각류의 안녕을 전혀 고려하지 않는다. 그들에게 가하는 일에 대한 우려는 없고 산 채로 삶는 일이 일상적이다. 소라게는 꽤 복잡한 삶을 영위하기에 다른 갑각류와 다소 다르다고도 할 수 있지만, 갑각류의 통증에 대한 증거는 이들에게만 국한되지 않는다.

갑각류는 인간이 생각하지 못한 여러 능력을 가지고 있다.

얼마 전 나는 물속에서 아주 정적인 것들(해면이 거의 완벽한 구형으로 감싸고 있는 바위 밑의 해초류 생물들)을 촬영하고 있었다. 그것은 어두운 공간 속에 매달린 보랏빛 달처럼 생겼다. 조용하고 분주하게 카메라를 만지고 있는데, 갑자기 큰 움직임과 함께 달그락거리는 소리가 났다. 커다란 소라게가 평평한 바위에서 내 바로 앞으로 떨어졌다. 집과 게는 합쳐서 오렌지 하나 정도 크기였다. 그때까지 아무 일도 일어나지 않고 있었기에, 나는 이 게가 바위에서 나를 염탐하다가 균형을 잃고 공중제비하듯 데굴데굴 내려와 내 앞에 부드럽게 추락했다고 생각했다. 그녀는 즉시 벌떡 일어서, 바위 아래로 달려 들어갔다.[**]

나는 잠시 머뭇거리다가 그녀를 살짝 들어 밖으로 꺼내

[**] 이 책에서 동물에게 일어난 일을 기술할 때, 동물의 성을 분별하기 어렵고 해당 개체가 어떤 성인지 알 수 없는 경우 "그(he)"로 지칭하는 게 나은지 "그녀(she)"로 지칭하는 게 나은지에 대해 말하는 첫 번째 지점이다. (3장 끝에 자웅동체 생물들이 등장하기도 하였으나, 대명사가 필요하지는 않았다.) 나는 모든 동물을 "그것(it)"으로 지칭하기를 저어하는데, 어떤 맥락 속에서는 단수형을 대체하는 "그들(they)"을 선호하겠지만, 그것이 늘 가능한 것은 아니다. 개체들의 성이 지시되는 경우에는 이야기가 달라지는 것이다. 이 경우, 설사 정확하지는 않더라도 어떤 단서가 있다면 특정한 성을 부여할 것이다. 그리고 이 단서들을 본문이나 미주에 적어 놓을 것이다. 단서가 없다면, 임의로 성을 부여할 것이다. 이 부분과 관련해서 눈에 집히는 단서는 없으나, 소라게-말미잘 연합에 관한 초기 연구에 의하면 관찰되는 개체들 중, 껍데기를 덮어쓰기 위해 말미잘에 의존하는 것이 아니라 말미잘을 취하여 껍데기 위에 덮는 개체는 거의 다 암컷이라고 한다. 이 연구는 미주에 적어 놓았다.

놓았다.—보통은 이렇게 하지 않는다—그녀는 총알처럼 잽싸게 바위 쪽으로 되돌아갔다.

그녀를 집어들었을 때, 작은 불꽃 같은 밝은 오렌지빛 실들이 쏟아져 나왔다. 이것들은 말미잘이 자신을 방어하기 위해 뱉은 **아콘티아**_acontia_라 불리는 쏘는 가닥으로, 게의 것이 아니다. 어떤 게들은 껍데기를 뒤집어쓰는 것도 모자라 집게발로 말미잘을 집어올려 껍데기 겉에 조심스럽게 설치한다. 그들은 포식자, 특히 문어로부터 방어하기 위해 말미잘의 아콘티아를 사용한다. 어떤 소라게는 무장하지 않았을 때, 문어의 냄새를 맡으면 말미잘을 집어든다. 힘센 개체들은 때로 다른 게가 지닌 껍데기에서 말미잘을 떼어 내 자기 껍데기 위에 놓기도 한다.

어쨌든 이 게는 껍데기가 허락하는 한 가장 멀리로 단호하고 잽싸게 바위 아래로 달려갔다. 긴 줄기눈 위에 달린 그녀의 눈이 나를 노려보고 있었다.

엘우드의 작업은 갑각류 자체에 대한 연구로서만 중요한 것이 아니다. 오래 전에 나는 이들 갑각류들에 둘러싸인 채 다이빙을 하다가, 갑자기 게와 새우를 경험하는 동물로 보는 것에 익숙해지면 다른 동물, 특히 곤충을 보는 데에도 영향을 끼친다는 깨달음을 얻으면서 육지로 돌아왔다.

게와 새우 중에는 경험의 흔적이 눈에 띌 정도로 나타나는 동물이 있다. 그들은 우리의 속도와 스케일로 행동하고,

우리와 어젠다를 공유한다. 갑각류는 곤충류와 함께 절지동물 그룹에 속해 있다—곤충들은 아마 이 거대한 "범갑각류 pancrustacea" 그룹에서 나온 진화적 분파일 것이다. 육지에서 우리는 곤충에 둘러싸여 있고 일상에서 엄청난 수의 곤충들을 아무 생각 없이 죽인다. 나는 대부분이 그러하듯 곤충을 감각 없는 로봇처럼 생각해 왔다. 그러나 그들의 친척인 사랑스러운 갑각류를 통해 여러분이 겪을 수 있는 게슈탈트적 변화가 있다. 갑각류는 곤충을 새로운 조명 아래 세워 놓았다. 곤충 역시 그들의 삶을 경험할 수 있는가?

결론은 저절로 지어지지 않는다. 뭍에서의 삶은 곤충들로 하여금 또 다른 길을 따르게 했다. 하지만 내가 바닷가에서 그들을 생각할 때 이러한 깨달음의 충격이 갑자기 닥쳤다. 우리가 갑각류와 그들의 이야기를 제자리에 위치시켰다면, 곤충을 주체적 경험을 할 수 있는 후보로 진지하게 받아들여야 한다. 곤충은 대부분의 경우 신체적으로 갑각류보다 작고, 갑각류만큼 눈에 띄게 행동하지 않는다. 그러나 곤충의 뇌는 갑각류보다 단순하지 않으며, 대부분은 꽤나 더 복잡하다. 게가 우리에게 보여 주고 알려준 것은 이런 동물들이 무엇을 할 수 있는지, 그리고 그 안에서 무슨 일이 일어나고 있는지이다.

또 다른 경로

우리는 한 종류의 삶을 다른 종류의 것과 비교해 보는 방식으로 **동물의 존재 방식**을 이해하는 작업을 하고 있다. 이 존재 방식은 동물의 신체와 행동이 형성되고, 더불어 새로운 종류의 감각이 나타나 동작과 영향을 주고받으며 이루어졌다. 여기에는 식별할 수 있는 패턴이 있지만, 지나치게 단순화하지 않는 것이 중요하다. 지난 두 장에서 보았던 동물 진화의 단계와 더불어, 또 다른 종류의 동물들 및 식물들에서 나타나는 또 다른 길이 탐구되어 왔다.

우리가 더 커진다면 진화적 의미에서 이득을 얻을 수 있는 작은 동물이라고 상상해 보자. 커지는 길은 두 가지다. 하나는 형태를 유지한 채 보다 큰 스케일로 몸을 키우는 것이다. 이 경우 물질의 순환과 협응 면에서 새로운 요구가 생긴다. 다른 방식은 지금 형태를 반복하고 반복하는 것이다. 당신의 몸에 당신과 똑같은 쌍둥이가 붙는다. 그리고 그 쌍둥이의 몸에 또다른 쌍둥이가 붙는다. 이것이 생물학에서 말하는 **모듈식** 체제modular body plan이다.

이 과정에서 마치 쪽모이처럼 반복되는 단위들이 촘촘하게 짜인 군집이 만들어진다. 그 결과는 우리가 세포분열을 반복해 몸을 형성하는 것과 조금 비슷하지만, 모듈식 체제에서 반복되는 단위는 완전한 동물이거나 적어도 그와 유사한 단위이다. 이것이 산호들, 그리고 큰 범주의 식물들이 작동하는 방식이다. 모듈식 생물을 볼 때, 무엇을 단일 개체로 간주해야 하는지 명확하지 않을 것이다. 가지를 내뻗은 산호가 개체인가, 혹은 그것을 구성하는 개별 폴립들이 개체인가? 작은 단위들은 보통 꽤 높은 정도의 자율성을 지닌다. 예를 들면, 그들은 생존을 위해 더 큰 단위에 의존하여 살지만 개별적으로 번식할 수 있다.

모듈식 생물은 보통 가지를 뻗은 나무와 같은 형태를 이룬다. 이러한 길로 나아가면, 행동 영역에서의 생활 방식이 단순하게 유지되거나 점점 더 단순해지는 경향이 있다. 움직이지 않으나 뻗칠 수 있는 산호가 한 예이다. 다른 생물들은 어떤 의미에서 좀더 극단적이다.

지난 장에서 다룬 나새류들이 기거하는 덤불 모양의 생명체인 이끼벌레는 개미, 문어 및 다른 동물들과 함께 진화적 경로를 오래 밟아 온 다음 식물과 같은 형태로 확연히 전환된 대표적인 경우이다. 이끼벌레("이끼동물"이라는 뜻이다)는 연체동물과 꽤 가깝다. 이들은 몸의 좌우가 있으며 신경 체계를 갖고 있다. 그러나 그들은 매우 협동적인, 다른 삶의 방식으로 향해 갔다. 그들 중 많은 수가 수중 덤불 및 이끼를 꼭 닮은 군집을 형성한다.

이와 같은 생명체들, 특히 가지가 뻗친 형태의 것들의 경우, 최종 형태는 어느 정도로만 예측할 수 있다. 떡갈나무는 고유한 모양을 띠고 있지만, 드문 예외를 제외하면 인간이 정해진 수의 팔다리를 가진 것과는 달리 가지의 숫자가 딱 고정되어 있지 않다.

인간, 새우, 문어는 **일원화**된 유기체이다. 우리 인간은 확립된 형태를 지니고 세대를 걸쳐 반복되며, 부분적으로 자족하는 단위들로 이루어지지 않는다. 일원화된 신체 형태의 확립은 행동의 진화에 있어 중요하다. 표준 신체 형태가 존재할 때 행동의 틀과 양식이 점진적으로 진화할 수 있다. 신경 체계는 세대를 거치며 동일하게 협응된 움직임을 미세하게 조정해 나갈 수 있다.

그에 반해 모듈식 생명체는 정적인 경향이 있다. 일부만이 떠다니는 식으로 헤엄을 칠 수 있을 뿐이다. 그러나 바다의 모듈식 동물들이 움직임을 지향할 때는, 보다 일원화된 모습을 선택하는 경향을 지닌다. 가끔 헤엄을 치고 실력이 꽤 괜찮은 말미잘도 큰 폴립 하나로 이루어져 있다. 모듈식 동물은 전체로서 복잡한 행동을 만들어낼 수 없고, 그런 면에서는 식물들과 같다.

뒤에서 살펴겠지만, 식물은 스스로 움직이지 못하는 것과는 거리가 멀다. 그들은 감각하고 반응한다. 그러나 대개 식물은 이러한 능력을 동물과는 다른 데에 쓴다. 식물은 그 능력을 자신의 몸을 형성하는 데에 사용한다. 식물의 형태는 그 식물이 감각해 온 역사를 반영한다. 태양이 보이는 방향이 어디였는지 같은 것들 말이다. 몸이 덜 통합되었기에 형태는 더 다양해질 수 있고, 환경에 자유로이 맞추어갈 수 있다.

나는 얼마 전 물속에서 이끼벌레의 군락을 보고 있었다. 연산호 저속 촬영 연구를 하던 다이버 톰 데이비스는 다이빙 장소를 안내하다가 문득 군락 쪽을 가리켰다. 군락의 줄기에는 길이가 2밀리미터도 안되는 작은 이끼벌레들이 있었다. 이끼벌레는 당면처럼 반투명한 가닥들이 엉켜 있는 모습이었다. 이 종은 "스파게티 이끼벌레spaghetti bryozoan"라고 불린다. 그들은 심지어 모여 있을 때도 전혀 동물로는 보이지 않았고, 움직이지 않는 스파게티 더미 같았다.

톰이 가리킨 동물들을 확실히 알아보기 위해 사진을 여러 장 찍었다. 나중에 컴퓨터에서 작은 민달팽이들을 발견했고, 이끼벌레의 가지들을 보면서 그것이 얼마나 줄기와 마디를 지닌 덤불숲같이 생겼는지를 되새겼다. 이 줄기들은 영원히 다른 줄기들과 결합되어 있으며, 자기만의 신경 체계를 지닌 작은 동물이었다. 나는 그들 안에서 어떤 일이 일어나는지 궁금해졌다. 그때 예상치 못한 아주 작은 붉은 줄무늬를 보았다. 사진을 확대하자, 이 줄무늬가 날짐승의 발톱을 닮은 집게임을 알 수 있었다. 이 집게는 이 덤불의 다른 줄기처럼 보이는 것의 끄트머리에 있었는데, 이 "줄기"는 여기 자리한 것이 어색한 또 다른 것에 붙어 있었다. 틀림없이 관절이었다. 이 집게와 관절을 통해 나는 이끼벌레의 군집만을 본 것이 아니라 한 마리의 절지동물도 보고 있음을 알 수 있었다.

그것의 다리와 몸통 부분은 아주 가늘어서, 처음엔 식물처럼 생긴 이끼벌레의 줄기와 거의 구분되지 않았다. 곧, 나는 머리를 찾아냈고 몸통이 어떻게 배열되어 있는지 알아냈다. 아주 여윈, 거의 투명한 그것은 바늘처럼 날카로운 집게발들을 지니고 있었다. 하나하나 찾다가 세 마리를 찾아내었다. 사진을 넘겨볼수록 이 생명체들의 끊임없는 움직임을 확연히 볼 수 있었다. 그들은 바다대벌레skeleton shrimp라고 불린다. 이끼벌레의 가지들 사이로 사나운 유리 뼈대들이 돌아다니고 있었다. 옅은 색을 지닌 정적인 줄기들과 발톱을 지닌 등반가들은 모두, 근육과 신경을 지닌, 서로 다른 진화의 경로를 따라간 동물들이었다.

몇 주 후 나는 이 바다대벌레를 보려고 그 자리로 돌아갔다. 그들의 몸이 투명해서 "보기"가 쉽지 않았다. 나중에 컴퓨터로 그것들을 찾아냈을 때, 그들이 **어디에나** 있음을 보게 되었다. 쭈그리거나, 거꾸로 달려 있거나, 작은 발톱들로 상호작용하거나, 내가 찍고 있는 장면 위를 기어오르면서, 잘 보이지 않게 무대 뒤에 있었다. 지금은 다른 사진을 볼 때도 종종 배경에서 바다대벌레떼를 발견한다. 바다를 채우는, 죽은 지 오랜 작은 유령들의 무리 같은 이들 말이다.

장식하는 이

우리는 이들과 함께 동물의 삶을 만들어 낸 길고 긴 여정을 따라 왔다. 이 경로는 단세포의 진핵생물로 시작해 무수한 세포 그리고 새로운 종류의 단위들 간 통합으로 나아갔다. 신경 체계와 근육이 생겨나고, 다세포적 스케일로 행동이 형성되었다. 그 후 첫 번째 좌우대칭동물이 나타났으며 거기에서 여러 갈래로 갈라져 갔다. 이 모든 것이 캄브리아기 이전에 이루어졌고, 대부분은 최초의 동물 화석 이전에 일어났다. 캄브리아기가 시작되며 행동과 감각 분야의 경쟁이 일어났다. 형상화되고 표준화된 신체와 관절로 이루어진 다리에 의해 수행되는 행동을 하는, 절지동물에 의한 새로운 삶의 방식을 볼 수 있게 되었다.

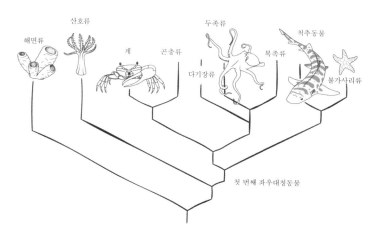

이 그림은 지금껏 논의된 단계와 동물들을 더해 그린 "생명의 나무"이다.

이번에도 시간을 많이 뛰어넘었고, 많은 수의 동물들을 생략했다. 이렇게 그림을 그려보니, 처음 좌우대칭생물이 등장한 지점이 확연히 드러난다. 우리는 이 동물들이 어떻게 생겼는지 알 수 없지만, 편형동물로부터 대략적인 힌트를 얻을 수 있다. 그림에서 볼 수 있듯이 이 동물로부터 이 깊은 갈래가 이루어져 왔다. 이 지점까지 우리는 개미, 게, 문어와 역사를 공유한다. 그 후로는 독립적으로 진화해 왔다.

이 장 앞에서 기술한 바다 밑 파이프라인 위에서의 다이빙 중에 나는 해면을 보았다—평평하고 부드러이 퍼져 있는 검붉은 덩어리였다. 미국 만화가 닥터 수스Dr. Seuss의 손가락에 끼우는 캐릭터 장난감들을 모아놓은 것처럼 생겼다. 해면이 늘 그러하듯 육안으로 보기에는 정지해 있었다. 그러다, 갑자기 움직였다. 동시에 나는 긴집게발게decorator crab를 발견하였다.

긴집게발게는 또 다른 절지동물이다. 그것은 해면을 입고 있다. 몸 표면에 해면이 자라게끔 유도하고, 더 많은 것들을 붙이기 위해 몸에 특별한 갈고리를 만들기도 한다. 이것은 소라게가 말미잘을 사용하는 방식보다 훨씬 완벽하다. 소라게는 달팽이 껍데기 안으로 들어가서 말미잘을 바깥에 붙인다. 긴집게발게는 스스로의 몸, 스스로의 껍데기에 다른 삶이 자리잡도록 한다. 보통 몸의 수목원에는 해면뿐 아니라 산호나 다른 자포동물들도 있다. 이것들은 모두 정주하는 생물이고, 또한 대부분의 관점에서 먹지 못하는 것들이기도 하다. 게는 스스로를 보호한다. 장식은 은폐 효과가 있어서 특히 문어를 비롯한 많은 사냥꾼들을 좌절하게 만든다.

　　해면처럼 보였던 것들이 이제 움직이고 있었다. 집게발이 나타났다. 해면에 감싸인 이 게들은 다른 게들보다 훨씬 천천히 움직인다. 이들의 움직임은 육중하고 느리며, 몸과 관절 마디를 덮은 해면 조직에 의해 제약된다. 그것이 머리를 천천히 들었다. 동물 진화의 매우 다른 두 결과물들이 함께 거기 서 있었다.

작별

팔이 하나인 새우가 졸고 있는 상어를 지휘하는 광경을 본 이 주 뒤, 그것이 여전히 거기 있는지를 보러 다시 찾아갔다. 헤엄쳐 나가다가 굴 속에서 나와 나를 쫓아오는 흉포한 문어를 지나쳤다. 새우가 있던 바위로 접근하며, 나는 문어가, 특히 저 문어가 내가 없는 동안 그 새우를 잡아먹지 않았을까 걱정하였다. 그러나 그 한쪽 팔을 가진 새우는 바위 아래 매달려 있었다. 상어는 보이지 않았다.

새우는 덜 활달해 보였고, 전에 비해 내게 흥미가 떨어진 것처럼 보였지만, 마침내 나를 빤히 쳐다보며 팔을 흔들었다. 다리와 몸통에 조류가 붙어 다소 추레해 보였다. 그래도 나는 그를 다시 볼 수 있어 기뻤다.

이 시기에 나는 새우들에 대해 좀 더 공부했다. 그들은 수명이 길고, 영역을 지키며, 평생 한 상대와 함께한다. 그들은 아쿠아리움 환경에서 최대 5년 정도를 산다고 알려져 있다. 청소새우는 또한 서로를 개체로서 인식할 줄 안다. 1970년대에 나온 오래된 연구에서, 짝을 이룬 새우들을 하루나 이틀 밤 분리시킨 뒤 다시 만나게 한 경우와, 역시 분리시킨 뒤 낯선 개체와 함께 하게 한 경우를 비교하였다. 낯선 개체들은 (적어도 인간이 보기에는) 잃은 짝과 비슷한 크기와 생김새일 뿐만 아니라 같은 성별이었다. 새우들은 그 차이를 인식했다. 낯선 상대와 함께 있을 때는 서로 환심을 사려 하거나 아니면 싸우거나 하는 일이 더 많았다. 원래 짝이었던 이들은 이전처럼 평범하게 행동하는 경향이 있었다.

이 연구는 짝을 이룬 새우는 야생에서 더듬이 길이만큼의 거리 안쪽에서 살아가며, (특히 수컷들이) 밤에는 몇 미터 반경을 떠돌다가 해가 뜨기 전에 돌아온다고 전한다. 생의 대부분의 시간을 1제곱미터 정도의 영역 안에서 살아가는 셈이다.

나는 몇 달 전 이 장소에서 본 한 쌍의 새우를 생각했다.

양팔이 다 있었고, 매우 활발했다. 그때 촬영한 영상을 가지고 있는데, 서로 마주본 채 더듬이를 마구 움직이는 모습이 나온다. 조직화되지 않은 찌르기와 접촉으로 보였다. 신호를 보내는 것이었을까? 아니면 매무새를 다듬는 것이었을까? 1977년 연구는, 이 종이 개체를 인식하는 가장 유력한 방법은 화학물질을 탐지하는 것이라고 판단했다. 그러나 나는 이 쌍이 보여 준, 서로 마주보며 그 많은 부속지로 수선스럽게 나누는 상호 작용이 궁금하였다.

암컷이 수컷보다 크다는 것 말고는 이들의 성별을 구별하기가 어렵다. 나는 팔이 하나인 새우의 성별을 알아내지 못했다. 전에 보았던 두 마리가 짝이었는지는 모르지만, 어쨌든 이 동물이 동료를 잃은 것에 조금은 슬퍼졌다. 팔이 하나 없는 것에 더하여, 바닷속에서 닳은 흔적과, 그 몸에는 다른 생명체에서 비롯된 가닥들이 쌓여 가고 있었다. 이러한 점이 나로 하여금, 언급한 마주보고 하는 상호 작용이 다듬기를 포함하고 있는지에 대해 궁금케 하였다.

한 마리의 새우를 보기 위해 세 시간을 운전하여 해변으로 갔다는 말을 믿기는 어렵겠지만, 2주 후 나는 다시 그 곳으로 돌아갔다. 이때는 물이 그리 좋지 않았다. 모든 것이 평소보다 더 가깝게 느껴졌고 또 어둑했다. 해초류들이 기침과 재채기를 해 댔다. 새우가 있는 바위로 돌아갔고, 정확히 거기 홀로, 바로 그 종의, 딱 그 크기의 새우가 있었다. 두 팔이 모두 없었다. 아마도 남은 팔을 잃은 그 개체였던 것 같다.

처음엔 그가 팔도 없이 어떻게 먹을 수 있는지 궁금했다. 그러나 그에겐 많은 다리들과 네 개의 작은 집게발이 남아 있었다. 그는 먹을 것을 집어 입으로 넣는 일을 꽤나 잘하는 듯했다. 그렇지만 전에 비해 덜 활기찬 방식으로 해내는 것처럼 보였다. 그는 혼자였고, 많이 피곤해 보였다. 아마도 그의 나날이 끝의 가까이에 있는 듯했다.

5. 주체의 기원

주체, 행위자, 자아

지금껏 얼마나 멀리 왔는가? 진화의 이야기는 우리를 최초의 생명에서부터 초기 동물로, 그 다음 동작, 신경 체계, 시각의 출현까지 이끌었다. 지금 우리는 캄브리아기에 당도했다. 우리는 특별히 활발했던 생명체인 절지동물을 살펴보았는데, 그 무대 뒤에서는 다음 장에서 무대의 중심에 서게 될 동물들이 등장하기 시작했다. 척추동물vertebrates, 그리고 이 모든 질문들에 대한 우리의 생각을 꺾어 놓을 특별한 연체동물인 두족류다.

　　정신의 진화, 그리고 정신적인 것과 물질적인 것 사이의 관계를 이해하기 위해 지금껏 얼마나 멀리 철학적 질문들 위를 걸어왔는가? 우리는 어느 정도 전진했다. 앞에서 소개한 몇몇 아이디어가 "간극 메우기"를 시작한다. 나머지 아이디어가 앞으로 이어지겠지만, 여기는 지금까지 따라온 이야기가 철학적 측면에서는 어떻게 보이는지를 점검해 볼 좋은 지점이다. 이 과정에서 접근하기와 몰아내기가 함께 이루어질 것이다. 어떤 진전이 있었는지를 보여 주기 위해 접근하고, 그리고 문제를 실제보다 더 다루기 힘들게 만드는 오해를 몰아낼 것이다.

지난 이야기 속에서, 진화가 낳은 것은 단순히 이전보다 크고 복잡한 새로운 생명체만이 아닌 새로운 종류의 존재, 새로운 종류의 자아이기도 했다. 이들은 새로운 방식으로 서로 연결되었으며, 환경과 새로운 형태의 관계를 맺는 생명체다.

동물 진화의 중심에는 근육과 신경 체계에 의해 가능해진 수백만 세포들이 협응한 움직임, 곧 새로운 종류의 동작의 발명이 있었다. 이러한 동작을 이끌기 위해 새로운 종류의 감각이 나타났다. 이 혁신들이 함께 작용하면서, 우리는 물리적 영역 너머의 환경에 반응하고, 암묵적으로 존재하는 자아의 감각에 기반하여 감각하고 동작하는 존재를 마주한다(집게발로 자신의 발을 움켜쥐었다가 되놓는 새우를 되새겨 보자).

앞에서 논의의 장에 올려 놓은 두 개념은 **주체성**과 **행위자성**이다. 이 두 개념들은 일상에서 익숙한 전체whole 속에 있는 다른 측면을 집어낸다. 여기서 전체는 주변에서 일어나는 일을 감각하고 행동하는 한 개체를 말한다. 주체성은 느낌, 추측과 관련이 있고, 행위자성은 시작, 수행과 관련이 있다. 모든 생물(혹은 세포로 이루어진 모든 생물)은 일종의 주체성과 행위자성을 보이지만, 이 특성들은 동물마다 다른 형태를 취한다.

정신과 육체에 관한 철학적 논의 속에서 좀 더 주요한 문제는 주체성으로 보인다. 여기에 달린 "주체적 경험"이라는 꼬리표는 설명하기도 어렵다. 행위자성은 이보다는 이해하기 쉬워 보인다. 허나, 지금껏 보았듯 생물의 감각하고 느끼는 측면은 여러 면에서 행동과 얽히고설켜 있다. 철학자 수잔 헐리Susan Hurley는 이 관계를 생각해 볼 수 있는 좋은 이미지를 제시한다. 헐리는 이 그림이 아주 적확하지는 않다고 말한다. 그림 속의 한 사람은 말하자면 "주체와 행위자가 서로 등을 맞대고 서 있는 것처럼 보인다." 사람은 양쪽으로 세상을 마주하는, 분화된 또는 층을 이룬 존재가 된다. 세상은 감각을 거쳐 이 사람에 영향을 끼치는데, 이것이 주체 쪽이다. 이 사람은 영향에 반응하여 다음 수행할 일을 계획하고 동작하는데, 이것이 행위자 쪽이다. 이들은 한 사람의 두 부분이 되어 가며, 거의 두 사람에 가깝다. 그러나 헐리에 의하면, 실제로는 역할이 그리 명확하게 나뉘어 있지는 않으므로, 등을 맞대고 서 있는 이미지는 오해의 소지가 있다고 한다. 우리는 주체인 동시에 행위자이다.

무엇이 나타났고 무엇이 새로웠는지를 기술하는 다른 방식도 있다. 진화가 진행되면서 동물은 세계의 인과적 경로 네트워크 속의 새로운 교차점, 곧 연결점이 되었다. 동물이 감각을 통해 여러 종류의 정보를 습득할 때, 동물은 경로가 모이는 지점이 된다. 행동을 시작하는 순간 이 동물은 인과적 경로가 **갈라지고**, 하류로 퍼지고, 나아가 종종 그 동물의 감각에 영향을 되미치는 지점이 된다. 또한 동물은 현재가 과거와 교차하는 지점이다. 당신이 이전에 무엇을 보았는지, 그리고 어제의 동작이 얼마나 잘 되었는지가 당신이 현재를 대하는 데에 영향을 줄 것이다. 지금과 여기에 대해 입수한 정보는, 과거의 흔적과 상호작용을 한다.

세상의 이러한 특질과 작동 원리는 (불변하진 않을지라도) 동물 삶의 방식의 공통된 산물이다. 이러한 종류의 동물은 관점을 가지고 있고, 그 관점에 따라 움직인다. "주체적 경험"이라는 문제적 개념에 속하는 것 중 일부는 예상되고 납득할 만한 동물 진화의 결과이다. 거칠게 말하자면, 주체의 기원은 동물 행위자성의 진화에서 비롯되었다.

감각질과 수수께끼들

첫 장에서 나는 동물 경험에 대한 논의 속에서 자의적 판단을 지워 내는 것이 이 책의 목표 중 하나라고 말했다. 어떤 이는 짚신벌레paramecium를 보고 감각이 있다고 말하고, 다른 이는 짚신벌레는 물론 물고기에게까지 감각이 없다고 한다. 나는 우리가 이 문제를 넘어설 수 있도록 돕고 싶다. 우리가 특정한 생명체를 말할 때 놓치는 정보는 그들이 무엇을 할 수 있는지와 그들 내부에서 무슨 일이 진행되는지이다. 그 것들은 과학적 엄밀함을 다투는 질문들이다. 하지만 어떤 난관은 우리가 이러한 것들을 생각하려고 할 때 생각의 고삐가 풀리면서 온다. 이 고삐 풀림은 아주 오래된, 물질주의에 반하는 전통적 주장들과 관련이 있다.

17세기에 르네 데카르트는 자신이 육신이 없는 영혼일 수가 있음을 가정하면서 다음과 같이 주장하였다. 당신은 물리적 육체를 갖고 있음을 확신하는가? 그것은 착각일 수도 있다. 반면, 당신은 (적어도 지금 이 순간에는) 정신이 없다고 의심할 수는 없으므로 정신과 육체가 같은 것이라고 할 수는 없다. 만일 그 몸이 당신의 존재에 있어 선택적인 것이라면, 당신이란 다른 무언가가 더 없이는 당신의 몸으로서만 **존재**할 수 없다.

더 최근의 사상적 조류는 데카르트의 사고 실험을 뒤집은 것이다. 영혼 또는 정신이 없는 육체를 가정해 보자. 구체적으로는 평범한 한 사람의 정확한 물리적 복제물을 상상하자. 만일 물질주의가 진실이라면 복제물은 분명 경험을 가지고 있어야 한다. 그러나 이것 역시 필수적이지는 않은 것으로 보인다. 데이비드 차머스David Chalmers가 말한 것처럼, 당신의 물리적 복제물은 전혀 의식이 없는 "좀비"에 불과할 수도 있다. 만약 이것이 실제로 가능하다면, 몸과 정신은 같을 수 없으며, 정신은 덧붙은 무언가인 듯하다. 정신은 뇌, 몸, 물리적 과정에 의해 만들어진 것일 수는 있지만, 정신이 곧 그것들일 수는 없다.

이런 면에서는 몸과 정신이 분리될 수 있는 것처럼 보인다는 것에 동의한다. 그러나 분리될 수 있는 것처럼 보이는 이유는 우리 상상력의 기묘함 때문이다. 토머스 네이글은 물질주의의 비판자임에도 불구하고, 이 기묘함의 원인을 규명하고 그것이 오해를 불러일으키는 이유를 지적했다. 인간의 상상에는 여러 종류가 있으며, 그중에는 뭔가를 보고 듣는 것을 상상하는 "지각적perceptual" 상상과 무엇이 되는 것을 상상하는 "공감적sympathetic" 상상이 있다. 공감적 상상은 오직 정신에만 해당된다. 당신은 정신을 지닌(혹은 그렇다고 생각하는), 아니면 적어도 경험을 지닌 다른 것이 되는 것만을 상상할 수 있다. 반면에 지각적 상상은 신체, 즉 보이고 들리고 만질 수 있는 대상에 가장 적절하게 부합한다. 사고 실험 속에서 우리가 하는 공감적, 지각적, 상상은 자유롭게 결합되고 분리되고 재배열된다. 한 가지 조합으로, 우리는 (지각적 측면을 "빈칸"으로 두고) 육체가 없는 영혼을 상상할 수 있다.

다른 조합으로, (공감적 측면을 "빈칸"으로 두고) 영혼 없는 육체를 상상할 수 있다. 우리가 이렇게 상상할 수 있다는 사실은 정말로 그것이 분리될 수 있는지, 무엇이 진정으로 분리되어 있는지에 대해서는 아무것도 알려주지 않는다.

네이글 스스로는 정신이 물질주의적 개념으로 설명되지 못할 것이라 생각하였으나, 한편으로 이러한 종류의 사고 실험이 물질주의의 그름을 보여줄 수 있다는 주장은 거부하였다. 그의 주장은 옳았다.

이와 비슷한 생각의 고삐풀림은 다른 곳에서, 좀더 가벼운 형태로 나타난다. 네이글이 묘사한 방식의 상상하기를 통해 당신은 짚신벌레를 보고도 내적 생명을 부여할 수 있다. 마찬가지로 당신은 물고기를 보고 그 안이 완전히 깜깜하다고 상상할 수 있다. 이처럼 마구잡이로 하는 상상은 쓸모가 없다. 상상에는 역할이 있으며, 나는 이 책의 여러 곳에서 다른 동물의 삶으로 들어갈 방법을 상상하기 위해 노력한다. 이 책의 목적은 보다 철저한 방식으로, 즉 진실일 가능성이 높은 방식으로 동물의 삶을 상상할 수 있도록 연결해주는 개념을 찾는 것이다.

나는 위에서, "주체적 경험"이라는 문제적 개념에 속한 것 중 일부는 동물 진화(감각과 행동의 진화, 관점의 형성 등)의 예상되는 결과라고 말했다. 그러나 어떤 철학자들은 이 중 어떤 것도 경험 자체를 이해하는 데 크게 도움이 되지 않는다고 말할 것이다. 왜냐하면 이 분야에서 가장 어려운 문제를 해결하지 못하기 때문이다. 그 문제란 경험의 본질intrinsic qualities을—붉은색의 붉음과 클라리넷의 고유한 소리를—설명하는 것이다. 당신 앞에 있는 숲의 초록빛을 보고 받는 느낌(있는 그대로의 "날 느낌")은, 분별은 되지만 생물학적 용어로 설명하기는 아주 어렵다. 이러한 경험의 특질을 뜻하며, 점차 표준이 되고 있는 (또한 악명 높은) 용어가 **감각질**qualia이다. 감각질은 세계에 어떻게 들어왔으며, 진화 과정에서 어떤 역할을 수행할 수 있을까?

철학자 대니얼 데닛Daniel Dennett 같은 일부 비평가들은 감각질이라는 관념이 전적으로 잘못되었으며 환영에 불과함을 보여 주려고 한다. 이 비판은 감각된 색채와 소리보다 더 부정할 수 없는 것은 없다고 믿는 사람들에게는 터무니없는 말처럼 들린다. 나는 감각질을 둘러싼 문제들이 실재하나, 논의의 장에서 함께 다투어지기는 어렵다고 생각한다. 하지만 나는 그 문제들을 제자리에 둔 채, 생물학적 관점에서 너무 벗어나지 않게끔 만들고자 한다.

정상적인 시력을 가진 사람이 토마토를 보고 그 색을 경험할 때, 그 사람의 내부에서 생물학적으로 일어나는 일들은 그 자체로 물리적 특이성과 고유성, 곧 "본질적인" 특성을 갖고 있다. 그것은 생물학적 활동 패턴 **그 자체인** 그 사람에게 특정한 느낌의 경험을 줄 것이다. 이 논의에서 가장 주된 난점은 왜 이러저러한 뇌의 과정이 사람으로 하여금 다른 것이 아닌 붉은 빛을 느끼게 하는지를 말하는 것이다. 이것은 실로 난제이며, 과학적인 난제다. 그러나 이 문제를 둘러싼 과학적 설명의 역할에 대한 일부 견해, 곧 물질주의자의 일부 요구는 부당한 것이 된다. 과학적 설명으로는 경험을 요약하거나 **담아낼** 수 없다. 비록 그 경험에 대해 아는 것이 그것을 상상하는 데 도움이 될지라도, 경험에 대해 아는 것은 경험을 **하는** 것과는 다르다. 일부 물질주의 입장의 비평은 원리대로라면 불가능한 일을 해내기 위해 인간이나 다른 동물을 3인칭 시점에서 묘사하길 바라는 듯하다. 그들은 3인칭 묘사가 감쪽같이 1인칭 묘사로 받아들여지길 바란다.

사람들은 때로는 감각질에 대해 우려하면서 이렇게 전제한다. "물질주의자는 물리적 과정을 삼인칭 시점에서 보고 설명하고, 감각질 역시 그런 방법으로 주조했다." 붉고 푸름, 심벌즈의 소리가 설명한 체계 속에서 어찌저찌 **나타나**게 되어 있다는 것이다. 이것은 전적으로 오판이다. 감각질은 물리적 체계의 작동에 의해 어찌저찌 만들어진, 설명이 필요 없는 것이 아니다. 그것은 묘사된 체계의 일부이다. 경험이란 특정한 복잡한 생명체의 일인칭 관점이지, 그 체계의 작동에 의해 주조된 뭔가가 아니다.

감각질은 또 다른 방식으로 기존의 사리를 쉽게 넘어선다. 철학자들이 천착해 온 사례들이 모든 경험의 적절한 모델이다. 만일 충분히 오랜 시간 동안 붉은 빛의 붉음에 집중한다면, 당신은 경험 자체가 이 빛과 소리의 연속이라고 생각할 수 있다. 그 경험의 표준 사례paradigm case는 순수한 색채와의 조우가 된다. 우리는 미국 화가 마크 로스코Mark Rothko의 색면회화color-field painting 작업에서 따왔을 이 개념을 "로스코적 경험"이라고 부를 수 있다. 이런 이름표는 강렬할 뿐만 아니라 특징적이기 때문에 붙었다. 나는 로스코의 회화가 그렇게 느껴지는 이유는 평소 보는 사건과의 이례적인 관계 때문이라고 생각한다. 인간의 보는 행동에는 보통은 다양한 종류의 탐색이 포함되며, 시각적 경험은 주체가 이해하는 그들 앞의 공간적 배치가 배경에 반하면서 발생한다. 그러나 색면color field은 우리 내부에도 없고 외부에도 없는 듯하다. 우리는 이와 같은 로스코적 경험을 할 수는 있지만, 그것은 시각이 작동하는 일반적인 방식이 아니다. 나는 이러한 현실에서 유리된disembodied 특질이 로스코의 회화를 매력적이고 유명하게 만들었다고 생각한다.

더 나아가, 52세라는 이른 나이에 세상을 떠나기 전 이러한 관계들에 대해 특별히 몰두했던 수잔 헐리의 아이디어를 가져오려고 한다. 헐리는 심리학과 신경생물학에서 사용하는 뇌의 "무엇" 체계"what" system와 "어디" 체계"where" system 사이의 구분을 철학으로 가지고 왔다. "무엇" 체계는 형태와 빛깔을, "어디" 체계는 공간적 배치를 다룬다. 아직 이 분류는 거칠고 완성되지 않았지만 이 두 종류의 정보는 뇌에서 다소 다르게 전달된다. 예를 들어 형태는 **무엇**의 문제이지만 부분들 사이의 공간적 배치(어디)가 포함되어 있다. 일상의 보는 행동에서 이 둘은 완전히 함께 섞여 있다.

시각의 이 두 가지 측면은, 그것들이 행동 및 피드백과 맺는 관계에서 차이가 있다. 보통 상황에서, 사물의 위치에 대한 감각은 자신의 움직임에 따라 계속해서 수정되고, 때로 촉각을 통해 교차 점검될 수 있다. 시각의 이러한 측면은 **당신 대 세계**you versus the world라는 감각과 완전히 연결되어 있다. 당신은 하나의 사물이며, 당신과 마찬가지로 움직이는 다른 것들 사이에서 위치를 바꾼다. 색은 이 변화를 계속 추적하는 수단 중 하나인데, 이 때 대비와 색이 형태를 이루는 방법들을 활용한다. 그러나 색 자체는 일반적으로 같은 방식으로 행동과 엮여 있지는 않다. 색은 보통 촉각으로 교차 검증을 할 수 없고, 가장 모호한 형태만이 존재하는 색면의 경우에는 뇌의 "어디" 체계가 할 일이 거의 없다. 헐리는 우리의 "어디" 체계가 행하는 일종의 프로세스가 "감각자와 행위자로서 확립된 시각이나 관점을 지니는 데, 세계에 자신이 존재한다는 감각을 지니는 데, 따라서 정신을 갖게 되는 데 있어 기본이 된다"고 생각했다. 시각의 "어디?" 측면으로는 할 수 없는 색면의 경험은 실재하는 경험이지만 (이를 부정할 수는 없다) 몇몇 사람들이 생각하는 것처럼 표준이라고는 할 수 없다.

이 문제가 지금처럼 드러나기까지 사람들의 생각은 어떻게 발전해 왔을까? 감각질은 어떻게 중심에 서게 됐을까?

감각질의 조상들은 태어나서 17, 18, 19세기를 거치며 자라났다. 이것들은 당대 경험주의 철학에서 말하는 "단순 관념simple idea"과 "인상impressions"이었고, 특히 존 로크John Locke, 조지 버클리George Berkeley, 데이비드 흄David Hume, 존 스튜어트 밀John Stuart Mill에게서 볼 수 있었다. 단순 관념과 인상은 빛깔의 조각이나 짧은 소리와 같은 순수한 감각을 일컫는 말이었다. 그것들이 마치 정신적인 원자의 집합체처럼 우리의 정신에 가득 차 있다고 여겨졌다. 어떤 철학에서는 우리의 정신에는 거의 이것들만 존재하며 그렇지 않을 때에도 지각과 경험의 관점을 지배한다고 했다. 이 순수한 감각들은 철학에서 이중적인 역할을 담당하였다. 그것들은 정신이 무엇을 포함하며 어떻게 작동하는지를 묘사하려는 시도의 일부였고, 또한 그 과정에서 도그마를 배제하면서 지식의 기초를 찾아 내고자 하는 시도의 중심적 역할을 했다. 만약 우리가 감각의 패턴을 추적해서 모든 지식을 재구성한다면, 수많은 모호한 지적 잔해들을 쓸어낼 수가 있게 된다.

영미권 철학에서 정신을 보는 이러한 그림은 조금씩 변하면서 꽤 오래 살아남았다. 20세기 초반에 "감각 정보sense data"라 일컬어지는 개념이 같은 방식의 역할을 담당했다. 오늘날의 철학은 "단순 관념"이나 "감각 정보"를 사용하지는 않지만, 이 개념들의 형태가 감각질 속에 살아남아 있다.

18세기가 끝날 무렵, 정신과 지식을 보는 감각에 기반한 시각에 대한 저항이 일었다. 이 시각들이 정신을 완전히 수동적으로 그려낸다는 점에서 비판받았다. 다른 결함들도 발견되었지만, 반대의 핵심은 수동성passivity이었다. 독일 "관념주의idealist"의 철학적 기획은 경험에 대한 수동적이고 원자화된 시각을 거부했고, 자기결정과 자율적 의식이 우선함을 역설하면서 반대쪽 극단을 향하여 갔다. 이 분야에서는 서로 다른 두 쪽의 과장된 시각이 계속 이어지는 모습이 나타난다.

감각과 행동에 대한 최근의 논의에서도 유사한 반론들이 나타난다. 행화주의enactivism라 불리는 시각의 적어도 일부는, 지각 자체가 행동의 한 형태라 설명한다. "보는 것은 행동의 한 방식a way of acting이고" 경험은 "우리가 하는 것things we do"이다. 이러한 시각은 행동과 감각 사이의 피드백에 (행하는 것이 감각하는 것에 영향을 준다는 사실에) 힘입으며, 이러한 사실을 근거로 감각을 행동의 목록에 완전히 집어넣기 위해 노력한다. 만일 그렇다면, 아마도 이 시각은 너무 멀리 갔으며, 나도 바로 그렇게 생각한다. 이 시각은 지각하는 정신을 단순한 화면 혹은 감각질이 나타나는 수동적 그릇이라는 그림에서 가능한 한 멀리 떨어짐을 지향하나, 너무 멀리 간 나머지 (실재하는) 받아들이는receptive 정신의 측면을 부정한다.

철학의 특징 중 하나는 거칠게 과장된 이론을 만든다는 것이다. 미국 철학자 존 듀이John Dewey는 이 특징을 비꼬면서 이렇게 기록했다. 철학도는 처음에는 대비되는 두 입장('모든 것은 변한다'와 '변화는 단지 착각일 뿐이다')의 막대한 차이에 놀라지만, 나중에는 끊임없이 반박되는 논제들을 계속 논의의 장으로 올려 놓는다. 이 분야의 병리적 현상이라고도 할 수 있지만, 공고하고 양식화된 하나의 그림을 다른 그림과 대조시켜 새로운 사유가 나타나게 하는 방법이기도 하다. 경험에 대한 이해라는 이 특정한 분야에서는 어째서인지 왕복 과정 속에 공존하는 감각과 행동을 갖는, 생명체와 세계 간의 교통traffic을 인정하기 어려워 보인다. 철학적 관심은 한쪽에서 다른 쪽으로 마구 바뀌는 것 같다.

감각 너머

이 장의 주제는 경험과 주체성이었지만, 지금까지는 대부분 감각적 경험에 대한 것이었다. 몇몇 철학자들의 감각에 대한 사유 방식을 비판했지만, 최근의 철학 연구에서 제기되는 또 다른 문제는 감각이 경험의 중요한 한 부분일 뿐 아니라 거기에서 일어나는 거의 모든 것이라는 아이디어이다.

어떻게 경험이 세계에 들어왔는지를 보다 잘 이해하려면 이 역시도 살펴야 하겠다.

　모든 경험이 감각적 작동이라 여기는 철학자들은, 어떤 느낌은 우리 내부에서 온다는 점에 수긍한다. 이들은 외부적 사물뿐 아니라 내부적 현상(배고픔이나 흥분 등)의 감지 역시 "감각"이라는 개념으로 포괄적으로 다룬다. 우리는 내부를 향하는 감각과 외부를 향하는 감각을 모두 지니고 있다. 이 철학자들은 때로 감각 대신 "지각perception"을 말하는데, 이 둘은 매우 유사하다. 세대가 다른 두 철학자의 관점이 보여 주는 사례가 떠오른다. 뉴욕에서 함께 일했던 제시 프린츠Jesse Prinz는 직설적으로 말한다. "모든 의식은 지각적perceptual이다." 프레드 드레스키Fred Dretske는 내가 학생일 때 가장 많은 영향을 받은 철학자 중 하나이며, 그의 커리어 말기에 스탠퍼드에서 함께 일한 사람이다. 그 역시 주장까지는 하지 않았지만 이와 유사하게 생각했다. 그는 모든 의식이 그렇지는 않겠지만, "가장 명확하고 강렬한" 의식의 사례는 "감각적 경험과 믿음"에서 찾을 수 있다고 했다.

　당신은 "가장 명확하고 강렬한" 의식의 사례가 감각적 경험과 믿음이라는 주장에 얼마나 동의하는가? 물론 감정, 의지, 기분, 충동 역시 경험과 믿음에 못지않게 명확하고 강렬하다. 내 의견을 말하자면, 나는 그것들이 의식적 경험의 사례로서는 믿음보다 **조금** 더 명확하다고 본다.

어쩌면 감정과 기분은 호르몬의 작용과 몸 상태의 지각일 수도 있다. 여기서 목표는 모든 종류의 경험을 무언가를 감각하거나 추적하거나 기록하는 일로 간주하는 것이다. 이 관점에서는, 좋지 않은 기분을 경험했다면 당신은 내부에서 일어나는 무언가를 탐지한 것이다. 이러한 관점의 다소 명백하지만 무시되는 대안은 기분이 어떤 사실이나 상태의 **현시**presentation가 아니라, 바로 그 순간 자신의 **양태**the way things are라는 아이디어이다.

또 다른 예시가 있다. 에너지 레벨, 특히 피로한 정도에 대해 생각해 보자. 가장 좋은 사례는 근육을 많이 써서 생긴 육체적 피로가 아니라 정신적 피로일 것이다. 당신은 운전을 하고 있고, 당신의 에너지 레벨이 피로한 상태로 바뀐다고 생각해 보자. 나른하고, 답답한 느낌이 몰려온다. 이것은 무언가로 느껴지는, 즉 경험의 일부이다. 이것이 연료 게이지가 "연료 부족"을 가리키듯, 당신의 신체 상태를 나타내준다고 생각하는가? 다시 한 번 대안을 제시하고자 한다. 이 몽롱하고 나른한 양태는 당신의 경험에 젖어들듯이 들어온다. 생각의 프로세스에도 느리고 힘든 것과 빠르고 쉬운 것이 있고 그 사이에는 느껴지는 차이가 있다. 에너지 레벨은 당신의 생명 활동의 한 측면이며, 느껴진다.

치미는 의지surges of resolve에 대해서도 또한 생각해 보자. 이 경우 역시, 모든 경험이 탐지와 지각과 관련이 있다는 관점에서 멀어지게 한다. 이는 경험을 모든 생명 활동의 한 측면으로 보게 한다. 경험은 단지 무언가를 듣는 것의 문제가 아니다. 생명의 더 많은 것은 느껴진다.

얼마나 더 많은 것이 그러할까? 여기 철학자 존 설John Searle을 인용해 본다.

> 완전히 캄캄한 방에서 꿈조차 꾸지 않는 깊은 잠에서 깨어났다고 상상하자. 여지껏 당신은 일관된 사유의 흐름은 가져본 적이 없고 지각적 자극 역시 거의 겪어본 적 없다. 침대에 누운 몸의 압력과 몸 위에 덮인 이불의 감각을 제외하고는 외부 감각의 자극을 받고 있지 않다. 그렇지만 뇌 속에서, 지금 깨어나 있는 최소한의 각성 상태와 이전의 무의식의 상태 사이에는 차이가 있음에 틀림없다…이 깨어 있는 상태가 기저 의식 혹은 배경 의식이다.

이 맥락에서 "기저"는 근원적인 혹은 가장 기본이 되는 토대로서의 단계를 뜻한다. 이 문장에서 설은 실재하는 무언가를 묘사하는 것 같지만, 그 의미는 명확하지 않다. 이 사유의 흐름을 따라가는 한 가지 방법은, 의식은 그 **안**에서 아무 일도 일어나지 않아도 되는, 그것은 단지 존재하는 상태라고 결론짓는 것이다. 이는 오늘날의 심리학과 철학의 대부분의 관점과는 거리가 멀다. 대부분의 관점에서는 의식을 정보가 정신에 존재할 수 있는 방식의 일종이라고 접근한다. 그렇다면, 존재하는 정보가 있어야만 한다. 이러한 시각을 지닌 이는 설의 깨어남 시나리오에 대해 내적 독백의 시작이라는 것, 즉 미미한 허기라든가 하는 것들이 언제나 기록되고 있을 것이라 대답할 것이다. 반면 철학이나 심리학과는 달리 신경과학에서는 몇몇 저명한 학자들, 예컨대 로돌포 이나스Rodolfo Llinás 같은 이들이 설이 표현하는 "존재의 상태"와 유사한 의식에 대한 관점을 그렸다. 즉 의식은 보통 감각을 통해 들어오는 정보를 반영하지만, 거기에 기반하는 것은 아니라는 관점이다.

캄캄한 방에서 일어나 희끄무레한 의식을 얻을 때 일어나는 일에 대해 다른 방식으로 묘사할 다른 방법도 있을 것이다. 다시 **현전**을 느끼는 것이다.

현전을 감각한다는 아이디어는 경험에 관한 최근의 논의에서 가장자리로 밀려났고, 역할도 불확실하다. 때로는 막연한 희망을 말할 때 따라붙는 아무말이 되기도 한다. 현전은 스스로가 실재하며 장면 속에 있다는 느낌을 일컫는다. 이 아이디어를 설명하기는 쉽지 않으나, 그것이 무엇에 기여하는지 알 수 있는 방법은 그와 대조되는, 완전히 다른 시각을 살펴보는 것이다. 몇 페이지 앞에서 나는 모든 경험은 일어나고 있는 일을 기록하는 지각의 문제라고 보는 아이디어에 대해 이야기했다. 이에 동의하는 어떤 이들은 또한 **투명성**transparency이라 알려진 관점을 신봉한다. 이것은 경험 속에서 우리는 자신을 혹은 자신의 경험을 결코 인식하지 못하며, 오직 자신 앞에 펼쳐지는 것들만을 의식한다는 아이디어이다. 경험은 투명하고 우리는 경험을 **통해** 세계(우리 몸을 포함한)를 본다. 이와 연관된 사유들은 때로 명상에 관한 글을 쓰는 사람들에 의해 나타나는데, 명상은 예상치 못한 자아의 부재를 드러낸다고 주장한다. 만일 이 투명성 관점이 옳다면, 의식적 경험은 늘 다른 무엇을 가리키는 것이며, 의식 자체는 이러한 가리킴 혹은 재현에 지나지 않는다.

"투명성"은 경험을 바라보는 많은 관점 중에, 자아를 지워 버리려는 경향이 있는 한 예다. 현전의 사유는 이처럼 주체를 단순한 매개 혹은 운반체로 여기는 접근에 반한다. 자아는 일상 경험 대부분의 주제도 중심도 아니지만 사라지지도 않는다. 적어도 우리의 일부에 있어서는, 장면 속 현전의 느낌은 경험의 중요한 한 부분이 된다.

그렇다면 이 느낌이란 무엇인가? 현전이 인식되면 이 현전을 세계 속에 위치 지어진 생명체가 지닌 자동적인automatic 특징으로 바라보고 싶어진다. 원시적인 방식으로, 우리는 우리가 생물학적으로 무엇인지 느낄 수 있다. 만일 그렇다면, 기본적 종류의 경험은 살아 있는 무엇에게든 "거저for free" 주어질 것이다.

이 사유는 매력적이지만 지나치게 단순한 것 같다. 현전의 감각 뒤에는 더 많은 것들이 있다. 우리 안에서, 대부분 장면 뒤에서 지속적으로 일어나고 있는 많은 복잡한 과정들에 기반하는 것처럼 보인다. 여기에는 스스로의 육체에 대한 관찰과, 그곳에서 일어나는 일들이 자신의 주변에서 일어나고 있는 일과 어떻게 관계되어 있는지에 대한 계속적인 관찰이 포함된다. 이 배경은 일이 잘못 돌아갈 때 더 분명해진다.

현전의 감각이란 몸을 소유한다는 감각과 관련이 있고, 이 감각은 광범위한 병리학적 측면과 왜곡에 영향을 받는다. "고무손 착각rubber hand illusion" 이야기부터 시작해 보자. 만일 당신의 시야 밖에서 진짜 손을 붓으로 쓰다듬는 것과 정확히 같은 순간에 가짜 손을 붓으로 쓰다듬는 것을 본다면, 이 가짜 손이 당신의 것이며 보고 있는 붓질을 당신이 경험하고 있다고 착각할 수 있다. 고무손 착각 역시 빙산의 일각이다. 사람이 자신의 몸이 있는 곳이 아닌 다른 곳에 있다고 느끼는 광범위한 종류의 착각들도 나타나는데, 이는 뇌 손상을 통해 일어나지만, 실험을 통해서 어느 정도 유도할 수 있다. 가능한 거의 모든 종류의 왜곡이 발견된다. 한 예로 완벽한 "유체이탈 경험"이 있고, 시야에 이미지로 투영되는 자신의 몸을 반쯤 보고half-see 또한 반쯤은 점유하는half-occupy 경우도 있다. 정신의학에서 "비실재unreality의 감각"과 같은 현전의 장애는 다가오는 문제의 중요한 징후일 수 있다.

현전의 감각이 언제나 복잡한 이면의 프로세스로부터 나온다면 그것은 산 육체 속에 살아 있음이라는 자동적인 결과 이상이다. 대응하는 현전의 감각은 단순하고 원시적인 형태와 내부 모니터링 등에 기반하는 보다 복잡한 형태로 존재할 수 있을 것이다. 산 존재라는 단순하고도 필연적인 느낌은 다른 몸과 신경 체계를 지닌 동물들에서는 다른 형태로 형성될 수도 있다. 이 사유는 매혹적이나, 이를 신봉할 만한 이유를 아직은 찾지 못했다. 현전은 원초적으로 느껴지지만, 무엇이 일어나는지에 대한 믿을 만한 안내자는 아니다.

의식적 경험에 현전이 필수적인 것 같지는 않다. (현전과는 다른 것으로 보고되는) "비실재의 감각" 역시도 감각이다. 그러나 우리는 여기 생물학적인 것과 경험적인 것 사이의 "간극 잇기"를 위해 필요한 중요한 한 조각의 옆에 있다. 거기 있음thereness의 감각은 경험에 관하여 특별하고 변별적으로 보이는 것에 기여한다. 즉 이는 주체성 자체의 중요한 부분이다. 거기 있음의 감각을 주는 뇌와 육체의 활동에 대해 알게 될 때, 우리는 생물학적 세계에 경험을 들이는 데 한 걸음 더 나아갈 수 있다.

예를 들어 시각의 작동에 대한 생물학적 설명이 있다고 하자. 그 이야기는 빛, 눈, 뇌로 이어지는 경로 등 여러 개념들로 이루어질 것이다. 이러한 이야기에는 종종 뭔가가 빠져 있어서, 눈이 어떻게 느끼는지를 잡아내지 못하는 듯하다. 이런 설명이 불완전해 보이는 이유 중 하나는 보는 경험이 보통 현전의 감각을 포함하거나 수반하기 때문이라고 생각한다. 미묘하고 규정하기 어려우며 완전히 배경에서 작동하는 이 현전의 감각은, 보는 것이 그렇게 느껴지는 이유 중 하나다.

철학자, 과학자, 혹은 이러한 것들에 대해 성찰하는 누구든, 사람들은 느끼기에 의식 혹은 주체성의 본질을 나타내는 특정한 경험이나 그것에 대해 말해 주는 특정한 종류의 경험을 가지고 있을 것이다. 이런 종류의 공인되지 않은 인상들을 신뢰할 수는 없지만, 때로는 그것들의 안내를 받는다는 느낌을 떨치기 어렵다. 내게 이러한 시사적 경험들은, 나 자신이 현전하는 느낌과 내 주변에서 일어나는 일의 파악 사이에 특정한 조율의 균형을 지닌 경우들이다. 정신의 이러한 상태는 자기몰두적이거나, 내부를 바라보거나, 내향적인 것이 아니다. 또한 이는 장면만을 남겨 두고 자신이 투명성 속으로 사라지는 것처럼 느끼는 상황도 아니다. 대신, 이는 나의 현전과 둘러싼 것들의 현전 사이의 균형을 수반한다. 이러한 "균형"은 명상의 어떤 맥락들 속에서 떠오른다. 장면과, 그 장면의 부분으로 있다는 감각이 있다. 이러한 느낌은 이 분야의 특히 철학에서의 이론들이 자율적 자아를 지나치게 부풀리거나 지우려는 경향들을 효율적으로 바로잡는다. 사람들은 늘 한쪽을 증폭시키고 한쪽을 생략하려고들 든다. 그러한 대신에 우리는 바깥 세계를 잘라내지 않은 채 투명성의 오류를 살필 수가 있다.

앞서 나는, 이 장이 접근하기와 몰아내기의 혼합물이 될 것이라고 말했다. 우리는 정신/육체의 간극을 가로질러 접근하고, 문제를 실제보다 나쁘게 보이게 하는 오해를 몰아냈다. 처음에는 접근하기가 있었다. 진화는 동물을 단지 세포의 복잡한 집합체가 아니라, 행위자성과 주체성의 중심으로 만들어 냈다. 이러한 장치들의 발달이 곧 경험의 기원의 일부분이다. 이 영역에는 한 손에 꼽을 만큼의 각각 다른 아이디어와 테마가 있는데, 각각이 얼마나 비중을 차지하는지 잘 모른다. 한 가지는 이 새로운 장치들의 순전한 함께 얽어짐, 그리고 감각에 의해 조율되는 동물 내부의 전반적인 생명 활동 상태의 형성이다. 다른 한 가지는 감각과 행동이 결합하여 타아에 대응하는 암묵적 (또는 명백한) 자아의 감각을 낳는 방법이다. 철학자들이 다루기 좋아하는 인간의 시각 경험의 경우, 이 모든 것들이 합쳐져서 우리가 직면하는 것, 사물의 **위치**, 나-그리고-세계에 대한 감각, 몸의 소유 등을 추적하게끔 한다. 이 모든 것을 고려하면, 본다는 것이 단지 카메라의 기능처럼 단순한 정보의 수집이 아닌 것처럼 느껴지는 것은 이상한 일이 아니다. 또한 철학자들은 경험의 감각적 측면, 특히 로스코적 경험과 같은 색채의 몰려옴에 대해 생각하는 데 많은 에너지를 소비했지만, 삶의 더 많은 부분이 감정의 원인이 된다. 얼마나 그럴까? 얼마나 많은 가끔은 "무의식"으로 취급되는 프로세스들이 경험에 미묘한 영향을 미쳤을까?

이 단계부터 이야기의 완결까지는 아직 멀었다. 아니, 시작에 불과하다.

밤의 입수

3장에서 연산호를 관찰하던 다이버 톰 데이비스와 나는, 일몰 한 시간쯤 후 만의 고요한 물 안으로 드는 유이한 인간이었다. 얕은 지역을 지나, 첫 번째 궁금증인 수초들 속 붉고 알 길 없는 깜빡임 앞으로 도달했다. 깊어지면서 나는 밤바다의 고독에 잠겼다. 잠시 다이빙용 불빛을 끄면 즉시 먹물과 같은 검은빛에 눌리게 된다. 뭍의 야행성 동물들은 종종 꽤 빛을 낸다. 어두운 밤, 바닷속으로 9미터 남짓 들어가면 빛은 거의 사라진다. 동물들은 후각, 미각, 촉각 속에 파묻혀 있다.

톰은 밤이면 만으로 들어와 바위 아래에서 머무는 희귀한 어류를 찾고 있었다. 몇몇 고기들을 발견했지만, 바위는 낮의 모습에서 친숙하게 볼 수 있는 어류들, 모여 잠든 큰 놀래기wrasse와 다동가리morwong 등으로 가득했다. 이들 사이에 작은 방문자를 찾기란 쉽지가 않았다.

지난 장의 마지막에서, 나는 긴집게발게의 디오라마를 기술한 적이 있다. 낮 시간에 만나는 긴집게발게는 거의 해면으로 뒤덮여 있다. 밤에는, 이에 더하여, 연산호를 입은 긴집게발게들도 볼 수 있다. 마치 밤에만 볼 수 있고 장식품을 통해서 구별이 가능한, 비밀 결사인 갑각류 교단의 회원인양 말이다. 이렇게 단장한 이들이 암초 위로 행진했다. 몸에 붙은 연산호의 손가락은 바다에 뻗쳐 있었다. 이 연산호 손의 절반은 열려 있고, 절반은 꾹 쥐어져 있었다.

바위 밑에서 큰 고기들이 잠들고 긴집게발게가 행진할 때, 한 쌍의 소라게가 서로 마주하여 소란을 벌였다. 그중 하나는 껍데기에 말미잘을 많이 발라 놓았고, 다른 하나는 상대적으로 적었다. 걸어다니는 소라게들에 의해 움직이게 된 말미잘들은 놀라움에 직면하였다. 그들의 촉수가 죽 뻗어 다른 게의 껍데기에 닿고, 그에 반응하여 움츠러들었다. 각자의 껍데기집에 있는 두 말미잘이 서로를 만졌는지는 알 수 없었지만, 아마도 어느 시점에서는 그랬을 것이다. 어두운 광활 속에서 많은 생명체들이 지내고 있었다.

6. 문어

광란

꽤 오래 전, 3장에서 묘사한 연산호 지대 중 한 곳에서 조수가 바뀌는 고요한 시간에 다이빙을 했다. 잠시 멈춘 이 시간은 다소 평온하게 보인다. 꽤 요상하게 생긴 동물들이 느긋하게 각자의 일에 몰두한다. 별난 것들의 조용한 공존이다. 이 때 문어 한 마리가 움직이기 시작했다. 나는 그녀가 멈췄다가 출발하는 것을 보기 위해 다가갔다. 몸이 소프트볼 공보다 조금 큰 중간 크기의 문어였다. 해당 종 치고 크지는 않았지만 아주 활동적이었다.

나는 그녀를 따라갔다. 그녀가 "그녀"인지 확실치는 않았다. 문어의 성별을 가리기는 어렵지만 수컷은 특정한 다리를 보호하는 방식으로 움직인다. 대부분의 종에서 특정한

다리는 오른쪽 세 번째 다리이다. 문어의 입 둘레에는 여덟 가닥의 다리가 있는데, 앞에서 보면 두 다리(좌우 첫 번째 다리)는 가운데에 배치되어 있다. 그 두 다리의 바깥쪽에 좌우 두 번째 다리가 있고, 같은 방식으로 세 번째, 네 번째 쌍이 있다. 수컷의 우측 세 번째 다리 아래쪽에는 짝짓기에 사용되는 특수한 관이 있어서, 수컷은 이 다리를 다른 다리보다 덜 노출시키려는 경향이 있다.

이 문어는 오른쪽 세 번째 다리를 나머지 다리들과 함께 마구 놀리고 있었기에 나는 이 개체를 "그녀"로 부르기로 했다. 그녀는 계속해서 산호나 해면을 여덟 팔로 꽉 껴안아 조였고 온갖 생명체들이 그에 반응하며 벗어났다. 누가 두려워하고 누가 두려워하지 않는지를 살펴보는 일은 흥미로웠다. 가장 놀란 이들 중에는 꽁꽁 숨어 있던 작은 문어도 있었는데, 조심스럽게 종종걸음으로 멀어지거나 제트 분사를 하며 달아났다. 해면으로 된 보호구이자 은폐 장비를 입은 긴집게발게는 아주 안전해 보였다. 문어의 다리가 긴집게발게의 은폐물 여러 군데에 닿았지만 문어는 특별한 반응을 하지 않고 이동했다.

놀랍게도, 해마seahorse들 역시 안전해 보였다. 문어가 불쑥 진입할 때, 해마들은 지느러미와 머리 옆 돌기를 팔랑거리며 마치 도자기로 만든 새처럼 천천히 물속을 날아올랐다. 이 과정에서 때로 문어가 해마를 건드렸지만 딱히 특별한 상호작용이 나타나지는 않았다.

모래에 묻혀 있던 넙치flatfish는 분명히 곤란해하고 있었다. 그들은 잽싸게 떠올라 도망쳤다. 그러나 가장 불안해 보이는 동물은 해면이나 산호에 보호받지 못한 게 종류였다. 게들은 매우 빨리 나왔고, 어쩔 때는 문어가 그들을 열심히 쫓아갔다. 게 한 마리가 나를 향해 위로 헤엄쳐 올라왔고, 문어 역시 그걸 따라 솟구쳤다. 게는 나의 장비 틈 어딘가에 들었고, 곧 문어 역시 그렇게 했다. 아마도 게가 탈출했는지, 문어가 빠져나왔고 사냥은 계속됐다.

연산호 지대의 문어는 고삐 풀린 망아지 같았다. 마지막에 그녀는 갑자기 멈추어 서서 굴을 파고 들어가 조개껍데기와 다른 잔해들이 쌓인 무더기 안에 몸을 밀어 넣었다. 그녀가 거의 한 시간을 사냥하는 동안 무엇을 잡았는지는 알 수 없었지만, 그 과정에서 그녀가 큰 소란을 피운 것만은 확실했다.

앞서 말했듯 그녀는 딱히 큰 개체는 아니었지만, 그날 그녀 주변의 대부분을 작아 보이게 했다. 문어는 매우 공격적으로 또한 활발하게, 그녀 앞의 다른 동물들을 흩뜨려냈다. 두족류가 해양을 군림하던 시절을 연상케 했다.

문어는 달팽이, 굴, 대합 등과 같은 그룹에 속하는 연체동물이다. 그 안에서도 두족류라 불리는 특정 군에 갑오징어 cuttlefish, 오징어squid 및 여타 호기심을 돋우는 동물들과 함께 속해 있다.

연체동물의 시대는 어쩌면 에디아카라기부터, 확실히는 캄브리아기부터 시작된다. 연체동물의 그 몸에는 뼈나 외골격이 없어 부드럽다. 그러나 캄브리아기 이후로는, 많은 연체동물이 단단하게 무기질화된 껍데기로 든든한 보호구를 갖추고 있었다.

이는 활발한 활동, 그리고 복잡한 행동을 진화시켜 나가기에는 불리한 몸의 형태였던 듯하다. 캄브리아기 이후, 초기 두족류 중 일부가 바닥에서 떠올라 물속을 탐험하기 시작했다. 아니면, 물속을 기듯이 헤엄치는 방법을 채택했을 것이다. 그들의 껍데기로 부력을 갖는 것이 가능해졌고, 입 주변의 촉수들은 새로운 행동을 위한 장비를 제공했다.

캄브리아기를 뒤이은 오르도비스기Ordovician에는, 머리와 여러 개의 다리 그리고 후방에 원뿔형의 껍데기를 지닌 몇몇 두족류들이 2.5미터까지 거대해졌다. 이들은 이 시기에 절지류 동물들을 대신하여 가장 큰 포식자 역할을 했다. 이 껍데기 속의 활발한 두족류들은 수억 년 동안 번성하였으나

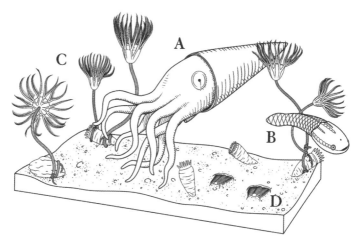

오르도비스기의 한 장면. A: 거대한 껍데기 속의 두족류, 오르토케라스 (*Orthoceras*), B: 7장에서 마주하게 될 무장한 어류, 아스트로스피드(*Astrospid*), C: 불가사리(starfish)와 연관된 해백합(sea lily)의 한 종류 글립토크리누스 (*Glyptocrinus*), D: 삼엽충

현재는 거의 멸종한 상태이다. 오늘날 태평양에서 발견되는 앵무조개nautilus 하나만이, 고요하게 일상의 리듬을 따라 오르내리며 두족류적 실험의 작은 대표로서 남아 있다.

공룡의 시대, 거대한 껍데기 속의 형태들이 쇠하는 동안, 다른 두족류 군이 전형적인 연체동물보다 야심차게 다른 삶으로 나아가고 있었다. **초형아강**coleoid은 거대한 껍데기의 시대에 분기한 하나의 동물군이다. 다음 시대인 중생대를 거치며 그들은 놀라울 만큼 큰 변화를 만들어 냈다. 딱딱한 껍데기는 몸 안으로 들어가서 보호 기능은 포기하였지만, 부력은 계속 유지할 수 있었다. 이 집단은 여러 번 분기하였고, 어떤 경우에는 껍데기를 완전히 버렸다. 단 한 집단은 이 과정을 완전히 겪어 내어, 안과 밖에 껍데기가 아예 없고, 몸 전체에 딱딱한 부분이 거의 없다. 1억 년 전에 나타난 그 결과는 바로 문어였다.

문어는 가장 광대한 무척추동물식 신경 체계와 복잡한 행동을 갖추었다. 복잡하다는 말은 그들이 탐구적이고, 사물을 잘 다루며, 종종 새로운 것에 흥미를 지니는 등, 특정한 면에서 그렇다는 것이다. 문어는 제트식 분사 추진, 다양한 방식으로 어슬렁 기어다니기를 비롯한 몇 가지 뚜렷하게 구분되는 움직임을 보여 준다. 문어는 매우 활동적이고 복잡하며 계통적으로 우리와 아주 멀다는 점에서 특히 주목할 만한 진화의 실험이라 할 수 있다. 나는 4장에서 동물 계통수의 기본 형태를 묘사했다. 이 나무 위 특별한 한 곳에 좌우대칭동물의 마지막 공통 조상이 자리하고 있다. 아마도 6억 년 전에 존재했을 이 미지의 동물로부터 큰 두 갈래의 동물들로 이어질 작은 가지가 자라났다. 그중 한 갈래에 우리가 속해 있다. 다른 하나는 연체동물들, 절지류, 그리고 대부분의 친숙한 무척추동물들이다. 이 오래된 분기에서 나온 모든 동물들 중, 연체동물 중 일부인 두족류, 절지류, 그리고 척추동물 이렇게 단 세 동물군만이 광대한 신경 체계와 복잡한 행동을 만들어 냈다. 즉 난폭한 문어, 뿔뿔이 흩어지는 게들, 그리고 뒤따라 나올 여러 장비를 두른 인간 말이다.

이 동물들의 공통 조상이 얼마만큼의 복잡성을 보여 주었는지에 대해서는 계속 논의 중이다. 오랫동안 사람들은 이들이 편형동물과 유사할 것이라고 짐작하여 왔다. 그러나 최근의 연구는 이 동물이 가정했던 것보다 더 복잡했을 가능성을 보여 준다. 곤충을 면밀히 연구하는 몇몇 생물학자들은 우리와 절지동물들이 보여 주는 디자인의 유사성이 곧 초기 좌우대칭동물에 "실행뇌executive brain"가 존재하였음을 보여 준다고 말한다. 닉 스트라우스펠드Nick Strausfeld와 가브리엘라 울프Gabriella Wolff의 관점을 변화시킬 수 있을 만한 주장이었다. 그들이 말하는 실행뇌란 엄청난 것은 아니겠지만—동물의 앞부분에 있으며 장치들을 제어하는 꽤 작게 뭉쳐진 덩어리일 것이다—사람들이 거기에 있을 거라고 짐작한 것보다는 대단했다. 스트라우스펠드는, 만약 이 초기 단계에 실행뇌가 존재했더라도, 연체동물들은 그것을 버렸을 것이라고 인정한다. 연체동물은 껍데기 안에 피난처를 가지고 있었으니 활동적 삶을 위한 신경 체계를 구축할 필요가 별로 없었다. 두족류는 훨씬 뒤에 복잡한 뇌를 다른 디자인으로 재구축하였다. 이 뇌는 다른 뇌에서 볼 수 있는 거의 모든 화학적 도구들을 사용한다. 2018년에 MDMA 또는 엑스터시라 불리는 약물을 문어에게 주입하고 그들이 어떻게 반응하는지를 관찰한 실험이 있었다. (적어도 내게는) 놀랍게도, 그들은 인간과 마찬가지로 전보다 친절하고 사교적인 모습을 보였다. 그러나 이러한 화학물질 키트의 주요 아이템들이 다른 동물과 문어에 공통적으로 존재한다 하더라도, 문어와 다른 동물의 뇌 배치 구조는 근원적으로 다르다.

그들이 큰 두뇌를 지닌 채 따라온 진화 경로가, 다른 경로와 떨어져 있어 독립성을 갖는다는 점이야말로 내가 문어에 흥미를 갖게 된 이유였다. 문어는 또한 동물됨being an animal의 다른 방식에 대한, 그리고 다른 동물의 몸과 관계 맺는 다른 종류의 경험에 대한 성찰로 이끌어 준다.

4장에서 보았던 청소새우와 문어를 비교해 보자. 절지류와 두족류는 각기 다른 시기를 지배한 바다의 큰 포식자들이었다. 현존하는 그들의 친척들을 비교해 보자. 절지동물, 특히 곤충과 갑각류 등의 존재 방식은 딱딱한 부분에 매우 크게 기반하는데, 이 부분은 동물의 동작을 형태화하고 틀 짓는다. 이러한 몸은 많은 효율적인 행동이 가능하지만, 어떤 의미로는 닫혔거나 제약을 받는다고 할 수 있다. 그것은 스프링과 주걱, 집게와 다리, 봉 같은 것들로 된 몸이다. 앞서서 나는 이러한 몸을 맥가이버칼에 비유했다. 이는 꽤 괜찮은 비유인데, 맥가이버칼은 많은 곳에 쓸 수 있지만 칼마다 지닌 전문성과 불변성 때문에 제약이 있음을 내포하기 때문이다. 비슷하게, 절지류의 몸은 딱 할 수 있는 것들만 하는 딱딱한 부분들로 가득하다. 반대로 문어는 다리 길이를 두 배로 늘리거나 몸을 팬케이크처럼 납작하게 만들 수 있을 뿐 아니라 무엇이든 쥐고 다룰 수 있다. 문어의 몸과 동작은 열려 있다.

제어 경로

유연하며 근육질인 두족류의 몸은 동작 면에서 엄청난 잠재력을 품고 있지만 특별한 필요가 있을 때에 그것을 드러낸다. 문어 다리의 "자유도"는 거의 계산이 불가능하다. 동작을 취하기 위해 이 몸을 조직하기는 어렵지만, 만일 작동시킬 수 있다면 매우 많은 것이 가능해진다.

아마도 이러한 이유 때문인지, 문어는 우리와는 매우 다른 디자인을 하고 있다. 문어의 신경 체계는 분산되어 있다. 뉴런의 3분의2 정도는 뇌(로 규정되는 구역)가 아닌 다리, 특히 위쪽 다리들에 위치해 있다. 이 다리들은 단순히 중앙의 뇌로 이어지는 멀리 떨어진 감각기이자 중개 시스템 역할만 하지 않는다. 어떤 움직임들의 제어는 그 다리에 명백히 위임되어 있다.

이러한 몸은 애로점에 대한 대응이자, 동시에 기회로 볼 수 있다. 수십 년 전 로저 핸론Roger Hanlon과 존 메신저John Messenger는, 거대하고 분산된 문어의 신경 체계는 육체 제어의 어려움 때문에 존재하는 것일지 모른다고 이야기했다. 그렇지만, 이는 기회이기도 하다. 만일 당신의 입 주위에 여덟 개의 자유로이 움직이는 다리가 자라난다면, 거기에 감각기를 들여 놓고 어느 정도 스스로 움직이게 하지 않을 이유가 있겠는가?

많은 경우, 문어는 하나의 전체로 행동하는 것처럼 보이지만, 중앙에서 제어하는 뇌와 다리에 있는 뉴런들 사이에 어떤 관계가 있는지는 오랫동안 정확히 밝혀지지 않았다. 연구 초기에는, 중앙의 다리 제어가 꽤나 제한되어 있고, 문어는 자신의 다리가 어디에 있는지에 대한 의식조차 거의 없을 것이라고 추측했다. 이렇게 추측한 까닭은 실험실의 인공적인 상황에서 어려움을 겪었고 신경 체계 속의 다리와 뇌 사이의 연결이 다소 빈약하기 때문이다.

그 이후로 이 질문들을 가장 면밀히 살핀 곳은 예루살렘의 베니 호크너Benny Hochner의 연구실이었다. 그곳에서 행해진 탁월한 실험에서 문어가 먹이를 잡기 위해 시각을 사용해서 다리 하나를 새로운 경로를 따라 물 밖으로 내보내고 돌아오게 할 수 있음이 드러났다. 이것은 유의미한 중앙 제어를 보여 주는 듯하다. 타마르 구트닉Tamar Gutnick과 그녀의 공동 연구자들은 또한 문어가 이 임무를 제대로 수행하는 동안, 단지 문어들을 관찰할 때 그들이 받은 인상일 뿐이지만 다리로도 탐색을 하는 것 같다고 실험 보고서에 적었다. 같은 연구실의 신경생물학적 연구 결과는 문어는 우리와 달리 뇌 속에 자기 몸의 배치도를 가지고 있지 않다고 보고했다. 이것은 만약 문어가 특정 순간에 자신의 몸이 어떻게 되어 있는지를 어느 정도 감각한다면, 우리와는 꽤나 다르게 감각한다는 것을 암시한다.

제어의 분산은 문어에서만 나타나는 것이 아니다. 그러한 형태는 우리를 포함해 많은 동물들에서 나타나며, 거기에는 어느 정도 예상되는 이유들이 있다. 지금껏 논해 온, 감각과 동작을 담당하는 동물의 특성들은 복잡하며 또한 많은 부위들을 필요로 한다. 보기 위해서는 조직된 세포의 배열이 필요하고, 움직임을 만드는 데에도 또다른 세포의 배열이 필요하며, 더 많은 세포들로 이루어진 신경 체계가 이 모든 것들의 협응을 위해 필요하다. 이 모든 장치를 가지고 있다면, 새로운 진화적 선택지가 생긴다. 일부 경로를 분리하여, 부분적인 제어 경로를 만들 수도 있다. 진화적 의미에서 동작을 제어하는 분리된 흐름을 만들어 낼지, 아니면 모든 것을 하나의 흐름 속으로 통합할지 선택해야 한다. 약간의 혼선이 있는 두 개의 분리된 큰 갈래를 갖는 방법으로 이 두 가지를 모두 조금씩 선택할 수도 있다.

이것은 여러 가지 이유로 우리 책의 테마에 중요하다. 나는 "관점point of view"이라는 개념을 주체성이라는 개념에 타당성을 부여하는 부분적 요소로 사용해 왔다. **관점이라는**

표현은 언제나 은유적이었지만, 그것은 수많은 통합을 암시한다. 사실 많은 동물들은 부분적으로만 통합되어 있다. 흐름의 가닥들을 분리시킨다면 뭔가를 (때로 속도를) 얻는 대신 다른 무언가를 잃을 수가 있다. 만일 감각의 흐름들이 서로 분리되어 있다면, 한 주장의 여러 전제나 퍼즐의 여러 조각처럼 함께 고려될 때 유용해질 다른 종류의 정보들을 결합시키는 능력을 잃게 될 것이다. 만일 개별 부위가 저마다의 동작을 수행하도록 두면, 활동하는 부분들이 서로 상충되는 일을 하려는 상황을 감수해야 한다. 극단적으로는, 각자의 상황에서 각자의 결정을 내리는 하위행위자sub-agent들로 완전히 나뉠 위험이 있다. 이것은 확실히 형편없는 아이디어지만, 혹시라도 언제나 중앙에 있는 CEO 한 명과 수많은 부하들이라는 형식을 띨 것이라고 전제해서는 안 된다.

핵심을 찌르는 중요한 사례는 우리와 같은 동물의 뇌에 있는 좌우 분화lateralization이다. 앞서 논의했듯이, 우리는 왼쪽과 오른쪽이 있는 좌우대칭동물이다. 다리, 폐, 그리고 다는 아니라도 뇌의 많은 부분 등 우리 몸의 많은 부분이 짝을 이루고 있음을 의미한다. 좌우 뇌의 위쪽 부분은 섬유로 이루어진 두꺼운 통로로 이어져 있다. 척추동물의 경우 주목할 만한 경로의 교차가 있다. 오른쪽 시야에서 일어나는 사건은 왼쪽 뇌에서 처리하고, 그 반대의 경우도 그러하다. 일부 좌우대칭 무척추동물의 경우 뇌가 쌍을 이루지만 이러한 방식으로 교차가 이루어지지는 않는다. 예를 들어 문어의 각 눈 뒤에는 커다란 "시엽視葉, optic lobe"이 있는데, 이것들은 각각 자기 쪽의 눈을 담당한다.

　동물 뇌의 쌍을 이루는 구조는 양 뇌의 놀라운 기능 분배로 이어진다. 예를 들어, 많은 척추동물들의 경우 왼쪽 눈으로는 같은 종의 다른 개체와의 사회적 상호작용을 조율하려는 경향이 있고, 오른쪽 눈으로는 먹이를 다루는 경향이 있다. 다시 말해, 왼쪽 눈이 사회적 상호작용을 선호한다면, 이는 오른쪽 뇌가 사용된다는 뜻이다. 문어와 마찬가지로 두족류인 갑오징어의 경우 오른눈은 먹이를, 왼눈은 포식자를 다루는 경향이 있다. 두족류는 시엽이 교차하지 않기에 왼쪽 눈은 왼쪽 뇌를 의미한다. 뇌의 디자인은 다르지만, 역할은 비슷하게 분담한다.

　자연적으로는 (거의) 일어나지 않지만 인간에게도 이런 극단적인 경우가 나타나는데, 수술의 결과로 "분할뇌split brain"가 된 환자들이다. 중증 뇌전증을 앓는 환자 중 일부에게는 뇌의 절반에서만 발작이 일어나는 것이 뇌 전체에서 일어나는 것보다 낫기 때문에, 발작이 한 쪽에서 다른 쪽으로 퍼지는 것을 막기 위해 뇌의 양측을 연결하는 다리를 잘라낸다. 이러한 수술을 겪은 이들은 특정한 상황에서 하나의 두개골 안에 두 정신을 지닌 것처럼 보인다. 그밖의 상황에서는 꽤 정상적으로 행동하지만 말이다. 분할뇌에 관해서는 뒤에서 더 자세히 살피겠지만, 이들이 뇌는 문어의 수수께끼를 푸는 데 도움을 줄 실마리가 된다. 그러나 그 전에, 먼저 문어부터 관찰해 보자.

문어 관찰

약 10년 동안 이 동물을 관찰했던 호주의 두 장소에서는 너무나 당혹스러우면서도 매혹적인 문어의 행동이 뚜렷하게 드러났다. 첫 번째 장소는 2008년 넓은 만에서 다이빙을 하던 매튜 로렌스Matthew Lawrence가 발견한 곳이다. 이 만은 내가 앞 장들에서 묘사한 장면의 장소(넬슨 만)와는 다르다. 문어가 있는 장소는 같은 해변에서 남쪽을 향해 차로 약 여섯 시간 거리에 있다. 스쿠버 장비를 착용하고 가리비가 사는 모래 평원을 헤매던 맷은 수천 개의 빈 가리비 껍데기가 쌓여 있고 여남은 마리의 문어가 살고 있는 작은 지역을 지났다. 우리는 이곳을 "옥토폴리스Octopolis"라고 불렀다.

　문어는 일반적으로 홀로 지내는 동물로 알려져 있고 많은 종들이 아마도 그런 듯하지만, 이 장소는 어떤 상황에서는 문어가 상당히 가까이 모여 살 수 있음을 보여 주었다. 우리가 그 장소에서 본 동물이 가장 많을 때는 열여섯마리였다. 양 성별이 모두 있었고, 여러 크기의 개체들이 있었다.

어떤 의미에서는 "모든 나잇대"가 있었지만, 기실 문어는 1~2년이라는 놀랍도록 짧은 생을 산다. 우리가 그들을 관찰하는 동안 여러 세대가 넘어갔다. 커다란 문어는 축구공 만한 몸과 1미터 내외 길이의 다리를 갖고 있다. 나머지는 성냥갑보다 작은데, 이들의 나이차는 1년이 조금 넘는 정도다.

옥토폴리스의 시원은 알 수 없다. 우리는 몇 가지 가설을 세웠다. 이 지역은 문어의 먹이가 한없이 많지만, 상어나 바다표범, 돌고래, 그리고 공격적인 물고기 무리처럼 포식자들도 많다. 모래는 곱고 부드러워서 안전한 은신처를 짓기 어렵다. 이곳은 먹잇감이자 동시에 포식자로서 살아가는 문어 삶의 딜레마를 잘 보여 주는 곳이다. 우리는 아마도 이 장소에 언젠가 배에서 사람이 만든 물체 하나가 떨어졌을 것이라고 생각했다. 30센티미터 정도 되는 길이의 아마도 금속으로 된 이 물체는 지금은 거의 묻혀 있다. 그러나 그 물체가 이곳의 결정핵이었을 것이다. 그 물체 가까이에 한두 마리의 문어가 훌륭한 은신처를 만들 수 있었고, 가리비를 잡아와서 먹었다. 이 문어가(혹은 문어들이) 가리비를 먹고 껍데기를 남겼다. 껍데기가 쌓이면서 고운 모래에 비해 건축을 하기에 좋은 재료가 공급되기 시작했고, 더 많은 문어들이 이곳에서 은신처를 만들고 안전하게 지낼 수 있게되었다. 이에 더 많은 가리비가 모였고 껍데기가 많아졌으며, 새로운 문어가 다른 이들이 살 기회를 만들어 주는 "양성 피드백positive feedback"과정이 이루어졌다.

이것이 모든 것의 시작을 정확하게 이야기해 주든 아니든, 문어들이 가리비를 먹고 껍데기를 두었으며, 그 껍데기들로 훌륭한 은신처를 지을 수 있게 되었다는 것만은 명백하다. 어떤 은신처는 마치 탄광의 수직 갱도처럼 생겼는데, 50센티미터가 넘는 깊이의 굴 벽면에는 길쭉한 껍데기들이 배치되어 있다. 문어들은 안온하고 안전하다.

은신처는 적어도, 문어가 아닌 것들로부터는 안전하다. 이곳의 특징은 끊임없이 영역 싸움과 퇴출이 일어난다는 것이다. 한 마리가 은신처로 들어가 다른 한 마리를 끌어낸다. 둘은 뒹굴며 싸우고, 진 자는 떠나간다. 이긴 자는 은신처를 차지하기도 하고, 그냥 그가 있던 곳으로 돌아가기도 한다.

이 장소는 이 동물들을 이해하려는 시도에 있어 중요한 곳이다. 이곳의 문어들은 서로를 어떻게 대해야 하는지, 그리고 계속 같이 있는 같은 종의 다른 개체에게 어떻게 대처해야 하는지를 알아내야 했다. 대부분 동물을 둘러싼 환경 중 가장 복잡한 사물은 같은 종의 다른 개체를 포함한—어쩌면 그들이 가장 복잡하지만—다른 동물들일 것이다. 문어들은 보통은 서로 크게 관련 없이 지내지만, 이 옥토폴리스에서 그들은 다른 이들에 꽤나 제대로 그리고 실제로도 둘러싸여 있다. 우리의 문어들은 이 복잡성을 탐험해야만 한다. 그들은 어느 정도 공격성을 표출하지만, 막상 싸움은 조금 싱겁다. 그들은 또한 누가 주변에 있는지, 그리고 누가 누구인지를 감시하려는 듯한 여러 행동을 보이는데, 아마도 특히 성과 관련이 있을 것이다. 한 마리의 문어가 기어서 혹은 천천히 헤엄쳐 이곳에 들어와 다른 동물들을 지나칠 때, 다리를 들고, 치고, 만지는 일련의 행동이 있을 것이다. 때로는 빠르게 다리를 휘둘러 조사하는 모습이 복싱이나 스파링처럼 보이고, 실제로 갑자기 싸움이 벌어지기도 한다. 그러나 많은 다른 상호작용들은 그러하지가 않다. 종종 한쪽이 혹은 양쪽이 손을 뻗은 다음, 지나칠 때 잠깐 손길이 닿을 뿐이다. 지나가던 이는 제자리로 돌아가거나 은신처에 들어간다.

때로 이같은 상호작용이 싸움으로 화할 때도 있으나, 나의 인상으로는 (숫자에 기반하지 않은 매우 비공식적인 데이터다) 대부분의 진짜 싸움은 다르게 시작된다. 큰 싸움은 문어 한 마리가 밖에서 이곳을 향해 행진하거나 살금살금 기어올 때, 다른 개체가 그에 대응하기 위해 나와 수많은 다리들을 광적으로 휘두르며 싸울 때 일어난다.

우리는 이 장소에서 수많은 싸움을 보았지만, 어떤 경우에도 죽거나 치명적인 부상을 입는 모습은 보지 못하였다. 나는 덩치 차이가 크게 나지 않는 한, 그들이 사용하는 무기로는 다른 문어를 상처 입히는 것이 꽤 어렵다는 생각에 이르렀다. 다른 어딘가에서는 문어 대 문어 싸움에서 명백히 목을 졸라 죽이는 일이 관찰되었다. 그 경우에는 완연한 크기 차이가 있었던 것으로 추측된다. 그렇지 않다면, 비슷한 크기의 문어들의 싸움은 (미란다 모브레이Miranda Mowbray가 나의 영상 하나를 보고 한 말처럼) 거대한 베개들이 벌이는 베개 싸움처럼 보인다.

어떤 경우에는 수컷이 다른 수컷을 적극적으로 거부하는 모습이 나타난다. 이때 접촉을 통해 어떤 개체를 거부할지 말지를 계산할 수가 있는 듯하다. 접촉에는 성행위의 의미가 있었을 것이고, 우리의 문어들은 가끔 다른 개체의 성을 잘못 짚으며, 이번에도 번지수가 조금 틀렸을 뿐이다. 수컷들은 상대의 시선을 피해 몰래 숨어들어서 암컷의 옆에 자리를 잡는다. 짝짓기 시도는 종종 실패하는데, 내 생각에는 처음부터 상대의 성을 잘못 확인했기 때문이다. 이 모든 일은 밀치락달치락대며 계속되는 소동과 옥신각신 벌어지는 실랑이 속에서 일어난다.

우리는 우리가 보는 행동 중 무엇이 진정으로 새로운 것인지, 혹은 적어도 이 종에게 드문 일인지를 확신할 수 없다. 이곳은 대체로 홀로 지내는 종이, 보기 드문 밀도 속으로 들어와 어떻게 함께 살아갈지를 개인적으로 학습하는 상황일 것이다. 그게 아니라면, 이 종의, 혹은 다른 종의 문어의 삶에는 알려진 것보다 더 높은 사회성sociality이 존재할 수 있다.

옥토폴리스의 이 다소간 불확실한 그림은 몇 년째 지속되었고, 나는 이를 전작인 『아더 마인즈』에서 기술했다. 이 모든 질문들을 만들어 준 한 사건은 2017년에 일어났다. 마티 힝Marty Hing과 카일리 브라운Kylie Brown 두 다이버가 옥토폴리스만큼이나 평범한 지대를 탐험하다가, 비슷한 수의 문어들과 비슷한 행동들이 나타나는 두 번째 장소를 발견했다. 그러나 "옥틀란티스Octlantis"로 명명한 이 두 번째 장소에서는, 시작점이 되는 인공물이 명백하게 보이지 않았다. 이곳은 완전히 "자연적인" 공간이었다.

이 장소도 역시 먹이가 많고, 위험 요소가 많으며, 은신처를 만들긴 어려운 곳이다. 해저에 솟아 있는 두어 개의 외딴 바위가 양성 피드백 과정의 시작을 이끈 듯하다. 문어는 가리비를 잡아와 껍데기를 남긴다. 이 장소의 은신처는 어떤 경우 바위에 바싹 기대어 만들어졌고, 어떤 경우에는 조개껍데기로 뒤덮인 바닥을 파내서 만들어졌다. 옥토폴리스는 단지 인간의 의도치 않은 개입 때문에 만들어진 독특한 사건이 아니었다. 옥틀란티스가 이 모든 것이 반복될 수 있음을 보여 준다. 옥틀란티스의 문어 개체수는 옥토폴리스와 비슷하다. 가장 많을 때는 열넷이었고 분포구역이 세 곳으로 나뉘어 있었지만, 모두가 꽤 작은 구역 안에 있었다.

두 장소 모두에서 당신이 보통 아는 문어들의 행동 이상으로 더 많은 상호작용, 더 많은 활동이 일어난다. 우리는 여기서 문어가 하고 싶은 대로 하는 걸 관찰할 뿐 아무런 실험도 하지 않았다. 그러나 조직적이고 계획적으로든 아주 비공식적으로든 몇 해 동안 관찰을 하다 보면 문어들의 행동 범위에 대한 감각이 발달한다. 나는 그들을 관찰하면서 항상 중앙 제어와 뇌 역할을 하는 다리 사이의 관계에 대해 궁금했다.

우리가 보는 많은 것들은 협응에 의한 몸 전체의 행동이다. 이 동물은 서로 다른 종류의 움직임들 사이에서 변화한다. 그들이 제트식 추진을 할 때, 다리는 한데 모이고 날렵한 미사일이 된다. 기어갈 때는 다리는 동시에 여기저기로 움직인다. 몇몇 행동에는 사회적 의미가 내포되어 있다. 공격적인 개체는 종종 다리를 펼치고 외투막mantle (몸 뒤쪽에 있는 커다란 부위)을 치켜올려서 몸을 아주 길게 세운다. 이 자세는 강렬한 어두운 색깔과 조합된다—문어는 1초도 안되는 시간 안에 자신의 전체 빛깔을 바꿀 수 있다. 그 조합은 개체를 최대한 크게 보이게, 그리하여 진정 불길하게 보이게 한다. 우리는 이를 "노스페라투식 보이기Nosferatu display"라 부른다(노스페라투는 흡혈귀를 소재로 한 독일의 공포영화다 – 옮긴이).

특히 흥미롭게 느껴지는 행동은 던지기이다. 문어들은 때로는 사물들을 품에 모아 갖고 있다가 놓아 버리거나, 때로는 한꺼번에, 때로는 스펙터클하게 던져 버린다. 다리들은 먼저 조개껍데기, 해조류, 침적토(때로는 이것들 중 하나만을, 때로는 여러 가지를)를 모은다. 다 모은 다음, 제트 분사 장치를 다리로 만든 그물 아래 놓고, 다리를 풀며 불시에 물을 분출하여 그 모두를 뿌려 버린다. 이 파편들은 몸 길이의 몇 배는 멀리 나간다. 때로 다른 문어들이 이 투사체에 맞는다.

　이러한 행동이 사회적 역할을 지닐 가능성에 처음으로 주목한 사람은 나의 공동 연구자 데이비드 실David Scheel이다. 문어들은 다른 이를 겨냥해서 던지는가? 이 행동은 이 장소에서 종종 보이는 가벼운 공격의 또 다른 형태인가? 문어의 의도가 무엇인지에 대한 연구가 필요하기에, 이 질문에 답하기란 매우 어렵다. 우리와 아주 가까운 동물의 경우도 충분히 어려운데, 하물며 문어의 경우는 더더욱이나 그러하다. 데이비드와 나는 과학적이며 철학적인 수수께끼로 가득한 문어의 활동에서 문어의 의도를 해석할 방법을 알아내기 위해 수많은 시간을 고민하며 보냈다. 지금부터는 현재까지 내가 이를 어떻게 보아 왔는지이다.

　대부분의 잡동사니 던지기는 아마도 은신처를 짓거나 청소를 하며 일어난다. 문어들은 은신처에 쌓인 쓰레기를 청소하느라 많은 시간을 보내는데, 던지기도 청소 과정의 일부이다. 만일 문어가 근처의 다른 문어에 주의를 기울이면서 청소를 하다 보면, 무심코 던진 것이 예기치 못한 타격으로 이어질 것이라고 예측할 수 있다. 암컷들이 수컷보다 더 많이 던진다—흥미로운 사실이지만 암컷도 은신처를 만들고 수컷보다 더 잘 관리하는 경향이 있다. 암컷들이 언젠가 알을 품어야만 한다는 점에서 이해가 간다.

나는 어떤 던지기는 사회적인 역할을 지니고 있을 것이라 생각한다. 암컷들은 자신을 성가시게 하는 수컷들을 향해 더 자주 던진다. 한번은 암컷 문어가 몇 시간 동안이나 한 수컷을 향해 던지기를 반복하는 모습이 영상으로 찍혔다. 절반 정도는 수컷을 맞혔고 나머지는 빗나갔는데, 수컷이 수그렸거나 몸보다 위를 향해 던졌기 때문이다. 맞고 있던 수컷은 막바지에는 공격에 익숙해진 듯 보였다. 던지려고 준비할 때 미리 몸을 수그리기 시작했고, 따라서 공격은 결국 (대부분) 머리 위로 넘어갔다.

사회적 함의가 있는 던지기는, 보다 일반적인 두 가지 행동의 수정판으로 이해할 수 있다. 하나는 은신처 입구에 있는 쓰레기를 치우기 위해 물을 분사하는 것이고, 다른 하나는 다른 문어나 타 동물을 표적으로 하여 직접 분사하는 것이다. 만약 당신이 다이빙 중에 문어의 은신처 근처에서 문어와 어울리다가—귀찮게 하거나 혹은 단순히 그의 영역 안에 너무 오래 있다는 이유로—그를 성가시게 하기 시작하면, 별안간 당신을 향해 분사되는 물을 느낄 것이다. 문어가 이미 던지기 행동에 들어가면 파편들이 어디로 향하는지, 우연히 다른 문어를 맞추는지, 그 효과가 어떤지를 볼 수 있다. 그 효과는 때로 아주 대단하다. 강하게 던지면 성가시게 하던 수컷은 놀라며 뒤로 물러날 것이다. 암컷은 또한 근처의 다른 암컷들을 향해 던지고 맞추는데, 앞서 언급한 낮은 수위 공격성의 사례다. 이것에 대하여 나는 아직 아무것도 확신할 수가 없다. 문어들의 일에 대해 말하는 것은 언제나 어렵다.

던지기는 사회적 역할의 가능성뿐만 아니라 이것이 협응되고 중앙에서 조직된 행동이라는 점에서도 흥미롭다. 던지기는 제트 분사와 마찬가지로 물체를 쥐는 특정한 다리 배치를 필요로 한다. 다리와 뇌에 관한 이러한 질문들과 관련해서는, 이 장소에서 은신처를 짓는 행동 역시 흥미를 돋운다. 옥토폴리스 전체가 계획적으로 건설된 도시는 아니지만, 문어가 사는 개별 은신처는 의도를 가지고 지어졌고, 때로는 아주 주의 깊게 보살핀다. 먹으려고 잡아온 가리비가 더 많은 문어들로 하여금 이 공간에서 안전하게 살 기회를 만들어 낸다는, 우리가 가정한 이 사실을 문어들은 의식하지 못한다. 이들 각 개체가 멋진 기술자들이긴 하나, 우리가 아는 한 은신처를 지을 때는 협력하지 않는다.

나는 그들이 발견한 사물을 활용하는 흥미로운 장면을 보았다. 작은 문어 한 마리가 은신처에서 삼각대에 올려져 있는 우리의 무인 카메라 하나를 한동안 응시하다가 나가더니, 죽은 해면 조각을 들고 돌아왔다. 그것을 마치 헬멧과 지붕 사이의 중간쯤 되는 양 은신처 꼭대기에 올려 놓고 그 아래 웅크리고 망을 보았다. 해면은 목적에 딱 맞는 재료였다. 크기가 알맞았고 견고했으며 가벼웠다. 이 작은 문어가 카메라를 성가시게 여겼는지, 그래서 가리고 싶어 했는지 확신은 할 수 없지만, 적어도 그렇게 보이기는 했다.

빠르고, 몸 전체가 협응하며, 시각에 기반해 이루어지는 이 모든 행동은 멋진 하달식 제어가 이루어짐을 말해준다. 문어들은 잘 볼 수가 있다. 그들은 흔히 생각하는 것처럼 지독한 근시가 아니다. 나는 문어들이 다른 문어 침입자를 꽤 먼 거리에서 보고, 가오리나 다른 동물이 올 때와는 다른 방식으로 반응하는 모습을 보았다. 문어들은 뭔가를 골똘히 바라보며 머리를 위아래 혹은 옆으로 까닥이며 움직인다. 제니퍼 매더Jennifer Mather의 기록대로, 이는 시야각을 바꿈으로써 사물과의 거리, 장면 속의 깊이에 대한 지각을 향상시키려는 시도로 보인다. 문어는 그들의 타고난 머리 모양 때문에 대부분 사물을 한 눈으로 보는 까닭에, 그렇게 하지 않으면 깊이를 인식하기 어렵다. 이는 능동적 시각 정보 탐색이며, **재구심성**reafference(스스로의 행동으로 인한 감각 변화)과 **외구심성**exafference(바깥에서 일어나는 것들로 인한 감각 변화)이라 불리는 것들의 사이 미묘한 관계의 조율을 필요로 한다.

문어는 이 모든 잘 조직된 행동을 보여 주지만, 그들의 동작에는 다른 측면, 즉 다리를 이용한 지속적인 탐색이 존재한다. 급할 것 없이 찬찬히 움직이는 문어는 다리들을 여러 방향으로 움직이도록 둔다. 조용히 앉아 있을 때에도 다리 몇 개는 종종 멀리까지 뻗는데, 그 모습이 마치 부드럽고 호기심 많은 끄트머리를 지닌 작은 장어들처럼 보인다. 나는 이러한 모습을 옥토폴리스와 옥틀란티스가 아닌 (이 장 도입부의 난폭자가 등장한 넬슨 만을 포함한) 다른 장소에서 더 많이 보았다. 내 생각에는 다른 장소에서는 다른 문어들과 부대낄 필요 없이 홀로 지내기 때문인 것 같다. 그렇기에 이들은 좀 더 느긋하다. 옥토폴리스와 옥틀란티스에서는 그들을 둘러싼 사회적 복잡성, 그리고 끊임없는 성적 호기심 때문에 문어들이 좀더 높은 주의를 기울인다.

이 모든 사실이 제시하는 그림은 문어의 몸이 일종의 혼합된 제어의 대상이라는 것이다. 문어의 몸은 중앙의 뇌에 의해 일부분 지배되고 조종될 수 있지만, 스스로 계속해서 탐험하고 개별적으로 환경에 반응하는 부분 역시 지닌다. 중앙 주도로 협응된 행동이 다리의 탐험하려는 경향을 그대로 놔둘 수 있다. 문어를 관찰하면, 각각의 다리를 도구로 삼는 동물 전체를 보고, 스스로 감각한 것에 반응하여 이리저리 돌아다니는 다리를 보면 때로는 일련의 게슈탈트적 전환을 겪는다.

이안 워터맨Ian Waterman으로 이름 붙여진 유명한 신경과 환자는 모든 고유감각proprioception을 잃었다. 그는 열아홉 살 때 입은 감염으로 인해—팔과 다리가 어디에 있는지 등, 자기 몸의 상태에 관한—내적 감각을 잃었다. 그가 자신의 몸 상태를 알기 위해서 시각을 사용하는 법을 배워야 했다. 매우 파괴적인 증상이었으며, 감염은 이겨 냈지만 일관적으로 움직이는 능력을 회복하는 것은 어려웠다. 몇몇 사람은 이를 문어와 비교했다. 프레드 케이저르는 내게 어쩌면 문어는 "자연의 워터맨"이라고 말했다. 이 해석은 문어가 자기 몸에 대한 내적 지도를 갖고 있지 않음을 시사하는 연구에 기반한 것이다. 그러나 문어가 워터맨이라면 어렵지 않게 상황을 조율했을 것이다. 물론 이 예상은 워터맨 상태가 그들에게 정상이고, 항상 그런 상태라고 전제했을 때 적용된다. 하지만 만일 문어가 다리들이 어디 있는지를 볼 수 있을 때만 복잡한 움직임을 실행하기 위해 조직할 수 있다면, 그것은 놀랄 만한 일이다. 문어는 재빨리 행동하고 싶을 때는 즉시 일관성을 발휘한다.

사람들은 문어를 "똑똑하다smart"고 말하는데, 어떤 의미로는 진실이다. 그러나 이 단어는 내 마음에 선뜻 와닿지는 않는다. 문어는 행동적으로 복잡한 동물이고 또한 민감한 동물로, 나는 그들이 삶을 풍부하게 경험한다고 생각한다. 그러나 "똑똑하다"는 단어는 특정한 존재 양식을 가리킨다. 이는 우리가 그들의 행동적 복잡성을 지능이라는 틀 속에서 해석함을 시사한다. 문어는 마주하는 모든 것에 자기 몸의 복잡성을 기울이는 탐구적인 동물이다. 그들은 정신이 아닌 신체로 문제점을 만지작거리고, 뭔가를 시도하고, 문제와 엎치락뒤치락한다. 문어는 특출난 감각 중추sensorium를 가지

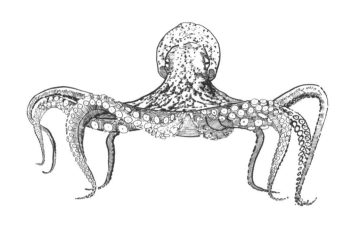

고 있으며, 중앙의 통제를 받지 않는 몸으로 새로운 것을 껴안기도 하지만, 대체로 생각이 깊거나 "영리한" 종류의 동물은 아니다.

문어에게 영리한 측면이 없지는 않다. 수족관의 탱크에서 문어들이 신기하게 탈출한 몇몇 유명한 일화에서는 계획에 가까운 무언가가 있었고, 조개껍데기나 코코넛 등을 보호 목적으로 활용하는 것은 일종의 도구 사용이다. 카메라의 시선으로부터 숨기 위해 해면을 가져온 옥토폴리스의 문어를 생각하면, 이들이 사물을 즉흥적이고 적절하게 사용한다는 느낌이 있다. 이 행동들은 신체적인 탐색뿐만이 아닌, 일종의 정신적인 탐구를 보여 준다. 이런 모습은 오해를 불러일으킬 수 있다. 아마도 조개껍데기, 코코넛, 해면 등의 사용은 포식자에 대한 반응으로서 진화가 만들어 낸 잘 확립된 행동들이다. 그러나 나는 또 다른 맥락에서 "영리한" 기색을 찾을 수 있었다.

그 다른 맥락은 보다 사회적이다. 문어들은 인간을 포함한 다른 행위자들의 행동을 놀라울 정도로 의식한다. 그들은 보통 상대가 그들을 보고 있지 않을 때 달아나려 한다. 갑오징어의 경우도 마찬가지다. 매사추세츠의 우즈 홀 해양 생물 실험실Woods Hole Marine Biological Laboratory에서 문어를 비롯한 두족류를 연구하는 브렛 그라세Bret Grasse는 누구보다 이 동물들과 시간을 많이 보냈다. 브렛은 이 동물들이 그가 무엇을 하려는지를 과하게 의식하고 있다고 느낀다. 두족류들은 이따금 그가 보지 않을 때까지 기다렸다가 그에게 물을 내뿜는다. 한 번은 물을 맞은 다음 뒤를 돌아봤더니 무고한 갑오징어 떼가 어항 바닥 가까이에 있었다. 그 다음, 등을 돌린 상태에서 휴대전화 카메라를 이용해 그들을 관찰했다. 몇 마리가 수면 가까이로 떠올라 다시 물을 쏘아 댔다.

내가 문어에 대해 좋아하는 또 다른 점(영리함과 상관없이 그냥 좋은 점)은, 같은 종의 개체라도, 심지어 꽤 기초적인 행동을 수행할 때조차도 아주 많이 다르다는 것이다. 이렇게밖에 말할 수 없는데, 그들은 개인적인 스타일에서 많은 다양성을 보인다. 나는 앞서 묘사한 광란의 현장 가까이에서 우연히 은신처 속에 있는 큰 문어를 만났다. 방해할 생각은 없었지만, 내가 쳐다보자 그는 밖으로 몸을 이끌고 나왔고, 우리는 풍경을 가로질러 떠났다. 그는 어떤 굴에서 문어 하나를 쫓아내고 남아 있는 다른 문어와 짝을 이뤘다. 그동안 그는 다리로 납작한 칼날 모양을 만들고, 특별한 이유 없이 머리 앞뒤로 다리를 휘감으며, 또한 다리를 바퀴처럼 돌돌 마는 등 매우 흔치 않은, 스타일리시한 방식으로 움직였다. 나는 다리를 이런 식으로 움직이는 문어를 이전에 본 적 없으며, 그렇게 할 만한 특별한 이유도 없어 보였다. 이는 그저 은신처 단지에 있는 많은 개체들이 별난 것처럼, 우연하고 별난 행동일 뿐이었다. 그의 모든 행동은 거창하였다.

문어와 상어

절지류와 두족류는 바다의 첫 대형 포식자들로서 각자의 방식대로 각기 다른 시기를 군림하였다. 문어는 그들의 환경을 지배했던 적이 없다. 그들은 첫 번째 두족류의 황금기 이후에 진화되었으며, 그들의 시작부터 항상 함께해 온 만만치 않은 경쟁자(어류)들과 함께하였다. 이 장을 시작하며 묘사한 것처럼, 문어가 날뛰던 자신들만의 시절은 없었다.

연산호가 있는 넬슨 만에서 낮 다이빙을 마치며 해안가로 향했다. 공기가 떨어져 갈 때, 나는 바위와 물풀들이 흩어져 있는 평평한 지대에 거대하고 인상 깊게 생긴 문어가 큰

대자로 앉아 있는 것을 보았다. 사진을 몇 장 찍고 나서 이 문어의 몸 아래 마구 움직이는 몇 개의 다리들을 발견했다. 짝짓기일 수도 있겠다 생각했으나, 좀 더 살펴보니 틈 속에서 문어 하나가 이 문어의 옆과 아래에 놓여 있었다. 하지만 그것은 짝짓기가 아닌 길고 긴 줄다리기를 하는 장면이었다. 이들은 꽤 큰 물고기 한 마리를 두고 몸싸움을 벌였다. 느릿한 힘겨루기는 10분 넘게 지속되었다. 어떤 면에서 그 장면은 암컷이 은신처 속 깊이 있고, 수컷이 밖에서 짝짓기를 하는 한 쌍을 연상케 하는 지극히 평범한 상황이다. 당신이라면 단짝과 물고기 한 마리를 두고 10분 내내 뒹굴며 싸우겠는가? 문어는 그럴 수 있다. 여러 정황들을 볼 때 처음 본 위쪽의 문어가 수컷이고 다른 개체가 암컷이겠지만, 이 상황을 중립적으로 전달하기 위해 문어1과 문어2로 부르겠다.

문어1이 마침내 몸으로 덮고 있던 물고기를 쟁취하였다. 그는 근처로 가 앉았다. 문어2는 은신처에 머물렀다.

얼마 후 수염상어wobbegong shark 한 마리가 헤엄쳐 왔다. 이 상어들은 몸통이 두껍고 옛 폭격기처럼 올리브색, 갈색, 회색으로 위장 패턴을 하고 있다. 그들은 주로 부주의한 먹잇감들을 기다리면서 바닥에 매복해 있지만, 때로 헤엄쳐 다니기도 한다. 그들을 괴롭히지만 않는다면 인간에게 위험하지는 않다. 그들을 괴롭히다가 물릴 경우에는 심각해지는데, 물고 늘어지는 경향이 있어 위험하다. 이 개체는 90센티미터 정도 밖에 되지 않았으므로 다 자란 것과는 거리가 멀었다. 가장 큰 개체는 이보다 세 배는 된다.

약간 동요한 듯 보이던 문어1은 천천히 돌아다니는 상어와 거리를 유지하면서 조심스레 후퇴했다. 문어2는 은신처 속 깊이 있었기에 내겐 보이지 않았다. 상어는 갑자기 문어2가 있는 은신처의 갈라진 틈으로 머리를 처박았다. 몸과 꼬리를 거의 수직으로 만들어 몸부림을 치면서, 굴 안쪽으로 몸을 들이밀기 시작했다. 하지만 격렬한 공격은 실패한 듯 보였다. 잠시 후 상어는 몸부림을 멈추고 약간 뒤로 물러났지만, 여전히 가까운 곳에 머물렀다.

문어1은 멀리 떠나거나 숨지 않았다. 사실 이 일이 일어나는 동안 살금살금 돌아오고 있었다. 나는 문어2에게 무슨 일이 일어났는지 보기 위해 다가갔다. 그는 상처를 입은 채 가만히 있었다. 문어2는 놀랍게도 상어가 아닌 내게 먹물을 분사했다. 그것은 그대로 아래에서 버티고 있었다. 곧 상어가 같은 방식으로 공격을 시도했으나 역시 실패하였다.

상어는 포기하고 문어1에게 주의를 돌렸다. 놀랍게도 문어1의 반응은 미적지근했다. 그는 급할 것 없다는 듯이 물러났다. 그러자 상어가 앞으로 돌진했는데, 그 다음에야 왜 이 문어가 별로 걱정을 하지 않았는지가 명백해졌다. 문어1은 제트 분사를 하며 힘들이지 않고 안전 거리를 유지했다. 그 문어는 놀랄 만한 위험도 아니고 충분히 피할 수 있다는 것을 알고 있는 듯했다.

　이제 상황은 어색해졌다. 상어는 바위 뒤로 이동했다. 상어가 선택한 위치가 문어가 볼 수 없을 것 같은 곳이라는 점에서 흥미로웠다. 바위 뒤에서 상어의 머리는 문어를 향해 있었다. 위에서 바라보면서, 나는 이것이 서로의 시야를 인식한 상어의 수준 높은 매복 시도였는지 궁금하였다. 그러나 그러한 시도였다고 할지라도, 어떤 문어도 속지 않았다. 상어는 이 자세를 포기하고 수초 속으로 헤엄쳐 돌아갔다.

　문어2는 전혀 움직이지 않았다. 큰 상처를 입은 듯 보였지만 분명 살아 있었으며, 숨을 이어갔다. 문어들이 오랜 시간 그래 왔듯, 바다를 상어와 공유하면서도 그것은 살아남았다.

통합과 경험

10년 동안 문어를 따라다니고 살펴면서—특히 정말 많은 행동을 관찰할 수 있는 옥토폴리스와 옥틀란티스에서—나는 넓은 의미에서 문어가 그들의 삶을 경험하고, 그들에게 의식이 있음을 의심하지 않게 되었다. 이러한 시각은 단순히 그들의 복잡성, 그리고 활발한 눈과 그 뒤의 커다란 뇌 때문은 아니다. 많은 동물의 행동을 **무의식적** 과정의 결과로 보는 이 분야의 이론들조차 문어를 "의식이 있다" 쪽에 집어넣은 이유가 있다. 문어는 인간의 행동을 포함한 새로운 것과 조심스럽게 관계하고, 그들의 행동은 대부분 습관적인 것이 아니다. 그들은 스트레스를 받고 호기심을 느끼고 장난기가 발동하는 등 기분의 변화를 겪는 것처럼 보인다. 옥토폴리스에서 우리는 커다란 수컷이 여러 다른 문어들을 동시에 주시하려고 하는 것을 보았다. 때로 누구를 쫓고 누구를 무시해야 할지 망설이는 것처럼 보였다. 문어는 꽤나 명백하게 의식을 지닌 무척추동물로 보인다. 이것은 어쩌면 엘우드의 소라게와 더불어 가장 명백한 두 사례이다. 계통수의 형태는 의식의 역사를 보여 준다. 그것은 의식이 적어도 두세 가지—하나는 우리, 다른 하나는 문어들, 또 다른 하나는 게들(그리고 아마 더 있을 것이다)—서로 다른 기원을 갖고 있음을 보여 준다. 혹은, 만일 근원이 하나라면, 오래 전 아주 단순한 형태로 있었을 것이었다.

문어는 또한 수수께끼를 불러일으킨다. 지난 앞 장에서 나는 경험의 진화에 대한 설명 중 일부는 관점을 부여하고 주체가 되게 하는 방식으로 함께 얽힌 새로운 종류의 **자아**의 기원에 대한 설명에 기반한다고 말했다. 이것의 상당 부분은 동물 통합integration의 한 종류로 묘사될 수 있다. 통합은 최근 물질주의와 의식에 관한 많은 사유의 테마가 되었다. 때로 통합은 어떻게 물질적 체계가 경험을 지닐 수 있는지를 설명하는 결정적 개념으로 여겨진다. 그러나 우리는 문어에서 매우 복잡하지만 덜 통합된 동물을 보게 된다. 문어는 다양한 의미에서 하나의 전체이며 행동과 감각의 중심이지만, 매우 특이하게 조직되어 있다. 이 질문들에는 이 동물이 무엇을 할 수 있는지, 또한 내면이 어떻게 되어 있는지에 대한 불확실성 때문에 대답하기 어렵지만, 이 장 앞부분에서 이야기된 관점을 전제로 두고 탐구해 보도록 하자. 이 관점에서, 문어의 행동은 중심적 제어와 말초적 제어가 뒤섞이면서 일어난다. 그들 내면의 무엇이 이렇게 느끼게 했을까?

첫 번째 가능성은, 문어가 지닌 독특한 디자인이 큰 차이를 만들어 내지는 못한다는 것이다. 이 동물을 면밀히 관찰하여 덜 통합된 디자인임을 밝혀냈더라도, 그것이 그 전체에게 그리 유의미하지 않을 수 있다. 문어는 보통 매우 통합된 방식으로 행동한다. 하지만 이는 적절한 결론이 아닌데, 행동의 통합은 여러 다른 경로에 의해 나타날 수도 있기 때문이다. 군대개미army ant나 꿀벌 군집 등, **초유기체**superorganism라고 불리는 단단하게 조직된 사회적 집단을 생각해 보자. 어떤 측면에서 이들은 전체로 움직이지만, 이 군집 단위 아래에는 각기 감각하고 행동하는 개별 행위자들이 모여 있다. 이러한 군집은 많은 다른 개체들에 의해 수행되는 팀워크가 통합된 행동을 만들어 내는 데 강력할 수 있다는 것을 상기시킨다.

그렇다면 적어도 우리는 한 마리의 문어가 여러 개의 자아를 지니고 있을 가능성을 생각해야 한다. 주요한 또는 가장 복잡한 자아—중앙의 뇌—그리고 여덟 개의 작은 자아들 말이다. 작은 자아들은 지각이나 의식이 없을 수는 있지만 이 상황에서 기본 형태는 1+8이 될 것이다.

세 번째 가능성은 1이나 1+8이 아닌, 1+1이다. 문어의 다리에 존재하는 신경 세포망이 중앙의 뇌로 연결될 뿐 아니라, 다리 꼭대기에서 "모로sideway" 연결되어 있다는 것이다. 몇몇 사람들은 다리의 신경 체계가 충분히 서로 연결되어 있어 한데 모이면 두 번째 뇌라 이를 만한 규모이며, 모든 다리의 뉴런을 합치면 중앙의 뇌보다 더 큰 망을 형성하고 있을 가능성을 제기했다. 생물학자이자 로봇 공학자인 프랭크 그라소Frank Grasso는 "두 개의 뇌를 가진 문어"라는 논문에서 이 아이디어를 신중하게 논했다. 시드니 칼스디아만테Sidney Carls-Diamante는 철학적 논의를 통해 이것이 동물의 경험에 있어 무엇을 의미하는지 살펴었다. 어쩌면 문어는 각각의 뇌마다 하나씩, 두 개의 의식적 흐름이 존재할 수도 있다.

칼스디아만테는 1+8의 가능성을 포함한 두 가지 가능성을 논한다. 내가 아는 한, 1+1의 가능성에 대한 가장 전면적인 탐구는 아드리안 차이코프스키Adrian Tchaikovsky의 SF 소설 『폐허의 아이Children of Ruin』이다. 이 책은 (인간의 개입에 의해) 기술적으로 지능적인 동물로 진화한 문어를 상상한다. 차이코프스키는 정부crown, 하층부reach, 외피guise의 세 부분으로 나누어 문어를 묘사한다. 정부는 중앙의 뇌다. 하층부는 다리 내부 및 다리 사이에 있는 신경망이다. 외피는 행위자가 아닌 동물의 부위일 뿐이며, 색이 변하는 피부이다. 그는 문어의 행동과 경험을 정부와 하층부라는 기능과 유형이 다른 둘 간의 거의 대화에 가까운 상호작용으로 묘사한다. 실제로 이 책에서 하층부가 경험적 주체인지 가늠하기는 어렵긴 하지만, 이와 유사한 무엇이기는 하다.

이 세 가지에 더하여, 또 하나의 가능성이 제기된다. 어쩌면 문어는 독특한 구조 때문에 경험의 영역에서 완전히 벗어나 있다는 것이다. 일부 문어 종에 경험에 대한 좋은 증거가 있기에, 나는 이 가능성을 배제할 것이다. 내가 1+8 가능성에서 "1"이라 부른 것이 어쩌면 좌뇌와 우뇌의 2가 될 수도 있다. 그렇지만, 여기서 내가 조심스레 옹호할 관점은 앞서 언급된 두 가능성인 1과 1+8의 혼합 또는 조합이다. 이 둘을 모순없이 엮을 방법이 있다.

여기서 탐구하려는 아이디어는 더 통합된 상황과 덜 통합된 상황 사이를 오가는 전환이다. 이 동물이 하나의 경험하는 주체와 아홉 개의 주체를 오간다는 생각은 지나치겠지만, 이보다 덜 극단적인 관점은 일리가 있다. 이 관점은 (아래 언급할 구체적인 사항은 아니고 윤곽의 경우) 내가 펜실베니아 대학교에서 강연했을 때 조던 테일러Jordan Taylor라는 학생이 제안한 것이다. 1과 1+8 관점을 각각의 선택항으로 두며 비교하고 있을 때, 테일러가 물었다. "왜 이들은 두 상황을 오가는 전환을 할 수는 없을까요?" 나는 이 선택항을 보다 유명하고 극적인 다른 케이스인 인간의 분할뇌 현상을 통해 탐구해 보고자 한다.

나는 앞서 분할뇌 현상의 기초를 소개했다. 뇌전증을 다루기 위해, 뇌의 두 반구 사이의 가교를 끊은 환자들이 있다. 그들은 보통은 평범하게 행동하지만, 특정한 실험 상황에서는 몸 하나에 두 정신이 있는 것처럼 보인다. 이는 좌우 시야에 다른 정보가 주어질 때 일어나는데, 각 시야가 뇌의 서로 다른 반구들과 연결되어 있기 때문이다. (사실은 뇌의 상단부만이 나뉘어 있지만 편의상 "반구"라고 표현할 것이다. 이는 뒤에서 중요한 논의의 지점이 된다.) 이 연결은, 앞서 언급했듯이 서로 교차한다. 즉 왼쪽 시야는 우뇌와 연결되어 있고, 오른쪽도 마찬가지다. 실험에서, 뇌의 각 반구에 다른 사물을 보여 준 뒤 그 사람에게 무엇이었는지를 질문하면 온갖 이상한 답변이 나온다. 언어 능력은 주로 왼쪽에서 제어되기에, 피실험자는 오직 오른쪽 시야에 들어오는 것들을 말할 것이다. 그러나 때로는 우측의 뇌가 왼쪽 손을 제어하여, 가리킨다거나 그림을 그리면서 나름의 답변을 한다.

이러한 사례들이 제기하는 의문점은 단지 한 몸에 두 정신이 있는 것이 가능한지가 아니라, 적어도 대부분의 시간에는 결과적으로 정상적인 행동을 한다는 사실이다. 실험 상황 바깥의 분할뇌 환자는 대체로 "분할되어" 있지 않은 듯 보인다. 그들은 평범한 사람들처럼 삶을 영위하는 듯하다. (늘 그렇지는 않으며 예외적 상황들이 있다.) 반드시 설명되어야 할 것은 대부분의 시간 동안의 명백한 통일과, 특정한 맥락 속에서 일어나는 명백한 분리의 공존이다.

이 사례들에 관한 네 가지 (각각의 변형태들도 존재하지만) 논의가 제기되었다. 첫 번째는, 단 하나의 의식적 행위자, 즉 하나의 정신만이 존재한다는 것이다. 그것은 좌뇌에 있을 수도 있다. 이 관점의 문제는 특정 실험 상황에서는 우뇌가 꽤 똑똑하다는 사실에 있다. 두 번째 의견은, 두 반구 모두 의식이 있다는, 즉 두 개의 정신이 있다는 의견이다. 이 관점은, 대부분의 맥락 속에서 명백히 환자들이 평범하게 지낸다는 문제와 충돌한다. 이 관점에서는, 통합된 행동은 두 행위자 사이의 절묘한 협응에 의해 일어난다고 본다.

세 번째 가능성은 왔다갔다 오가는 전환이 존재한다는 것이다. 의식 있는 좌측과 우측의 전환일 수도 있으나, 내가 주목하는 선택항은 하나의 정신과 두 정신 사이의 전환이다. 특정한 실험적 환경이 두 개의 정신을 이끌어내고, 나머지 시간에는 하나가 될 수 있다. 나는 이를 **빠른 전환**fast switching이라 이를 것이다. 마지막으로, **부분적 통합**이라는 선택항이 있다. 이 경우에서는 정신의 **개수**가 존재하지 않을

것이다. 몸에 정신이 현전하나, 둘 혹은 하나의 정신이 있는
지를 묻는다면 그것은 잘못된 질문이다. 경험은 늘 딱 들어
맞게 조직되지 않기 때문이다.

나는 빠른 전환설이 옳을 수 있다고 생각한다. 이에 대
해 확신하는 정도는 아니다. 분할뇌는 여전히 큰 수수께끼
이고, 개별 사례는 각기 다르기 때문이다. 그러나 빠른 전환
이라는 답을 상정하고 이야기를 진행하는 것은 문어 경험에
대한 수수께끼를 푸는 데 도움이 될 것이다.

빠른 전환설의 정당성을 입증키 위해, 어떤 상황에서는
몸에 실제로 두 정신이 있다는 관점을 먼저 옹호해야 할 것
이다. 나는 이 주제에 관해 철학자 엘리자베스 셰흐터Elizabeth
Schechter의 작업을 인용했다. 두 개의 정신에 관한 최고의 주
장은, 일반 대중들의 세계에서 이루어지는 두개의 뇌 반구
사이의 즉흥적 의사소통 사례에 기반한다. 기록된 여러 사
례로 예를 들면, 말을 하지 못하는 환자의 우뇌는 왼 손가락
으로 오른 손등에 글씨를 써서 왼쪽 뇌에 메시지를 전달하
려고 한다. 만일 우뇌가 아는 답을 좌뇌가 모를 경우, 이러
한 방식으로 우뇌가 메시지를 전달하려 한다. 이런 행동은
실험의 요점을 뒤집으려는 시도였다. 실험의 목적이 우뇌에
이미지를 보여 주고 그것에 대해 좌뇌가 얼마나 말할 수 있
는지 알아보려는 것이었기 때문이다. 실험자는 손가락으로
쓰는 모습을 보고 이렇게 말했을 것이다. "쓰지 마세요!"

이는 반사 작용과는 전혀 다른 똑똑한 행동이다. 이것은 다른 쪽으로부터 정보를 얻으려는, 우뇌에 정신이 존재한다는 좋은 증거이다. 때로는 두 개의 정신이 있다. 어쩌면 셰흐터의 생각처럼 이 상태가 영구적일 수도 있다. 그러나 그것만이 유일한 선택항은 아니다.

다시, 또 다른 가능성은 대부분의 시간에 이 두 뇌 반구가 하나의 경험 주체를 만들도록 함께 작동하다가 가끔씩 둘로 나뉜다는 것이다. 하나의 온전한 정신이 존재하다가 심리 실험과 같은 상대적으로 사소한 신체적 변화의 결과로 끊어진다는 생각은 이원론적으로 보일 수도 있다. 그러나 정신이 활동 패턴이라면, 재빨리 왔다가 사라지고, 형태가 변화되고, 한 상태에서 다른 상태로 변할 수가 있지 않겠는가? 이 관점에 대한 더 어려운 질문은, 뇌 상부의 두 반구가 물리적으로 나뉜 상태를 고려할 때, 대부분의 시간 동안 존재하는 **단일한** 정신을 만들어 내는 활동 패턴이 어떻게 존재할 수 있는가이다.

빠른 전환에 대한 초기의 논의는 이 마지막 질문에 대해 철저히 탐구하지 않았다. 이 책 5장의 아이디어를 말할 때 등장했던 수잔 힐리는, 통상적 연결이 없는 두 반구의 뇌 속에서 통합되는 정신을 이해할 수 있는 관점을 제시했다. 힐리는 빠른 전환 관점을 옹호하지는 않았지만, 어떻게 분할 뇌 사례에서 하나의 정신이 존재할 수 있는지를 이해하려

노력한다. 그는 의식적 주체의 뇌를 통합시키는 물리적 연결의 일부는, 두개골 속의 뉴런에서 뉴런으로 이어지는 경로가 아니라 바깥 세계로 나갔다가 돌아오는 루프 형태의 경로일 수 있다고 말하였다. 인간의 행동과 감각 사이의 빠른 피드백이 이 경로의 완성에 관여했을 수 있다. 헐리의 표현에 의하면, 어떤 방식으로든 그 몸밖으로 확장되는 "인과적 흐름의 장field of casual flow" 속 "역동적 단일성dynamic singularity" 으로서, 통일된 의식의 물리적 기반이 존재할 수 있다. 철학자 에이드리언 다우니Adrian Downey는 최근, 헐리의 관점이 분할뇌 사례에서 나타나는 하나의 정신과 두 정신 사이의 빠른 전환에 자연스레 들어맞음을 밝혔다.

이것이 원리적으로 가능함을 받아들여 보자. 우리는 이를 진지하게 받아들여야 할까? 그래야 함을 보여 주기 위해, 또 다른 의료 시술을 소개해 보고자 한다.

일본계 캐나다인 의사 준 아츠시 와다Juhn Atsushi Wada의 이름을 딴 와다 테스트는 (외과적 실험이며 전혀 일반적이지 않지만) 누구에게나 할 수 있다. 실험의 목적은 사람의 어느 쪽 뇌가 언어를 제어하는지를 알아보는 것이다. 한 번에 한쪽 뇌를 마취제로 잠들게 하고, 다른 한쪽을 깨어 있는 채로 둔다. 각 단계마다 환자의 언어 사용을 시험하는데, 이는 한쪽 뇌가 잠들었을 때 무엇을 할 수 있는지를 보기 위해서다. 대부분의 경우, 좌뇌가 잠들었을 때 환자들은 말을 하지 못한다. 그러나 두 상황 모두에서 환자에게는 여전히 의식이 있거나 그래 보인다.

테스트 중에 그는 내게 뭔가를 보여 주고, 그게 무엇이며 이전에 내게 그것을 보여 준 적이 있는지를 묻는다. (중략) 우뇌의 경우에는 나는 별 차이를 느끼지 못했다. 좌뇌로는, 아! 그가 어떤 물건을 보여 주었을 때 그걸 보고 단어가 혀 끝에서 맴도는 것처럼 단어를 떠올릴 수 없을 때 느끼는 감정을 느꼈다. 모든 단어가 그랬다. 놀라웠다! 내게 단어들이 없었다.

한쪽 뇌가 잠들어 있을 때, 나머지 반구에는 명백히 고유한 의식이 있었다. (한 번에 한 반구씩 잠을 자는 돌고래는 자연스럽게 스스로에게 와다 테스트를 하는 셈이다.) 나는 철학자 제임스 블랙몬James Blackmon에게서 와다 테스트와 그 함의에 대해 배웠다. 그가 생각하기에 이 테스트는 매우 놀라운 점을 보여 준다. 블랙몬이 보기에, 절반이 잠든 동안에 반대쪽에 의식이 있다면, 두 쪽 모두 테스트 이전에 이미 정상적으로 의식이 있어야만 한다. 각 반구는 의식이 있기 위해 필요한 것들을 분명히 지니고 있고, 잠이 들면서 뭔가 더해지거나 빠진다고 해서 크게 변하지는 않을 것이다. 잠들지 않은 반쪽은 원래대로 유지된다. 따라서 블랙몬은 각 반구에 내내 의식이 있다고 생각했다. 완전히 깨어 있는 보통 상태의 인간의 의식은 반구들이 지닌 두 의식의 조합 또는 혼합이거나, 어쩌면 그보다 많은 여러 작은 의식들의 혼합이다.

그러나 와다 테스트 상황으로 도출할 수 있는 또 다른 가능성은 일종의 빠른 전환이다. (예를 들면) 왼쪽 뇌를 잠들게 하는 것이 우뇌 자체를 크게 변화시키지 않는 것이 사실이지만, 뇌-더하기-몸의 활동 패턴 전반을 바꾼다. 내 생각에는 와다 테스트를 시행할 때 남아 있는 반구가 의식 있는 경험을 지탱하는 **정상적인 것**이 된다. 시행 전에는, 정상적인 활동 패턴을 뇌 **전체**가 지탱할 것이다. 와다 테스트 중에는 좌뇌와 우뇌의 연결이 끊어지고, 결과적으로 정신의 물리적 기반이 "수축contract"된다. 뇌 전체에 걸쳐 확장되어 있던 활동 패턴이 이제는 한 반구에 국한된다. 이 반구는 의식을 지니지만, 이전에는 그 자체로 의식 체계는 아니었다.

이 지점에서 나는, 상황을 좀더 복잡하게 만들 한 가지를 더 꺼내야 한다. 나는 블랙몬의 묘사를 따라 반구 전체가 한 번에 잠이 드는 것처럼 쓰고 있지만, 분할 뇌 실험에서 분할되지 않거나 와다 테스트에서 잠이 들지 않는 뇌의 "아래쪽" 부분이 있다. 마찬가지로, 인간 **분할뇌**에 관한 논의는 뇌의 위쪽 부분, 즉 대뇌피질이 사고와 경험의 모든 것을 책임지고 있다고 여겨질 때 시작되었다. 현재는 (이러한 과정에서 분할되지 않은) 뇌 하부의 역할이 보다 중요하게 여겨진다. 인간의 보통의 의식하는 경험은 뇌의 두 부분 모두가 함께 작동하여 나타난다. 와다 테스트에서 상부의 왼쪽 혹은 오른쪽 피질이 잠들었을 때, 여전히 활동하며 의식적 경험과 연계되는 것은 피질의 다른 한쪽과 더불어 뇌 하부의 전체 부분이다. 이는 내가 "빠른 전환"이라 부르는 것을 여전히 보여 주지만, 이 전환은 서로 일부를 공유하는 두 장치들 사이에서 일어난다.

만일 이것이 옳다면, 와다 테스트는 경험의 물리적 기반이 재빠르게 왔다갔다하는 활동 패턴임을 보여 준다. 이러한 종류의 전환에 동의한다면, 분할뇌 사례에서는 의식 있는 자아가 하나일 때와 둘일 때의 빠른 전환이 이루어지고, 이것이 각 반구에서 정보 흐름을 분리하는 실험의 결과로 나타날 수 있다고 말하는 것이 적절하다.

분할뇌 사례에서 일어나는 일은 이게 전부가 아니다. 내 생각에는 또 다른 퍼즐 조각이 있다. 두 개의 정신이 현전할 때, 이 둘은 완벽히 분리되지 않는다. 이것들은 어느 정도 부분적 통합partial unity을 이루는 듯하다.

다시 돌아가서 "부분적 통합"이란, 분할뇌 사례에서 정신이 한 개인지 두 개인지 깔끔하게 셀 수 없다는 아이디어이다. 어떤 면에서는 경험과 기억이 둘로 구획된 분리가 있으나, 다른 사고나 경험은 양쪽 모두에 귀속될 수 있다. 분할뇌 환자를 연구하는 의사와 학자들은 이러한 상황이 종종 나타난다고 생각한다. 이는 아마도 분리되지 않은 아래쪽 부분을 통하여 감정과 정서가 양쪽에서 서로 공유될 수 있다고 생각하기 때문이다. 예를 들면 스트레스를 받는 하나의 기분은 정신1의 일부이면서 동시에 정신2의 일부일 수 있다. 그것은 정신이 두 개로 뚜렷하게 분리되지는 않음을 의미한다. 이러한 아이디어는 두 정신이 유사한 방식으로 스트레스를 받게 된다는 뜻이 아니라, 하나의 스트레스가 두 정신의 일부가 될 수 있다는 것이다. 연구자들은, 하나의 자극이 한쪽 뇌에만 노출되면 다른 쪽은 그 자극이 무엇인지 모르겠지만, 그 기분에 어떤 일이 일어나는지 제대로 이해하지 못하더라도 그 기분으로부터 영향을 받을 수 있다고 생각했다.

그것이 분할뇌를 지닌 사람에 대한 전체적인 관점을 완성한다. 하나의 정신과 두 개의 정신 사이에 빠른 전환이 일어난다. 하나의 정신일 때, 그것은 부분적으로 몸 밖으로 확장된 인과의 경로에 의해 일원화된다. 하나의 정신이 분리될 때, 기분이나 감정과 같은 면에서 부분적인 통합이 일어나며, 이는 "두" 정신이 완전하게 분리되지 않음을 뜻한다. 나는 빠른 전환과 부분적 통합이라는 보다 논쟁적인 선택항들을 둘다 끌어안아 한데 묶어 보았다. 이는 사람들이 생각하는 것보다는 상상하기 어렵지 않은 일이다.

분할뇌 사례는 매우 복잡하며, 이러한 해석이 맞지 않을 수도 있다. 적어도 몇몇 사례에서는, 전환되기보다 영구적인 두 개의 정신이 있는 상황이 존재할 것이다(물론 나는 이 "둘"이란 말이 부분적 통합과 공유된 기분이 섞인 어떤 상황을 내포할 것이라 생각하지만 말이다). 우리는 또 다른 수수께끼가 우리 앞에 놓일 다음 장에서 이 질문들을 다시 다룰 것이다. 그러나 나는, 분할뇌 문제의 해석을 살피는 것이 경험과 주체, 뇌에 관한 보다 일반적인 사유에 도움이 될 것이라 생각한다. 예로, 이제 문어 이야기로 돌아가 보자. 우리는 이제 수술이나 특정한 환경에 관해서가 아니라 문어의 일상생활에 대해 이야기한다. 어쩌면 거기에는, 같은 종류의 조합이 보다 덜 극단적인 형태(의식적 자아가 극적으로 등장하지 않는 형태)로 존재하고 있다.

때로 문어는 하나의 통합된 행위자다. 쓰레기를 던지거나 제트 분사를 하는 등의 경우에, 이 동물은 일원화되어 있으며 그들의 경험이 이를 반영한다. 그러나 다른 때에는, 다리들은 여기저기로의 방황과 탐험을 허가받고, 아마도 중앙의 문어는 이 지엽적으로 수행되는 움직임들을 "소유하지" 않게 되는 듯하다.

그들이 돌아다닐 때 다리들은 아주 단순한 행위자들과 같다. 그들은 감각을 하고, 행동에 반응을 한다. 그들은 자신의 경험을 할까? 내 생각에 그것은 너무 나아간 이야기다. 다리에는 경험을 하기 위한 충분한 복잡성(충분한 뉴런)이 존재한다. 꿀벌 한 마리에는 통틀어 백만 개의 뉴런뿐이지만, 문어 다리 하나에는 수천만 개가 있다. 그러나 아마도, 중앙과 다른 다리들 속에 있는 뉴런망과의 연결로 인하여, 다리들은 정확한 의미로는 **자아**들이 될 수는 없다. 우리의 논의선상에 올라 있는 것은 1+8 관점과 더불어 1+1 관점이다. 이는, 다리가 움직이며 스스로의 일을 하더라도 (혹은 그렇게 보이더라도) 각 다리의 뉴런망이 자립적이지는 않다는 시각을 반영한다. 어쩌면 다리들의 전체 네트워크도, 개별 다리들도 진정한 주체가 되는 통합성을 지니지 못한다. 그러나 다리들에는 내가 주체성의 기반으로서 이야기해 온 것에 대한 **약간의** 힌트가 있다. 만일 개별 다리 혹은 그것들 중 일부에 경험의 여지가 존재한다면, 그러한 상황은 어쩌면 부분적 통합의 하나가 될 수 있다. 스트레스, 에너지 레벨, 들뜬 상태 등은, 다리들이 감각을 하고 스스로 반응을 하는 중에도 동물 전체에 걸쳐 통합된 방식으로 존재할 수 있다. 지금껏 여덟 개의 다리가 동등한 것처럼 써 왔지만, 일반적으로 첫 번째와 두 번째 쌍이 다른 다리들보다 더 활동적이라는 것을 주목해야 한다.

어쨌든, 문어가 "스스로를 그러모아" 중앙에서 제어하기 시작하면 다리는 자율성을 잃는다. 그리 되면 다리의 특색은, 그것이 정확히 뭐든지간에, 잦아든다. 인간의 사례(와다 테스트와 분할뇌)에서 주체의 커다란 전환을 관찰할 수 있는 것은 그것이 사람에게 일어나는 일이기 때문이다. 문어의 경우, 그와 같은 방식으로 동물이 일원화되었다가 분산되는 전환이 있다면 인간과는 다르게 나타난다. 문어는 집중된 행동을 요하는 상황에 대한 반응으로, 자유로운 활보를 허락했던 것들을 통제함으로써 스스로를 그러모은다.

이것이 옳다면, 이 그러모음은 평범한 사람이 자신의 호흡, 씹기, 걷기를 신경쓰지 않다가 갑자기 의식하는 것과 어떻게 다른가? 건성으로 악기를 연주하다가 갑자기 그 행동에 초점을 두는 것이랑은 어떻게 다른가? 나는 다르다고 생각한다. 문어의 경우, 중앙이 제어하지 않을 때 다리들은 행위자처럼 각 다리의 감각에 의해 지엽적으로 제어되며 행동한다. 팔의 움직임은 또한 그 팔이 다음 단계에서 무엇을 감각할지에 영향을 미친다. 인간의 경우는 중앙에 있는 자동조종 장치를 사용하다가 가끔씩 중지시키는 것과 유사하다.

손을 건들건들 움직이다가 흥미로운 뭔가에 닿는 상황과 비교해 보자. 정보는 중앙의 뇌로 가고, 이것이 반사 작용이나 다른 특별한 경우가 아니라면, 뇌가 지시하지 않는 한 손은 어떤 반응도 하지 않을 것이다. 문어의 경우에 어떤 일이 일어나는지 정확히 알 수는 없지만, 그려볼 수 있는 상황은 다리 하나가 뭔가를 만질 때, 정보가 중앙 뇌로 가지만 해당 다리 또한 스스로 제어된 반응을 생산할 수가 있다는 것이다. 전체로서의 동물은 접촉했음을 알고, 무슨 일이 일어났는지 보고 또 아마도 느낄 수가 있다. 그렇지만 이러한 경우, 다리 자신이 스스로의 반응을 결정한다. 따라서 문어가 주의를 기울여 제어하면, 우리의 경우보다 더 많은 것을 성취할 수 있다. 문어는 몸의 여러 부위에 저마다 일종의 행위자를 지향하는 장치가 남아 있는 상황에서, 각 부위에서 일어나는 부분적으로 독립적인 작용들을 그러모은다. 이리하여 문어의 일상에는 인간 분할뇌 촌극의 소소한 버전이 들어왔다. 이것은 동물 전체의 집중과 다리들 혹은 그중 일부의 어떤 자율성 사이에 전환이 있을 수 있다는 말이다. 이 자율성은 문어가 협응된 행동을 지휘하기 위해 집중하게 될 때 잦아들거나 사라진다. 앞서 나는 통합성이 주체성, 따라서 경험에 있어 중요한 것으로 보인다는 점을 우려한 바 있다. 그러나 문어는 아주 많이 통합되어 있지가 않다. 이제 우리는 실시간으로 더 혹은 덜 통합되어 가는 그들을 본다.

문어는 내가 발전시켜 온 그림의 많은 부분에 영향을 끼친다. 아마도 그들의 1+8 조직은 어느 날 우리에게 주체성이라는 관념 그리고 그것이 동물에 있어서의 통합과 갖는 관계에 대해 재고하도록 만들 것이다. 완벽히 해결되지는 않았더라도, 분할뇌, 와다 테스트, 문어에 관한 논의는 어떻게 정신적인 것이 물질적인 것 속에서 다양한 방식으로 존재할 수 있는지에 관한 우리의 그림에 영향을 끼친다. 첫째, 빠른 전환이란 그다지 과장된 아이디어가 아니다. 정신이 행동 패턴이라면, 그것은 아주 빨리 왔다 가고, 변형되고, 혹은 확장되고 수축할 수 있다. 이 점에 대한 일종의 공식적 언급을 드러내기는 쉬운 일이지만, 와다 테스트에서 우리는 그것의 어떤 중요성을 볼 수 있다. 부분적 통합의 아이디어 역시 매우 미심쩍게 여겨져 왔지만, 이 역시 동물에 대한 사유틀의 일부가 될 수 있다. 많은 동물의 경우, 감각의 흐름들이 서로 다소간 분리되어 있되, 다른 상태들 예컨대 기분, 만족, 스트레스 등은 전체적으로 공유된다.

만일 우리가 문어의 아주 작고 덧붙은 자아들에 관한 부인할 수 없는 문제들을 차치하고 경험의 단일한 중심이라는 관점을 유지한다고 가정해도, 문어의 몸은 여전히 꽤나 괴이할 것이다. 문어는 거의 잠자는 상태로 고양이처럼 조용히 앉아 오랜 시간을 보낼 수가 있다. 어쩔 때는 반대로, 지나치게 활동적이다. 물을 뿜고, 뭔가를 던지고, 뭔가를 만든다. 다른 때는 그 사이의 어떤 상태를 볼 수 있다. 그리고 이때가 경험하는 자아에 대한 질문을 할 가장 흥미로운 순간들이다. 문어가 완만한 지형을 거닐 때, 다리들은 일반적으로 중앙의 지시에 따르는 것처럼 보이지만 우회적 움직임과 장식적인 움직임이 섞여 있다. 문어는 두세 개의 다리가 동시에 각기 다른 방향을 탐험하는 동안에도 한 자리에 앉아 있을 수 있다. 문어의 많은 행동이 시각에 의해 유도되지만, 이 동물은 다른 면에서도 지극히 감각적이다. 각 다리의 빨판들은 화학적 감각기들로 가득하다. 문어의 다리가 당신의

216

손가락에 닿을 때, 다리는 그 손가락을 맛본다. 문어는 인간이 얇은 장갑을 꼈을 때와 맨손으로 만질 때의 차이를 안다. 또한 피부 전체는 빛을 감각하는 듯하다. 문어가 피부로 본다고 말하는 것은 너무 나간 이야기이지만—문어의 피부는 상을 맺고 처리하지 못한다—빛의 강도뿐 아니라 그것의 변화, 그림자, 또한 색깔 역시 온몸으로 감지하는 듯하다.

이 모든 것을 종합하면, 우리는 우리 자신들과는 아주 먼 경험적 상황에 다다른다. 피부와 빨판에서 얻는 감각 정보가 해당 부분의 신경망뿐 아니라 중앙의 뇌까지도 닿는다고 가정하면, 문어는 매우 방대한 감각적 표면을 지니며 또한 중앙 뇌의 관점에서 볼 때 예측이 어려운 동물이 된다. 다리가 움직이면서 몸의 형태가 변하고 감각적 사건을 새로 낳는 사물, 표면, 화학물질들에 조우하게 된다. 문어는 분명 하나의 관점을 가지고 있지만 변화무쌍하고 때로는 혼돈 상태인 동물이 된다. 이를 상상해 보려 할 때 나는 환각 상태에 있는 느낌이 드는데, 그것이 문어의 일상이다.

아래 별들 사이에서

어느 한겨울, 나는 옥토폴리스를 10년 전에 발견한 매튜 로렌스와 함께 그곳을 헤엄쳐 내려갔다.

물 위에 있을 때는 날이 밝았지만, 아래로 내려가자 곧 빛은 희미해지고 차츰 어두워졌다. 곧 우리는 문어들의 구역을 둘러싼 평원 위에 다다랐다. 옥토폴리스에 닿았을 때, 우리는 네 마리의 상어가 마치 방어선을 이루듯 있는 것을 보았다. "문어와 상어" 절에서 묘사한 개체와 같은 종류의 상어였으나 훨씬 더 컸다. 하나는 적어도 2.5미터, 어쩌면 그보다 더 길었다. 주변에 문어가 몇 마리 있었으나 제대로 그리고 실제로도 머리를 수그리고 있었기에, 맷과 나는 해저를 헤엄쳐 나갔다.

만의 그 지역 바닥은 부드러운 회색빛 모래 그리고 여러 종류의 올리브색 또는 어두운 녹색 해조류들로 덮여 있었다. 도착했을 때 나는 평소보다 훨씬 많은 불가사리를 의식하게 되었다. 가까이서 보니, 그들은 갯고사리feather star였다. 갯고사리는 보통 "불가사리"라 불리지는 않는데, 그들보다 팔이 두꺼운 친척들에게 그 이름을 내주었기 때문이다. 그러나 둘은 모두 똑같은 별 모양의 디자인을 가진 극피동물echinoderm들이다. 갯고사리는 그 영어 이름이 말해 주듯 깃털처럼 가느다란 다리들을 가지고 있다.

극피동물에는 두 주요 그룹이 있다. 하나는 갯고사리를 포함한 바다나리crinoid 동물들이고, 보다 친숙한 대부분의 불가사리와 성게들이 다른 하나이다. 바다나리의 특징은 가장 작고 가장 많이 이동하는 극피동물들이라는 것이다. 그

218

중 몇몇은 줄기stalk를 이용해 바다 밑바닥에 영원히 붙어 산다고 해서 해백합sea lily이라고 부른다. 다른 것들은 활발하게 헤엄을 칠 수 있다.

　문어의 구역 가까이에 있는 이들은 매우 작고 팔이 몇 인치 되지 않았다. 대부분은 흰색이고 어떤 경우는 은빛을 띤 흰색이며, 일부는 어두운 보랏빛이다. 어디에나 있는 것은 아니었지만, 빛은 어두웠지만 그들을 한 마리라도 보지 않고 몇 미터 이상 가기란 불가능했다. 우리는 별들의 밭을 헤엄치고 있었다.

　동물 역사의 여행길에서, 이곳은 생명의 나무의 한 가지에서 다른 가지로 건너가는 또 하나의 의미 있는 한 걸음을 내딛은 지점이다. 우리가 산호를 떠났을 때 마주친 동물들 중에는, 원반 형태를 지닌 좌우대칭 종들의 커다란 가지가 존재한다. 이 좌우대칭동물의 가지 아래로 두 개의 주요한 작은 가지가 차례로 나 있다. 한 쪽에는 게와 같은 절지류, 문어와 민달팽이 같은 연체동물이 있다. 이들이 선구동물protostome이다. 다른 쪽에는 후구동물deuterostome이 있다. 후자가 우리가 속한 척추동물 쪽이다. 반갑지 않은 손님인 상어와 물고기, 해초강 생물들을 제외하면, 우리는 이 책에서 아직까지 후구동물 쪽을 탐험하지 않아 왔다. 지금부터는 주로 이 쪽을 여행할 것이다. 그런데 도착한 곳에서 우리를 반겨주는 동물이 놀랍다. 바로 불가사리이다.

극피동물은 적어도 캄브리아기 때부터 있었다. 그들의 초기 형태에 대한 추측에 따르면 실재하거나 상상 속의 많은 초기 좌우대칭동물과 마찬가지로, 그들의 초기 형태는 납작하고 기어다니는 동물이었다. 그들은 다양한 좌우 불균형 형태에서 나선형으로 진화했고, 뒤이어 3장의 연산호들로 되돌아가는 듯한 별 모양의 디자인을 찾아냈다.

몇몇 극피동물들은 꽤 빨리 움직일 수 있는데, 한번은 커다란 해삼sea cucumber이 몸을 위로 세우고 입에 먹이를 열심히 욱여넣는 것을 보고 놀란 적이 있다. 그러나 많은 극피동물들은 꽃을 닮은 몸을 하고 천천한 삶에 정착해 갔다.

우리는 이 동물들의 들판을 헤엄쳐 갔다. 거기에 있는 모든 것이 별은 아니었다. 때로 문어들의 기지인 한 장소에 도착했을 때, 거대한 바다표범이 헤엄쳐 다가왔다. 매우 빠르게 우리 근처로 와, 잠시 멈추고 응시하다가는 획 하고 가버렸다. 그것은 놀랄 만큼 날쌔게 공간 속을 휘돌고 빠르게 솟구쳐 올라갔다.

바다표범이 너무 가까이 다가와 내 머리에 부딪힐 것 같았다. 그것은 다시 돌아서서 수면과 빛을 향하여 위로 사라져 갔고, 우리는 아래 별들 사이에 남겨졌다.

7. 부시리

힘

넬슨 만 파이프라인 지대에서 다이빙을 끝낼 무렵, 해안으로 향하다가 얕은 여울이 시작되기 전 마지막 깊은 곳에 잠시 멈추었다. 그것은 내가 미처 알아채기도 전에 나를 혼란스럽게 만들었다. 나는 굉음을 내는 미사일의 무리 속에 있었다. 약 1미터 길이의 은빛 몸체와 날렵한 낫 모양의 꼬리를 지닌 몇십 마리가 빽빽하게 모여 있었다. 부시리yellowtail kingfish/king amberjack였다. 그들의 꼬리는 직접 힘을 만들어 낸다고 보기에는 너무도 연약한 모양새를 하고 있었다. 그것은 순전한 척추동물의 운동 능력이었다.

　나는 무리 가운데 있었고, 그들은 자신들의 꼬리를 닮은 초승달 모양의 짧은 호를 그리며 사라졌다. 나는 그들의 근육에서 전기를 (이온의 밀려옴과 세포의 수축을) 들은 듯한 느낌이 들었다. 이 소리의 감각은 착각이었고, 바다는 여전히 고요했다. 대신에 나는 내 주변의 물이 요동침을 느끼고 있었다.

동물계에 속한 다양한 부류가 그 빠르기와 힘으로 유명하다. 우리는 이미 이들 중 일부를 지나 왔다. 해파리가 자포 세포에서 발사하는 작은 작살이나, 스프링을 장착한 갯가재의 망치 말이다. 그러나 짙은 물을 가로질러서 몸을 몰고 가는 커다란 어류의 스케일에서 일어나는 재빠른 움직임은 엄연히 다르다. 부시리들 속에서 우리는 뼈에 붙은 근육의, 그러니까 척추동물 디자인의 승리를 본다. 날쌘 물고기는 동물의 움직이는 힘의 한 정점이다.

어류의 역사

어류는 **우리**와 같은 동물 그룹에 속해 있기에 진화 이야기에서 특별한 위치를 차지한다. 좀더 정확하게 말하면, 우리가 그들에 속해 있다. 포유류는 생명의 나무 속 어류 부분에서 갈라져 나왔다. 우리는, 앞선 장들에서 조우한 동물들에게는 해당하지 않는 방식으로 물고기와 이어졌다. 생물학자 닐 슈빈Neil Shubin의 책은, 우리 조상 안에 물고기가 있고, 물고기의 해부학적 기초 구조가 우리와 같기에 "내 안의 물고기"에 대해 곰곰히 생각해 보라고 이야기한다. 그런 의미에서라면 우리는 우리 안에 새우나 문어를 지니고 있지는 않다.

우리가 방어나 송어 같은 물고기로부터 비롯되었다는 것은 아니다. 그것들은 분기된 후에 등장했다. 대신에 우리와 가까운 친척들은 오늘날 심해의 실러캔스coelacanth로 대표되는 이상하게 생긴 뭉툭한 물고기인 육기어류lobe-finned fishes 이다.

어류는 매우 하찮은 존재로 시작하였다. 그들은 캄브리아기에 나타난 눈에 잘 띄지 않는 2~5센티미터 길이의 은빛 생물이었다. 이전 장의 마지막 부분에서 후구동물, 즉 극피동물과 우리, 그리고 몇몇 다른 이들이 포함된 갈래에 관해서 이야기했다. 이 동물들은 다른 많은 동물과 마찬가지로 벌레처럼 생긴 좌우대칭생물에서 나온 한 갈래이다. 이 종류의 동물들은 어떤 단계에 이르자 더욱 움직이기 쉽고 날렵한 형태로 진화하였다. 그것은 할 수 있는 일이 거의 없었고, 이빨조차 없었다. 그것은 바닷속의 별 특징 없는 작은 존재였다(114쪽의 B, 피카이아를 보라). 하지만 이 새로운 동물은 미사일 같은 체형, 등 근육 아래의 신경삭, (바깥이 딱딱한 절지류와는 달리) 안쪽에 생긴 딱딱한 부분 같은 몇 가지 독특한 특질을 가지고 있었다.

캄브리아기에 포식자로 진화한 절지류 동물들에게 이

들 어류는 쉬운 먹잇감 중 하나였다. 아마도 이러한 까닭에 어류는 좋은 눈을 빠르게 갖도록 진화시켰을 것이다. 이들의 눈은 한 개의 렌즈와 망막이 있는 "카메라" 디자인을 하고 있었고, 이는 대부분의 절지류가 지닌 여러 개의 렌즈와 망막으로 이루어진 눈과는 달랐다. 척추동물의 초기 혁신에는 이동에 적합한 몸과 카메라 눈이 있었다.

오르도비스기 이후로 어류는 거대해지기 시작했다. 골판bony plate을 갖춘 개체가 나타났고, 길이가 1미터에 이르렀다. 몸이 커지고 방어구를 갖추면서 먹이 신세에서 벗어나게 되었다. 몇몇은 무시무시한 겉모습과 달리 실제로 사납지는 않았다. 그들은 위압적인 몸매에도 불구하고 무는 능력이 없었고, 아마도 먹이를 파먹거나, 빨아먹거나, 새어 나오는 것을 먹었을 것이다. 약 4억2000만 년 전, 결정적인 발명이 나타났다. 아래턱jaw이었다.

프랑스의 생물학자 프랑수아 자코브François Jacob가 말한 진화의 "땜질tinkering"의 고전적 사례인 턱은 몇몇 어류의 머리쪽에 있는 아가미 활gill arch로부터 만들어졌다. 이것은 엄청나게 중요한 땜질이었고, 그 결과는 일원화된 근육을 통한 묾이었다. 제인 셸던Jane Sheldon의 적절한 비유에 의하면, 턱은 얼굴에 있는 마주보는 엄지opposable thumb이다(인간의 엄지손가락은 다른 손가락에 비해 자유롭게 회전하고, 손을 쥐었을 때 다른 손가락과 마주보는 방향으로 접힌다. 엄지손가락의 독특

나새류 동물인 아르미나 메이저(*Armina major*) 두 마리가 3장을 열어젖힌 연산호 앞에 있다. 호주 넬슨 만에서 촬영.

튜브 해면이 합창단처럼 입을 벌리고 모여 있다. 이들은 유리 해면이 아닌 보통해면류(demosponge)라는 더 흔한 그룹에 속해 있다. 인도네시아 램베 해협.

다기장목 편형동물(*Cycloporus venetus*)이 해면 위에서 오른쪽에서 왼쪽으로 이동하고 있다. 거의 보이지 않을 정도로 작은 절지동물이 그 뒤에서 걸어가고 있다.

넬슨 만에서 만난 큰도롱이갯민숭류(*Phyllodesmium poindimie*).

램베 해협에서 만난 투명한 아네모네 새우(*Ancylomenes holthuisi*)가 말미잘 위에 있다.

마찬가지로 램베 해협에서 만난 청소 새우(*Stenopus hispidus*)가 자신의 부속지들을 보여주고 있다.

문어(*Octopus tetricus*) 두 마리 중에 어두운 쪽이 6장의 '문어 관찰' 마지막에 등장하는 문어다.
넬슨 만에서 만났다.

호주 캐비지 트리 만에서 만난 자이언트 갑오징어(*Sepia apama*)이다.

이 녀석이 6장 초반에서 소란을 피운 문어다. 연산호를 꺼안고 있다.

두톱상어와 호크피쉬가 커다란 해면동물 위에 누워 쉬고 있다. 상어(*Brachaelurus waddi*)는 '마에스트로'에서 만난 조는 녀석과 같은 종이다. 넬슨 만 플라이포인트였다.

해마(*Hippocampus whitei*)다. 이것 역시 넬슨 만에서 만났다.

호주 닝갈루 리프에서 만난 고래상어(*Rhincodon typus*).

한 구조 덕분에 인간은 도구를 꽉 쥘 수 있고 또한 정교하게 조작할 수 있다—편집자). 헤엄과 눈, 턱의 조합 속에서 어류는 새로운 역할을 얻게 되었다. 데본기 후기인 3억6000만 년 전쯤에 이르러 턱의 형태는 다양해지고, 턱이 없는 어류는 사라져갔다. 오늘날에는 먹장어hagfish와 칠성장어lamprey 정도가 남아 있다.

턱을 지닌 데본기의 어류에는 상어도 있었다. 존 롱John Long은 자신의 책 『어류의 발흥The Rise of Fishes』에서, 이때 이미 상어의 디자인이 확립되었고, 그 뒤로는 미세한 조정만이 있었다고 말한다. 2018년, 호주의 한 아마추어 화석 수집가가 보기 드물게 거대한 이빨을 발견했다. 상어의 것임을 한눈에 알아챌 수 있었다. 이빨의 주인은 고래조차도 잡아먹는 9미터 길이의 상어였고, 죽은 지 2억5000만 년이 지났는데도 이빨은 여전히 날카로웠다.

헤엄과 눈, 턱의 조합은 매우 강력했다. 이 요소들은 척추동물이 물려받은 또 다른 유전적 특질들과 결합되었다. 그들의 체제와 움직이는 방식은 어류로 하여금 유독 **중앙화된**centralized 동물이 되도록 했고, 그리고 이것이 척추동물의 뇌에 반영되었다. 여기에도 다른 곳과 마찬가지로 뜻밖의 불일치disunity가 가려져 있었다. 물고기의 뇌는 양 쪽이 있고, 많은 부분이 분리되어 있다. 그렇지만 우리가 지금껏 살핀 다른 이들에 비하면 중앙화된 방식을 갖고 있다. 뇌는 몸 전체의 동작을 이끈다—거의 모든 어류는 다리나 집게발, 촉수 없이 몸 전체의 동작whole-body action을 **취한다**. 후에 척추동물들이 다루게 되는 팔다리도 같은 종류의 뇌에 의해 제어된다.

언젠가 부시리의 사냥을 보았다. 얕은 물에서 오징어 몇을 관찰하고 있을 때였다. 오징어들은 그들을 천천히 뒤쫓는 날 쳐다보면서, 때때로 피부의 무늬로 신호를 보내며 거닐고 있었다. 갑자기 초승달 모양 꼬리를 지닌 커다란 부시리 한 마리가 나타났다. 순식간에 우리 사이로 들어와서는 재빠르고 날카롭게 움직였다. 오징어와는 달리 다리가 없는 부시리는 온몸을 휘두르며 움직였다. 오징어가 혼비백산하며 물속에 뿜어낸 까만 잉크는 대공포의 연기처럼 퍼졌다.

헤엄

이 장이 푸른 물을 아우르고 있으니, 푸른 물의 장이라고 생각한다. 이 책을 쓰면서 내가 해 왔던 스쿠버 다이빙은 대부분 얽히고설킨 생명의 덤불 사이를 기어다니는 동물의 속도에 맞추었다. 장비를 입은 나 자신도 느리지만, 게, 산호, 그리고 문어조차도 대부분 마찬가지로 그다지 빠르지 않았다. 오징어는 예외로 하자. 지금까지는 오직 그리 넓지 않은 영역에서 살아가는 생물들을 따라 많은 경로를 지나왔다.

이들과 수면 아래에서 광대한 여정을 떠나는 물고기를 비교해 보자. 물고기는 대양을 행동의 장으로 삼는 동물이다. 많은 어류가 한 곳 **이상**의 대양에서 살아간다. 그들은 지구 전체의 자기를 감지해서, 한 곳에서 태어나 먹이를 위해 다른 곳으로 이동하고 번식하기 위해 돌아온다.

부시리 이야기로 이 장을 시작했지만, 척추동물의 힘이라는 영역에서 내가 본 가장 대단한 형태는 고래상어whale shark의 꼬리이다. 고래상어는 오늘날 바다에서 가장 큰 물고기다. 이 속의 유일한 종이자 해당 과의 유일한 종인 라인코돈 타이푸스Rhincodon Typus는 몇몇 고래를 제외하면 현존하는 가장 큰 동물이다. 각 개체는 최소 12미터까지 자란다. 몸은 어두운 회색이며, 흰 점, 그리고 보다 흐릿한 잿빛의 줄무늬가 있다. 그들은 거대한 수직 꼬리로 앞으로 나아간다.

꼬리 위쪽의 삼각형 부위는 약 1.8미터 높이로 물속에 잠긴 돛처럼 생겼지만, 돛과는 달리 스스로 힘을 만들어 낸다. 꼬리 앞에는 거대하고 육중한 몸이 있고, 꼬리부터 머리 쪽까지 나는 이랑진 선들은 마치 비행기의 용접 자국처럼 보인다.

고래상어는 전세계의 열대 바다를 여행한다. 아무도 그들이 짝짓기하는 것을 보지 못했다. 이 글을 쓰는 시점에도, 그들이 모두 갈라파고스 제도 가까이의 특정한 한 곳에서 짝짓기를 한다고 추측될 뿐이다. 만일 그게 맞다면, 그들은 그곳으로부터 호주로, 멕시코로, 필리핀으로 이동한다. 그들은 많은 고래들처럼 수면 가까이를 유영하면서 플랑크톤을 먹는다. 수면 근처에서 천천히 헤엄치는 고래상어와 함께 스노클링을 할 수도 있다. 내가 호주 서부의 엑스머스 Exmouth 인근에서 그랬던 것처럼 말이다.

당신은 그들과 나란히 헤엄치기도 하고 당신이 그들 위에 있다는 것을 발견할지도 모른다. 처음 고래상어 몸의 무늬가 내 아래서 나타났을 때, 나는 마치 우주에서 행성의 표면을 맴돌고 있는 것 같았다. 그들이 헤엄칠 때는 그 아래, 주변, 그리고 벌어진 고래상어의 입 안에서 작은 물고기떼가 헤엄을 치곤 한다. 그들은 삼켜지지 않은 채 그 웅장한 입 속에서 함께 여행한다. 이 동료들의 끊임없이 부산한 모습은 상어의 고요하고 침착한 모습과 대조된다.

때로 상어는 깊은 곳으로 들어간다. 머리를 천천히 기울여 어두운 물속으로 향한다. 그들은 수심 1.6킬로미터 아래까지 내려갈 수 있다. 고래처럼 숨을 쉬기 위해 올라와야 하는 포유류가 아니기에 돌아올 계획은 필요하지 않다. 몇 번인가 물속에서 고래와 함께했던 때에는, 그들이 나와 같은 포유류라는 사실을 감각할 수가 있었다. 반면, 물에서 숨을 쉬는 고래상어들은 더 깊은 의미에서, 바다의 존재다.

어느 맑은 날 그들과 헤엄치면서 나는 고래상어 한 마리가 머리를 아래로 향하는 모습을 두 번 보았다. 그는 곧 9미터 정도를 내려갔지만, 우리는 그의 위에서 어렵잖게 따라갈 수 있었다. 맑은 물 속 암초 위를 지날 때, 나는 부드러운 꼬리의 스윙으로 몸을 나아가게 하는 그의 움직임이 얼마나 우아한지를 새삼 보았다.

부시리와 마찬가지로 이것은 근육의 승리다. 그리고 근육이 내부의 뼈대를 덮고 있는 척추동물 디자인의 승리이다. 상어는 단단한 뼈 골격은 없지만 보다 가볍고 유연한 연골cartilage을 가지고 있다. 그들도 뼈를 이용할 수는 있고, 몇몇 부위는 뼈로 이루어져 있다. 뼈 척추동물로의 전환은, 뼈를 만드는 유전자가 중복되며 뼈가 더 광범위한 역할을 갖게 되면서 이루어졌을 것이다. 우리가 접하는 대부분의 친숙한 물고기에는 뼈로 이루어진 골격이 있다.

고래상어가 나타난 곳으로부터 멀지 않은 지점에서 나는 산호상어gray reef shark들의 청소 구역cleaning station을 보았다. 작은 물고기들이 기다리고, 큰 물고기들(여기서는 상어)이 청소 서비스를 받을 "고객"으로 온다. 작은 물고기는 고객의 피부와 입 안쪽에 있는 기생충을 먹어치운다. 기생충을 먹다가 (사실 꽤 자주) 고객을 살짝 깨물기도 한다. 의뢰인은 적당히 넘어간다. 청소가 끝날 때 상어들은 잠깐 빠르게 몸을 떠는 경향이 있는데, 아마도 청소부들의 필요 이상의 깨묾에 대한 반응일 것이다.

이 청소 구역은 거대한 돔 형태의 산호 더미 위에 있다. 산호상어는 몸을 뚜렷하게 움직이지 않고도 빠르게 들어왔다. 그들은 거의 알아차릴 수 없는 움직임으로 물속을 통과하는 것처럼 보였다. 스스로 추진하는 1.8미터의 돛을 리드미컬하게 움직이는 고래상어와는 달랐다.

물의 현전

물고기는 나타난 초기부터 좋은 눈을 가지고 있었다. 그들은 오랫동안 유전되어 온 화학감각chemical sense을 갖고 있다. 진화는 또한 물고기에게—초기 무악류 시대부터—보다 특수한 감각을 선사했다. 바로 **측선계**lateral line system다.

이것은 거칠게 말해서 촉각의 한 형태이다. 주요 요소는 돌출된 유모를 가진 세포 집합이고, 각 집합은 부드러운 컵 안에 들어 있다. 몸 여기저기에 퍼져 있는 이 단위들을 일컬어 **신경소구**neuromast라 부른다. 이것들은 물의 움직임을 감각하며 그 아래에 있는 신경들과 연결되어 있다.

신경소구의 일부는 몸의 외부에 있고, 일부는 표피 바로 아래에 있는 액체로 채워진 가느다란 관 속에 들어 있다. 이 관은 몸의 여러 방향으로 뻗어 있지만 주로 앞에서 뒤로 연결되어 있으며, 구멍이 있어서 몸 바깥의 물에 노출되어 있다. 관 속의 신경소구들은 미묘한 압력 차이와 작은 떨림을 감지할 수 있다. 몸 위를 흐르는 물은 압력 차이를 만들며 관에 있는 여러 구멍들과 상호작용한다.

이 시스템이 촉각의 형태라 말하였지만 촉각의 움직임과 압력은 조금씩 소리로 변화한다. 듣기는 몸의 특정 부분을 움직이는 압력파를 감지하는 것이다. 우리의 경우, 이러한 움직임은 내이內耳의 고막에서부터 청각유모cochlear hair를 통해 이어진다. 물고기의 경우, 측선계에서 촉각과 청각이 뒤섞인다. 진화적으로 이야기해 보자면 이렇다. 세포에 달린 유모는 아마 우리의 단세포 조상에게도 존재했을 만큼 매우 오래되었다. 이 유모들은 몸을 움직이고(행동적 역할), 주위를 둘러싼 매질 속에서 접촉과 움직임을 기록하고 감각하는 데에 쓰일 수 있었다. 동물의 경우, 3장에서 잠깐 마주친 해파리의 중력 감지 기관은 몸의 기울기에 따른 결정체들의 움직임을 감지한다. 척추동물들의 경우, 우리에게도 있는 귀가 측선의 관에서 비롯되었을 수도 있지만, 움직임을 감지하는 유모세포는 다른 경로로 우리의 귀로 들어왔을 가능성도 있다.

물고기는 잘 듣는다. 측선을 따라서 여러 종류의 귀를 가지고 있다. 어떤 물고기는 부레, 즉 부력 제공을 주목적으로 하는 기체로 가득찬 주머니가 듣기를 돕는다.

측선계는 "원격 촉각"으로 묘사되어 왔다. 측선계는 멀고 가까운 움직임을 모두 포착하고, 물고기 몸의 매우 많은 부분에 분포해 있기 때문에 강렬한 신체적 자각을 일으킬 수밖에 없다. 우리 육상 포유류는 공기 때문에 주변에서 일어나는 대부분의 사건에서 상대적으로 더 분리되어 있다. 물은 진동과 움직임을 매우 빠르게 전하고, 측선의 관들은 밖의 바다에 열려 있다. 그 결과, 물고기는 자신을 둘러싼 대부분의 환경과 촉각으로 연결된다. 수영할 때 귀에 물이 들어가는 경우를 생각해 보자. 귓속에는 공기 대신 물이 차고, 귓속에 가득한 물소리와 함께 모든 소리가 커지며 가까워진다. 근처에 있는 보트의 엔진이 들리는 그대로 느껴진다. 측선계가 이럴 것이다. 이런 감각이 몸 전체에 퍼져 있다. 우리가 보았듯 문어는 피부 대부분 혹은 전체에 약간의 빛 감응성을 가지고 있다. 그들의 몸을 커다란 눈이라고 말한다면 과장일 것이다. 그 시스템을 눈이라 말하기엔 너무나 단순하며, 상을 맺지도 못한다. 그렇지만 물고기의 몸이 압력을 감각하는 거대한 귀라는 말은 과언이 아니다.

측선의 감각의 특징은 4장과 5장에서 논의한 감각과 행동 사이의 풍부한 상호작용이다. 물고기는 움직일 때 자신을 둘러싼 물결을 느끼면서 또한 그 물결에 영향을 끼친다. 물속 물체의 움직임은 오랫동안 흔적을 남긴다. 작은 물고기일지라도 지나가고 난 1분 후까지 흔적이 남을 수 있다. 물고기는 이 모든 것을 파악하기 위해 다른 모든 것이 주는 영향으로부터 스스로의 움직임이 만드는 영향을 걸러 내야만 한다. 이 작업의 일부는 즉시 이루어진다. 측선계의 유모에 연결된 신경 중에는 물고기가 스스로 만들어 낸 물결에 대한 감각 신호를 억제하는 것도 포함되어 있다. 앞선 장에서 언급했듯이, 스스로의 행동이 감각에 미치는 영향은 문제를 일으키기도 하지만, 수동적으로 받아들이기만 할 때보다 더 많은 것을 학습할 기회와, 환경을 살필 기회를 더 많이 제공한다. 이름대로 눈이 전혀 보이지 않는 장님동굴고기blind cave fish는 측선 감각으로 길을 찾는다. 이들이 능동적으로 만들어 낸 움직임은 주변의 사물과 상호작용하고, 이렇게 만들어진 정보를 이용하여 장애물을 건드리지 않고 지나갈 수 있다. 일종의 측선 음파 탐지기의 도움을 받아 나아가는 셈이다. 이들은 낯선 지형을 만났을 때 특히 빠르게 헤엄을 치는데, 측선에 더 많은 정보를 제공하기 위해서임이 분명하다.

몇몇 물고기들, 특히 상어들의 경우, 측선계는 다른 형태의 감각이 가능하도록 변화되었다. 이들은 전기장electric field을 감각할 수 있다. 여러 종의 물고기가 수동적 또는 능동적 전기감각electrosensing을 활용한다. 둘의 차이는 스스로 전기 임펄스를 내보낼 수 있는지, 아니면 다른 이유로 발생한 임펄스를 감지할 수만 있는지다. 무악류와 상어는 수동적으로 전기를 감지한다. 상어는 자연적 전기 활동을 감지해서 모래 밑에 숨은 물고기를 찾아낸다. 귀상어hammerhead shark의 독특한 형태의 대가리에 어떤 기능이 있는지는 명확치 않지만, 한 가지 역할이 전기감각 향상일 수도 있다. 상어 연구자 에이단 마틴Aidan Martin은 귀상어가 해저 가까이에서 헤엄치면서, 금속탐지기를 다루듯 좌우로 호를 그리며 머리를 움직이는 것을 보고 이렇게 묘사했다. "나는 '지뢰를 탐지하는' 큰귀상어Great hammerhead가 모래진흙 바닥에 숨어 있는 가오리를 퍼올리기 위해 갑자기 뒤로 돌아서는 장면을 여러 장소에서 보았다."

흥미롭게도, 전기감각은 어류의 진화 속에서 비교적 최근에 번성한 뼈를 가진 경골어류에는 대체로 사라져 있다. 몇몇 어류는 이러한 능력을 새롭게 고쳐 만들었는데, 특히 메기는 지진을 예견할 정도로 전기감각이 뛰어나다. 어떤 경골어류 또한 자신의 전기장을 생성하고 전기장의 변화를 통해 근처의 사물을 탐지하는 능동적 전기감각을 지니고 있다.

가오리를 비롯한 몇몇 어류는 상당한 전하를 생성하고, 감각을 위해서가 아니라 적을 상대하기 위해 쓸 수 있다. 몇 년 전 나는 다이빙을 하다가 바보같이 모래로 된 작은 조각처럼 보이는 것에 손을 갖다댄 적이 있다. 나는 뭔가 탁, 하는 것을 느꼈다. 무엇인가가 나를 세게 쿡 찌른다고 생각될 만한 일종의 충격이었다. 내가 돌아보자마자 다시 쾅, 했다. 이번에는 훨씬 강하고 확실한 전기 충격이었다. 방출된 전류는 날카롭고 명확하였으며 즐거운 경험은 아니었다. 모래 속에 숨은 것은 시끈가오리numbfish 또는 관짝가오리coffin ray였고, 나를 쫓아내려는 것이었다.

측선계의 전기적 정교함을 차치하더라도, 그것이 지닌 촉각적 측면은 또 다른 어류의 행동인 군영群泳과 흥미로운 관계가 있다.

군영, 즉 몇몇 고기들이 떼지어 헤엄치는 모습은 매우 묘하다. 이끄는 자가 따르는 자가 되고 따르는 자가 이끄는 자가 되며, 급작스런 방향 전환이 순간적으로 나타난다. 바닷속에서 이 모습을 보고 있노라면 곧바로 감추어진 장이나 거대한 정신에 대한 의심이 생긴다. 수백의 물고기떼가 같은 순간에 같은 방향으로 돌면서, 즉각적으로 집단 결정을 내리는 듯 보인다. 보이는 것과 달리, 이 모든 것은 개체들의 매우 재빠른 지각, 결정, 그리고 행동을 통해 일어난다.

측선계의 원격 촉각에 대해 알게 된 다음부터 군영은 전보다 덜 신비롭게 보였다. 측선계로 어류가 무엇을 할 수 있게 되는지 명확히 알게 되었다. 놀랍게도 군영에 대한 연구들은 측선계의 역할을 애매하게 본다. 몇몇 연구자는 군영의 거의 모든 것이 시각에 의존한다고 주장한다. 이 주장은 바닷속에서 일어나는 일에 대한 나의 당혹감을 상기시켰다. 많은 물고기가 측선계가 작동하지 않아도 어느 정도 군영을 할 수 있는 반면, 또 어떤 물고기는 측선계에 의존해 군영을 하는 것으로 보인다. 아마도 가장 통합된 형태의 군영은 그렇지 않은 것들과는 다르게 작동할 것이다. 모든 군영이 100만분의1초 단위의 빠른 협응을 수반하지는 않는다.

나는 물속에서 많은 시간을 무척추동물들과 어울리며 보내왔는데, 이 책을 쓰면서 물고기와 어느 정도 가까워졌다. 이 장의 초반부를 작업하는 동안 시드니 인근에서 한겨울 다이빙을 나갔다. 보기 드물게 많은 수의 홍대치flutemouth를 발견했다. 그들은 우스꽝스러울 정도로 아주 호리호리했고, 길이는 보통 60센티미터 정도였다. 나는 잠시 동안 이들 중 네 마리를 쫓아가 보았다.

그들 몸의 4분의1 이상은 머리와 주둥이이고, 절반 정도는 몸통이며, 나머지는 뒤쪽으로 뻗어 있는 실낱 같은 꼬리이다. 거의 보이지 않을 정도로 작은 지느러미 두 개가 머리 근처에 돋아나 있고, 또 다른 한 쌍은 거기서 조금 떨어진 뒤쪽에 있다. 거의 투명하고, 종이성냥만 한 크기의 지느러미가 2피트 길이의 몸 위에 얹혀 있다. 한 쌍의 꼬리지느러미는 더 자그마하며, 그 뒤로는 긴 안테나처럼 은빛 가닥이 뻗어 있다. 이 작은 지느러미들로 물을 부드러이 밀어낸다. 소리 없는 포식자 홍대치는 잘 보이지도 않는 작은 지느러미들로 (내가 보기에는) 물을 휘젓지도 않고 먹잇감이 알아채지 못하게 접근한다. 그러고는, 공격한다.

물속에서 그들을 포착하기는 꽤 어렵다. 그다지 멀지 않은 거리였지만 그들을 봤다 싶으면 어느새 사라졌다. 때로는 그들을 놓쳤는데, 잠시 후 그들은 바닷속에 붓으로 그린 듯한 네 개의 선으로 다시 나타났다―단숨에 휘어진 선이 하나 나타나고 곧이어 또다른 선이 조합되었다. 나중에 그들에 대해 읽으면서, 안테나처럼 생긴 꼬리까지 측선이 확장되어 있음을 알게 되었다. 안테나처럼 **보이던 것은** 안테나였다. 희미한 진동, 떨림, 물의 소용돌이에 주파수를 맞춘 안테나다. 내 몸이 완전히 물속에 잠긴 거대한 귀라는 생각을 하자마자, 실낱 위에 측선을 입혀 레이더 타워처럼 만든 물고기와 마주쳤다.

이 책의 앞부분에서 나는 문어와 새우의 감각 세계를 상상하였다. 새우는 돌출된 단단한 부위로 주변 공간을 느낀

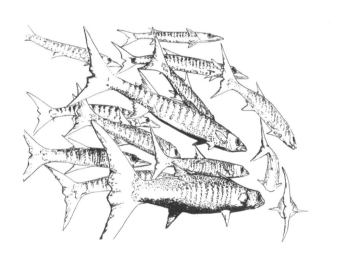

다. 돌출된 부위에는 더듬이는 물론, 그보다 훨씬 더 예민하며 모든 방향으로 내밀 수 있는 대여섯 개의 막대기 또는 지팡이들이 있다. 문어는 자체적으로 대단한 감각을 가진 부드러운 팔로 만지는 모든 것을 맛보는데, 그에 대한 반응의 일부는 다리에서 직접 이루어진다. 이제 우리는 어류에 이르렀다. 여기서 감각의 패러다임은 탐색하거나 맛보는 탐험이 아니라 움직임의 감각, 희미하게 들려오는 광범위한 장거리 촉각을 동반한, 물을 매개로 한 지각에 있다. 움직임은 물고기의 독창적인 특기다. 물고기의 움직임은 삼차원 공간을 날아다닐 정도로 자유롭고, 듣는 몸 전체에 영향을 미친다.

다른 어류들

지금까지 우리는 캄브리아기의 3센티미터 길이 은빛 생물에서부터, 점점 커지고 방어구를 갖춘 형태를 지나 턱의 형성까지 이르는 어류 역사의 여러 단계를 살펴보았다. 이 과정의 어딘가에서 어떤 물고기는 똑똑해졌다. 이 책의 주제를 고려하면, 처음에는 다소 의아하게 보이는 방식으로 그렇게 되었다.

두 장 앞에서 언급한 조류나 포유류가 아닌 것 중 자의식 테스트를 통과하는 유일한 동물이라고 말한 물고기는 청

소놀래기cleaner wrasse다. 실험에서 물고기는 사물의 수를 헤아
린다. 마지막에 계산을 하기까지 가능한 다른 근거들을 활
용하는 것은 분명하지만, 그것은 돌고래나 사람들도 마찬가
지다. 물고기는 블루스에서 클래식 음악까지 음악 스타일을
구별하는 법을 배웠고, 특정한 블루스 음악가를 다른 음악
가와 구별할 수 있었다(그렇다고 한 음악가의 예외적 스타일까
지 구별하지는 못했다). 그것은 패턴 인식을 꽤나 잘 이끌어낸
결과다. 물고기의 내면에서는 많은 일이 일어난다.

가장 먼저 놀라게 되는 지점은, **할 수 있는 게 거의 없는**
몸을 이끄는 데도 이런 복잡성이 존재한다는 사실이다. 이
책에서 쌓아 온 정신의 역사의 몇몇 측면에 대한 이야기는
행동의 진화에 상당한 중점을 두고 있었다. 물고기는 움직
임, 그리고 매우 중요한 턱을 갖고 있지만, 이전 장의 다른
동물들, 특히 절지류와 두족류에 비교했을 때 행동에 제약
이 있는 동물이다(예를 들면 물고기는 손으로 다른 물체를 다룰
수 없다).

그렇다면 물고기(또는 그들 중 일부)는 왜 이토록 똑똑해
졌을까? 그 질문은 먼저 반드시 올바른 방식으로 이루어져
야 한다. 잘못된 방식은 이렇다. "왜 물고기는 똑똑해질 필
요가 있는가?" 이것은 필요성의 문제가 아니라 상대적 이익
의 문제다. 만일 당신이 물고기이고 더 큰 뇌를 만들고 운용
하는 비용을 감수하면서 더 똑똑해진다면, 집단의 다른 물

고기보다 조금이라도 우월할까? 정말 더 우월해질 수 있다면 어떤 이익이 있을까?

물고기가 겉으로 보이는 것보다는 많이 사교적인 동물이라는 사실이 많은 것을 말해 준다. 그들은 끊임없이 타자와 교류한다. 사회적 상호작용은 개체에게 복잡한 환경을 만들어주며, 때때로 지적인 진화를 이끄는 동력이 된다. 이 이론은 더욱 사회적인 행동을 하는 종에서 특별히 큰 뇌가 나타나는 영장류를 연구하기 위해 만들어졌다. 하지만 이 원리의 적용 범위는 넓고, 물고기의 경우에 적용하기에도 적절하게 보인다.

알려진 대부분의 물고기는 생의 일부 동안이라도 다른 개체와 함께 지낸다. 같은 종을 선호하고, 대체로 친족 개체를 선호한다. 물고기는 많은 경우 개체를 인식할 수 있고, 어떤 종들은 친한 이들과 함께 무리짓기를 선호한다. 이 책의 원고를 넘기기 전의 마지막 스쿠버 다이빙에서, 나는 작은 바위 밑에서 네 종의 다른 물고기들이 이따금씩 서로 닿을 만큼 아주 가까이에서 쉬는 모습을 보았다. 큰바다동자개, 곰치, 황록빛의 점박이 대구, 뾰족하고 우락부락하게 생긴 쏨뱅이였다. 어쩔 수 없이 북적이는 상황이라고는 볼 수 없을 만큼 남는 공간은 충분해 보였지만, 그들은 그렇게 있기를 원했다. 나의 등장이 문제였다. 대구가 짜증났다는 듯 재빨리 일어나 나를 지나쳐 나갔다. 다른 많은 야생 동물들도 이처럼 다른 세 종의 개체들과 함께 옹기종기 붙어 있을까? 장 폴 사르트르는 "타인은 지옥이다"라는 유명한 말을 했는데(덧붙이면 그는 게와 문어를 비롯한 바다 생물들에 대한 극심한, 게다가 마약으로 인해 증폭된 공포를 느꼈다), 물고기에게 타어漁는 천국인 것 같다.

물고기의 영민함은 특히 다른 존재를 대하면서 돋보인다. 하나의 예는 모방이다. 모방 자체가 동물들 사이에서 꽤 드문 일이고, 선택적 모방은 (아무거나 모방하는 것이 아니라 다른 존재의 장점을 모방하는 일은) 더 드물다. 일부 큰가시고기stickleback fish는 먹이가 있는 곳을 찾을 때 모방을 할 수 있다. 그러나 물고기의 가장 놀라운 모방 사례는 물총고기archerfish에서 볼 수 있다. 이들은 물 밖의 먹이인 곤충을 맞추기 위해 물을 뿜는다. 벌레들은 보통 가만히 있으나, 물총고기들은 움직이는 표적을 맞추는 법을 배울 수가 있다. 놀랍게도, 집단 내의 한 물총고기가 실행을 통해 이를 습득할 때 다른 개체가 그 모습을 보면, 관찰자 역시 그 기술을 터득하고, 기회가 오면 연습한 개체와 거의 흡사하게 움직이는 목표물을 공격한다. 연구자들은 관찰자들이 기회가 왔을 때 "시점을 바꾸는", 즉 공격자가 보는 시야각을 자신의 시야각으로 옮겨낼 수 있다는 점이 특히나 인상깊다고 말한다. 이는 내가 아는 가장 놀라운 동물 실험이다.

지금까지 청소고기에 대해 몇 번 이야기했다. 서비스

를 받으러 스스로 찾아온 다른 물고기의 몸에 있는 기생충을 먹는 작은 물고기 말이다. 이 장 앞부분 상어의 청소 구역 이야기에서 청소의 막바지에 이들은 이따금씩 "고객"들을 깨문다고 묘사했다. 청소원이 너무 크게 한입을 베어 먹으면 부정행위지만, 살짝 깨무는 정도는 괜찮다. 청소 구역에서 물고기들은 종종 줄을 서거나, 주위에서 몸을 깨끗이 할 차례를 기다린다. 어떤 종류의 청소고기는 구경꾼이 있을 때는 부정행위를 덜 하고, 없을 때는 더 많이 하는 경향이 있다. 각 개체는 자신의 평판을 관리한다. 마찬가지로 구경하는 고객들은 부정행위를 하는 청소고기를 피한다.

물고기의 사회적 경향은 다른 물고기들과의 관계에만 국한되는 것이 아니다. 물고기는 협력에 폭넓은 관심을 가지고 있으며, 더 많은 것을 할 수 있거나 적어도 다른 일을 할 수 있는 동물들과 함께 일한다. 물고기가 하는 꽤 많은 복잡한 일들은, 특히 행동의 영역에서 그들의 신체적 한계를 극복하기 위함인 듯 보인다.

해저 곳곳에서 새우와 망둥이goby의 협력을 볼 수 있다. 망둥이는 튜브 형태의 작은 물고기로, 개체마다 한 마리의 새우와 공유하는 굴에서 가까이 달라붙어 있다. 새우가 자신의 맥가이버칼로 모래를 파 굴을 만들고, 망둥이는 망을 본다. 절지류와 척추동물의 조합은 인상적이다. 물고기는 굴을 짓는 일에는 쓸모가 없지만, 감각기관이자 위대한 발명품인 카메라 눈은 새우가 집을 공유하게 할 만큼 가치롭다.

비슷한 주제에서 보다 정교한 협력의 형태는 홍해와 호주의 그레이트 배리어 리프Great Barrier Reef에 서식하는 농어grouper에서 찾아볼 수 있다. 이들은 곰치moray eels들과 협력하여 사냥을 하는데, 두 종 사이의 신호로 행동을 조직화한다. 보통 농어가 암초 틈에 숨은 먹잇감을 찾는다. (농어의 거대한 크기 때문에, 이 먹이를 잡을 방법은 많지 않다.) 농어는 문어의 다리나 게의 집게발이 없다. 하지만 머리 흔들기나 다른 몸짓으로 곰치에게 신호를 보내면, 곰치가 들어가 먹이를 꺼내거나 몰아낸다. 이 행동을 자세히 연구한 알렉산더 베일Alexander Vail은, 물고기가 신호를 보낼 협력자를 찾기 전, 먹이 위에서 최대 25분까지 기다리는 것을 보았다. 베일은 또한, 그들이 자신에게 좋은 기억을 갖고 있다는 것을 발견했다. 그는 농어 한 마리에게 먹이를 몇 번 주었고, 3주 동안 그곳에 가지 않았다. 그가 다시 방문했을 때, 이 농어는 유난히 가까이 다가와 가만히 기다렸다. 베일은 농어가 자신을 먹이의 원천으로 인식하고 기억한다고 생각했다. 농어의 일반적인 사냥 협력자는 곰치지만, 농어의 신호를 받은 문어가 먹이를 좇아 암초로 들어가는 모습도 여러 번 목격되었다.

어류의 총명함의 진화에 대한 통설은 이렇다. 물고기의 군집생활은 다양한 방식으로 도움이 되었는데, 그중에서도 포식자를 상대하는 데 특히 도움이 되었다. 복잡한 사회적 환경은 인식과 기억, 그리고 전략적 기술을 발전시키는 것이 가치롭도록 만든다. 이것들은 다른 맥락에서도 활용될 수 있는데, 물고기들이 음악 스타일의 차이 같은 생물학적 용도가 없다시피한 것들을 배우는 부자연스러운 환경에 있을 때 드러난다. 물고기는 이상할 정도로 많은 종을 넘어선 협력을 보여 주는데, 심지어 물고기와 새우처럼 상당한 진화적 간극도 극복한다. 물고기의 입장에서 이는 더 협력적인 물고기가 같은 종의 다른 개체보다 이득을 얻기 때문에 일어나는 일이다. (새우의 입장도 마찬가지다.)

이 모든 것이 물고기의 총명함을 이해하게 해 준다. 나는 여기에 또 하나의 아이디어를 더하고자 한다. 이는 그들 총명함의 원인이 아니라, 그들이 최종적으로 갖게 된 총명함의 형태, 그리고 그 결과에 대한 것이다. 물고기의 몸은 문어처럼 중심에서 먼 부위들의 집합이 아니라 하나의 전체다. 물고기의 몸은 움직임을 위해, 그리고 몸 전체의 협응을 수반하는 다른 행동들을 위해 만들어졌다. 신경 체계는 카메라 눈 사이의 머리에 집중되어 있다.

진화의 과정에서 종종 한 동물은 한 가지 상황에 대응하는 특정한 방식으로 존재하고, 그러고 나서 매우 다른 상황에 처하게 된다. 이런 일이 일어났을 때가 되어서야 이 동물은 기존의 맥락에서 이어받은 존재 양식, 다른 사물과 관계하는 방식을 갖고 있는 자신을 발견하게 된다. 이로 인해 이득을 얻거나 아니면 문제가 발생할 수 있다. 어떤 것은 특정한 방식으로 드러나고, 특정한 길이 열리는 동안 (상대적으로) 나머지 경로는 닫힌다. 물고기가 개척한 중앙화된 척추동물의 두뇌에는 훗날 많은 것이 들어올 것이다.

리듬과 장

1920년대 초 텔레파시, 즉 초능력 혹은 초감각적 지각extra-sensory perception, ESP을 믿었던 독일의 한스 베르거Hans Berger는 이것이 어떻게 작동하는지 알아내야겠다고 굳게 결심했다.

그가 텔레파시를 믿게 된 것은 1892년 그가 군에서 복무하던 시절 일어난 일 때문이었다. 그는 말에서 내동댕이쳐져 대포 운반차의 무거운 바퀴에 치이는 것을 간신히 면했다. 그날 저녁 그는 아버지에게서 전보를 받았는데, 한스의 여동생이 그에게 뭔가 끔찍한 일이 일어났다는 강한 느낌을 받았다고 말했다는 것이었다. 그는 이것이 일종의 텔레파시적 연결을 보여 준다고 확신했다. 운반차가 다가오는 순간의 두려움이 멀리 있는 동생에게 어떻게든 닿았다는 것이다. 정신과 물질 사이의 이러한 숨은 관계를 밝혀 내는 것이 그의 연구의 열정이 되었다. 그는 예나Jena의 병원에서 존경받는 위치에 있었고 또 보다 평범한 연구도 수행하고 있었는데, 텔레파시에 대한 연구 대부분은 거의 혼자, 때로는 비밀리에 수행하였다. 베르거의 몇몇 실험에 연구 대상으로 참여했던 젊은 동료 라파엘 긴즈버그Raphael Ginzberg는 후에 그를 강박적인 일상의 틀을 지닌 사람으로 묘사하였다. "그의 하루하루는 물방울 두 개처럼 서로 닮았다. 매년 그는 같은 강의를 했다. 정적인 것static의 화신이었다." 그러나 완전히 "정적"이지는 않았다. 같은 강의를 늘 해 나가는 사람을 위한 더 좋은 단어는 "순환적cyclical"일 것이다.

베르거는 에너지의 움직임과 그것이 다른 형태로 전환되는 것을 살핌으로써 정신-뇌 연계를 이해하려고 하였다. 여러 방법을 시도하다가 다른 연구자인 리처드 케이튼Richard Caton이 뇌의 전기를 측정했다는 것을 알고, 검류계galvanometer를 활용하여 뇌 표면의 전기활동을, 때론 다친 사람의 뇌를 직접, 때론 두개골과 두피 위로 측정하기 시작했다. 결국 그는 눈에 띄는 무언가를 포착하기 시작했다. 뇌가 만들고, 뇌에서 멀지 않은 곳에서는 감지할 수 있는 전기활동의 주기적인 파동이었다. 두 가지 종류의 파동이 눈에 띄었는데, 피실험자가 눈을 감았을 때 관찰되는 더 느리고 깊은 종류의 파동과, 눈을 떴을 때 드러나는 보다 빠르고 얕은 종류의 파동이었다. 그는 첫 번째 파동을 "알파", 두 번째 파동을 "베타"라 불렀다. 그는 뇌전도electroencephalogram, EEG를 기록하기 시작했다. 이러한 일을 그가 처음 한 것은 아니었다—종종 있

246

는 일이지만, 역사는 거의 잊혀가는 선구자들을 발굴해낸다. 그러나 베르거는 인간에게 이를 행한 첫 번째 사람이었고, 그의 "뇌 거울brain mirror"에 현재 표준이 된 이름 EEG(독일어로는 Elektrenkephalogramm)를 붙였다.

베르거가 본 것 뒤의 진실은, 또는 우리가 현재 이해하고 있는 진실은, 그것이 텔레파시는 아니지만, 여전히 신비롭다는 것이다. 이 주제는 여전히 수수께끼에 휩싸여 있다. 여기서 일어나는 일의 기초지식은 이렇다.

2장에서 전하, 그리고 생명체에서 전하의 역할을 탐구하였다. 이온은 양전하 또는 음전하를 띠게 된 원자나 작은 분자다. 세포막을 가로질러 일어나는 수많은 교통 가운데는 이온의 오고감도 있는데, 이러한 움직임은 생명체의 전하 길들이기에 가장 중요한 요소다. 신경세포는 이온 통로를 열고 닫아서 활동전위, 즉 갑작스런 연쇄반응적 발작을 겪는다. 한 뉴런에서 다른 뉴런으로 전파되는 영향은 (보통은) 다음 세포의 활동전위를 촉진하거나 억제하기 위해 뉴런들 사이의 틈 쪽에 화학물질을 뿌려서 이루어진다. 간단히 요약하면, 뇌의 활동은 이러한 사건들이 서로 얽히고설킨 거대한 네트워크다.

하지만 전하에는 다른 역할도 있다. 뉴런의 세포막을 가로질러 넘나드는 이온의 움직임은 전류이며, 느리게, 때로는 리드미컬하게 움직인다. 이 움직임은 위에서 설명한 활동전위의 일부인 급작스러운 흐름일 뿐만 아니라 "스파이크"이다. 느린 움직임은 매 순간 세포의 전체 전하에 작용하기 때문에 활동전위에 영향을 미친다. 이 느린 흐름의 일부는 한 뉴런이 다른 뉴런에 가한 활동이며, 나머지는 "고유한", 곧 스스로 생성된 활동으로, 스파이크라는 극적인 현상의 배경 활동이 되는데, 이것은 어떻게 보면 전기적 호흡 electrical breathing과 비슷하다.

조금 멀리 떨어져서 시야를 넓혀 이 활동을 찾는다고 가정해 보자. 많은 전기적 사건은 일어날 때마다 그 결과가 공간 속의 일정 거리까지 뻗어나가는 경향이 있다. 이것은 자연의 힘인 전하의 역할이 가진 이중성의 결과이다.

전기적 활동은 지금까지 전류와 화학반응에서 살펴본 국부적 측면과 더불어 또 다른 측면을 가지고 있다. 이 두 번째 측면은 공간 속에 보이지 않게 확장되는 장field과 관련이 있다. 장이란 그것이 미치는 영역 속의 존재들에 영향을 미치는, 일종의 공간적으로 확장된 패턴이다. 전기장은 장의 한 종류이다. 뇌가 그렇듯, 무언가의 안에 활동하는 전하를 가지고 있을 때 그 주위로 장이 생성되고, 장은 전하로부터 가까울수록 강하고 멀어질수록 약해진다. 앞서 언급하였듯, 뇌 속 뉴런은 미약하고 지속적인 전기적 활동을 한다. 가령 우리가 이 전기적 활동을 한꺼번에 조합해서 들을 수 있다고 해 보자. 우리에게 머리 주변의 활동들이 들려올 것이다. 아마도 우리에게 아무렇게나 탁탁거리거나 윙윙거리는 소리가 들릴 것이라고 생각할 것이다. 그러나 그렇지 않다. 대신 우리는 일관성 있는 리듬을 마주칠 것이다. 단지 그것은 한스 베르거가 텔레파시를 찾다가 탐지한 단일한 리듬이 아닌, 여러 종류의 리듬이다.

바로 위에서 나는 뇌세포가 일종의 전기적 호흡을 한다고 말하였다. 이제 우리는 뇌세포 중 일부는 숨을 함께 쉰다는 것을 배운다.—모두나 심지어 대다수도 아닌, 일부만이 함께 호흡을 하는데, 전체를 살펴서 무작위적 활동을 골라 제외한다면 그 리듬을 식별하기에 충분하다. 파동 위에 파동이 겹쳐서 알아보기 어렵지만 리듬은 거기에 분명히 존재한다. 우리가 들을 수 있는 이유는 지역적으로 일어나는 전기적 사건이 장을 형성하고, 이 장이 세포막을 넘나드는 이온의 움직임과 함께 변화하기 때문이다. (어쩔 수 없이 듣는다는 청각적 비유를 사용했지만, 기실 리듬은 주로 화면이나 도표에 시각적으로 표시된다.) 뇌전도 패턴은 대체로 활동전위보다는 이 느릿한 변화에 기인하지만, 서로 영향을 미친다. 베르거는 알파파와 베타파, 두 개의 파동 패턴을 말했다. 그 이후로 더 빠른 감마파, 그리고 잠을 잘 때 보이는 느린 파동이 몇 가지 더해졌다.

이 리드미컬한 패턴은 일종의 신호처럼 보인다. 한 세포가 다른 세포에게 보내는 지역적 신호가 쌓이고 쌓여서 전체적으로 명백한 전송transmission이 이루어진다. 누구에게 전송하는 것일까? 어떤 목적일까?

첫 번째 가능성은 이 모든 것이 의미 없는 부산물일 수 있다는 것이다—기계의 윙윙대는 소음이 우연히 음악적으로 들린다든지 하는 흥미로운 우연처럼, 한동안 신경과학자들이 그렇게 전제하였다. 허나 리듬이 존재하기 위해서는 수많은 사건이 일어나야 한다. 또한 이러한 리듬은 우리와 아주 먼 이들을 포함한 광범위한 종류의 동물에게서 나타난다. 인간과 같은 종류의 뇌전도를 무척추동물에서 측정하는 것은 불가능하다. 뇌전도 탐지기가 인간의 두개골 형태에 딱 맞춰져 있기 때문이다. 그러나 전극을 뇌에 삽입하여 근처 세포(뇌전도에 기여하는 수백만 개를 전부 측정할 수는 없지만 수백에서 수천 개의 세포)의 행동을 들을 수는 있다. (이것을 지역장전위Local Field Potential, LFP 기록이라 부른다.) 초파리, 가재, 문어를 비롯한 다른 많은 동물을 대상으로 측정했을 때, 인간에게서 나타나는 것과 유사한 리듬이 종종 발견되었다. 어떤 리듬은 수면과, 어떤 리듬은 주의력과 관련이 있다. 문어는 특히 인간과 유사한 몇몇 패턴들을 가지고 있다. 이처럼 서로 다른 뇌에서 유사한 리듬이 나타난다는 점에서 이 모든 현상이 무의미한 우연이라고 믿기는 어렵다.

두 번째 가능성은, 여기 보이는 것들 중 한 가지만이 생물학적으로 중요하다는 것이다. 그 중요한 한 가지는 세포의 동시적 활동, 즉 세포가 "박자를 맞추어" 함께 움직인다는 사실이다. 그 결과로 생겨난 공간 속으로 확장되는 광범위한 전기장, 그리고 파동과 유사한 장의 변화는, 뇌에서 하는 역할이 없으며 단지 세포 수준 활동에서 나온 부산물이라는 것이다.

위와 같은 이유로 이 시각에도 의구심이 제기된다. 뇌전도에 파장이 나타나기 위해서는 세포의 동기화된 활동뿐 아니라 공간적 정렬도 필요하다. 뇌전도에 기여하는 세포들이 여러 방향으로 뒤죽박죽 있다면 그들이 리드미컬하게 행동한다 해도 뇌전도에서 파동을 볼 수가 없을 것이다. 왜냐하면 그 세포들이 장에 미치는 영향이 서로를 상쇄할 것이기 때문이다.

이는 장과 장의 패턴 역시 스스로의 역할이 있고 "설계에 의해" 존재할 수 있음을 시사한다. 그러나 적절한 공간 구성은 다른 이유로 나타날 수도 있다. 뇌가 자라면서 자연스레 그리 될 수도 있다는 것이다. 뉴런이 줄지어 있는 것은 정보 처리의 관점에서도 유용할 것이다. 뇌가 장을 생성하는 형태가 되고 장은 아무 일도 하지 않을 수도 있다. 다시 이 두 번째 관점에서는, 한 세포와 다른 세포의 동기화는 뇌의 작동에 영향을 끼치며, 전기장은 영향을 끼치지 않는다.

활동의 동기화가 뇌가 하는 일의 중요한 부분이라는 견해는 점차 유력해지고 있다. 뇌는 활동의 리듬을 생성하고 활용하는 기관이며, 이 리듬은 다양한 규모로 존재하고 하나의 리듬은 다른 리듬에 인입되어 있다. 로돌포 이나스와 기오르기 부즈사키György Buzsáki를 비롯한 수많은 연구자들이 내놓는 뇌에 대한 이러한 시각은 철학적 혹은 준철학적인 측면을 지닌다. 이 시각은 본질적으로 활동적인 뇌 관점을 뒷받침한다. 뇌가 움직이기 위해서 감각 정보가 들어올 필요는 없다. 그보다는 감각 정보의 역할은 뇌가 스스로 만들어 낸 활동을 조절하는 것이다. 이는 정신은 순전히 반응적이고, 패턴이 생기기 위해서는 정신의 바깥이 필요하다고 여기는 수동적인 "경험주의" 그림과는 대조적으로 보인다.

리듬에 대한 이런 생각들은 실제로 우리의 뇌란 무엇인가에 대한 전체적 그림을 변화시키지만, 우리가 다루는 문제는 끝나지 않았다. 가장 논쟁적인 세 번째 가능성은, 장 자체에 생물학적 역할이 있다는 것이다. 베르거는 부산물뿐 아니라 뇌 작동의 일부를 살펴 봤다. 나는 뇌과학자는 아니지만 이 관점에 끌린다. 이 질문은 당분간 논쟁거리가 될 것이라고 예상되지만, 현재 상황은 다음과 같다.

이 이야기의 다음 단계는 또다른 흔치 않은 상황 속에서 일하는 과학자의 발견으로 시작된다. 안젤리크 아르바니타키Angélique Arvanitaki는 (이름에서 알 수 있듯 그리스에서 태어났다) 프랑스의 신경생리학자였다. 그녀는 1930년대 후반과 1940년대에 프랑스의 툴롱 근처 해양 연구소에서 연체동물의 신경계를 연구하였다. 제2차 세계대전 초기에 프랑스가 함락된 이후 이탈리아군이 해양 연구소를 점령하였기에 연구 상황은 녹록지 않았다. 아르바니타키는 업적이 저평가된 여성 과학자 중 한 명이었다. 어쩌면 젠더 때문에, 혹은 그가 한 일이 당대의 지향에서 한 발짝 덜어진 것처럼 보였기에, 혹은 두 이유 모두 때문에 그러할 것이다. ("점핑 유전자jumping genes"의 바버라 매클린톡Barbara McClintock이나, 미토콘드리아의 공생적 기원을 말한 린 마굴리스Lynn Margulis가 떠오른다.) 그 시대의 주요 연구 주제는 시냅스로, 네트워크 속 뉴런들 사이의 간극 그리고 그 간극이 어떻게 이어지느냐에 초점이 맞추어져 있었다. 아르바니타키는 1942년 출판된 가장 중요한 논문에서, 신경 세포는 시냅스를 전혀 거치지 않고도 서로에게 영향을 끼칠 수 있다고 언급한 뒤, 실험을 통해 이를 보여 준다. 이러한 종류의 영향을 현재는 (그녀의 용어 규정에 기반하여) 신경 세포의 **에팝스식 연결**ephaptic coupling이라 부른다.

이 발견은 베르거의 파동과 직접적인 관련은 없었고, 처음에는 세포와 세포 사이의 국소적 상호작용에 초점을 맞추었다. 그러나 최근, 이것들 사이의 관련성이 드러나고 있다. 어떤 경우에는, 뇌의 전 영역에 의해 생성되는 장의 리듬 패턴이 개별 세포의 활동에 영향을 줄 수가 있다. 특히, "스파이크"를 비롯한 뉴런의 활동 타이밍은 이 장에 영향을 받는다. 이것은 뇌가 뇌세포들의 활동을 동기화하는 한 방식으로 보인다. 페트리 접시 실험에서, 이러한 영향들은 외과적으로 분리되었지만 가까이 놓인 뇌의 조각들 사이를 오갔다. 크리스토프 코흐Christof Koch와 코스타스 아나스타시우Costas Anastassiou가 말하듯, 이는 "전기장이, 처음 전기장을 발생시킨 것과 같은 신경의 구성 요소들의 활동을 변화시키는" 새로운 피드백 메커니즘이다. 이 절 앞에서, 나는 세포의 경계를 넘나드는 이온의 흐름이 전기적 호흡과 다소 비슷하다고 말했다. 그때는 어떤 세포들이 리듬을 이루어 같이 숨을 쉬었다고 했다면 이제는 각 세포는 전체의 집합적 호흡을 전기적으로 감각한다고 말하겠다.

이러한 영향은 딱히 물리적으로 신비롭지 않다. 뇌의 리듬적 패턴 탐구에 있어 중요한 인물 중 하나인 콜롬비아의 신경생물학자 로돌포 이나스가 소개하는 비유의 도움을 받아 나아가보자. 2002년에 쓴 책『꿈꾸는 기계의 진화i of the Vortex』에서, 이나스는 매미의 합창을 들어 자연 속 리듬이라는 테마를 소개하였다. 수많은 매미들이 함께 노래할 때는 리듬감 있고, 고동치는 듯한 특성이 저절로 나타날 수 있다. 이 비유는 훌륭하지만, 이나스가 사용한 틀 속에서는 매미와 뉴런 사이에 명백한 차이점이 있다. 뉴런은 연결된 이웃 뉴런만을 "들을" 수 있지만, 매미는 한번에 모두의 소리를 들을 수가 있다. 이나스 스스로의 논의 속에서, 옆에 있는 것들끼리의 관계는 뇌 리듬이 성립되는 수단이다. 위에서 설명한 이나스의 책 이후의 장의 영향에 대한 최근의 연구에서는, 놀랍게도 뉴런이 때로 전반적인 전기장의 영향으로 전체의 활동을 들을 수 있다고 말한다. 뇌 활동은 이나스가 생각한 것보다 매미의 합창과 더 가까운 것처럼 보인다.

이 장을 쓰면서 황혼의 숲으로 여름 산책을 간 일이 있다. 호주는 특별히 매미가 많은 해가 있는데, 올해는 굉장한 해였다. 매미가 저마다 브릭-브릭 소리를 내었다. 이 음절 단계에서 약간의 리듬을 알아차릴 수 있었는데 매미들은 거기서 15초 정도 음량이 커지는 크레센도와, 정점 이후 조금 더 빠르게, 12초쯤 걸려 조용해지는 일을 반복적으로 쌓았다. 그들은 쉬었다가, 다시 소리를 높였다. 30초 조금 넘게 이어지는 이 패턴은 꽤 안정적으로 유지되었다.

나는 매미와 그 친구들이 우는 이유에 대한 자료를 읽었다. 다양한 가능성과 다양한 상황이 있었는데, 어떤 경우는 좀더 협동적이고 다른 경우엔 보다 경쟁적이다. 예시로 가설적 설명을 소개코자 한다. 각각의 매미 개체가 짝을 유혹하기 위해 최대한 시끄럽고 눈에 띄려고 노력한다고 가정하자. 한 매미가 울면 다른 매미가 더 크게 울고, 그래서 모두가 더 크게 우는 상황이 일어날 것이다. 그 뒤 지치기 시작하고 첫 번째 가수가 퇴장하고 다른 이들도 마찬가지로 퇴장한다. 결과적으로 조용해지면 누군가 또 울기 시작하고 그들은 다시 울기 시작한다. 이것이 사실이라고 가정하자. 그렇다면 각 매미 개체의 노래는 이웃들에만 영향받는 것이 아니라 그 시점 합창 소리의 전체 크기에 영향을 받는 셈이다. 각 매미는 합창에 기여하면서 그에 반응한다. 이 패턴은 지휘자에 의해 조정되지는 않지만, 그 결과는 규칙적인 리듬이다.

앞서 말했듯 최근의 실험들은 뇌가 만들어 내는 장이 뇌자체의 기능에 영향을 준다고 시사한다. 각각의 뉴런은 다함께 만들어 낸 대규모 신경활동이 생성한 장들을 "듣거나" 혹은 적어도 장의 영향을 받는다. 이는 그리 중요하지 않은, 대부분의 경우 뇌가 작동하는 방식에는 중요치 않은 호기심일는지 모른다. 내가 여기서 이에 대해 너무 많이 논의하고 있다는 사실이, 그것이 그렇게 작동하지 않을 것이라는 의심을 보여 주지만 내 의심이 틀릴 수도 있다. 이제 이 모든 아이디어가, 책에서 탐구하는 질문들에 어떻게 영향을 끼치는지를 살펴보자.

질문의 한편에는 리듬과 동기화에 관한 것이 있고, 다른 쪽에는 장 자체에 대한 것이 있다. 동기화와 리드미컬한 활동의 중요성에 대해서는 꽤 널리 동의를 얻고 있으나, 장에 대한 부분은 그보다는 논쟁 속에 있다. 앞서 언급하였듯, 물고기, 문어, 심지어 편형동물까지 광범위한 종류의 동물이 이러한 리듬을 가지고 있다. 에디아카라기로 거슬러 가면 있을 이 모두의 공통 조상은 신경 체계에 이런 리듬을 가지고 있었을까? 혹은, 각기 다른 진화의 경로 속에서 유사한 리듬들이 독립적으로 시작되었을까? 뉴런 자체의 기본 성질 때문에 비슷한 속도로, 반복적으로 시작되었을 수도 있다. 어떤 경우든 뉴런의 발명이란 단지 다른 세포를 향한 돌기를 지닌 흥분성 세포의 등장이 아닌, 수많은 동물들이 활용하는 리듬을 지닌 진동 생성 장치의 시작이었다.

우연의 소치이기도 했던 오래된 과학 실험 하나를 살펴보는 것이 역사를 톺기 적절해 보인다. 17세기 스타일로 훌륭한 과학 박식가였던 크리스티안 하위헌스Christiaan Huygens는 진자 시계를 발명했다. 1665년에 그는 두 개의 진자 시계 사이에 물리적 연결고리가 있고 원래 갖고 있는 주기가 유사하다면, 자연스레 진동이 동기화되어 동시에 움직인다는 것을 알아냈다. 그해 영국 왕립학회에 보낸 편지에서, 그는 리드미컬한 사물은 "기묘한 일치"를 지닌다고 적었다. 이것은 신경과학자 볼프 싱어Wolf Singer의 말처럼 만일 뇌에 진동자oscillator가 있다면 자연스레 동기화되기 쉬울 수 있다는 점을 시사한다. 그렇게 되고 나면, 그들의 리듬에는 아마도 다양한 종류의 코드처럼 기능하는 역할이 주어질 수 있다. 뇌의 일부 시냅스 연결은, 진화를 통해 이러한 경향성을 강화하는 동기 장치이자 리듬 관리자로 디자인된 것처럼 보인다. 에팝스식 영향에 대한 최근의 연구에 비추어볼 때, 동기화가 이루어지고, 세포들이 공간에 적절하게 정렬된다면, 그것들이 만들어 내는 전기장은 그것들 자신에게 효과를 가할 수 있다. 전기장은 뇌의 활동을 또다른 방식으로 묶어 내고, 또 그것이 하나의 전체로서 행동할 수 있게 한다.

잠시 우리를 이 길로 보낸 한스 베르거로 돌아가자. 그가 텔레파시를 찾는 과정에서 좌절할 수밖에 없었던 이유 중 하나는, 전기장은 전도성 매질conducting medium을 필요로 하지만 공기는 우수한 도체가 아니었기 때문이다. 반대로, 물은 우수하다. 어떤 면에서, 어류가 전기적 텔레파시를 도입하는 데에 방해가 될 만한 것은 딱히 없다. 주요한 문제는 신호 강도일 것이다. 짐작건대 물고기 한 마리가 생성하는 장의 파동이 신호를 전달하기 충분할 만큼 강하다면, 다른 개체의 뉴런에 직접 영향을 줄 수 있을 것이다. 하지만 이 영향은 공간을 지나며 빠르게 사라지고, 또한 아마도 "수신자" 물고기의 다른 활동들에 묻힐 것이다. 어떤 물고기는 능동적으로 생성한 전기장이라는 더 강력한 수단으로 다른 개체와 소통하는데, 어떤 경우라도 그들의 원격 촉각으로 제대로 신호를 받는다.

이 모든 것이 감각과 경험에 관한 질문들에 어떤 중요성을 지닐까? 이것이 단지 뇌의 복잡한 작동 방식의 일부에 불과할까, 아니면 정신과 육체에 관한 보다 커다란 질문들에 영향을 미칠까?

문제를 갑자기 변형시키는 요소는 장이다. 장들은 정신의 물리적 기반에 있어 완전히 다른 가능성을 제시한다. 뇌

에 의식적 경험이 어떻게 존재할 수 있는지 파악하기 어려운 이유 중 일부는, 아마도 우리가 뇌에서 일어나는 일의 한쪽 부분만을 고려하고 있었기 때문일 것이다. 바로 이 사유에 많은 진실이 담겨 있지만, 그에 대한 저항을 부추기는 유혹이 밀려온다.

보이지 않는 듯 은은하게 빛나는 영역, 뇌를 중심으로 하면서도 거기서 퍼져나가는, 우리 머릿속의 희미한 에너지. 장이야말로 의식에 관한 수수께끼를 풀게 도와줄 수 있을 것이다. 이 흐릿한 형체는, 우리 두개골 속에서 밝혀진 다른 것들보다 더 경험과 유사한experience-like 형태를 지닌 것처럼 보인다. 그러나, 장이 특별한 요소stuff라는 점만으로 문제가 해결되지 않는다. 장은 정확하게 **작동해야만** 한다.

장을 상상할 때 우리가 빠져드는 정신의 이미지는 일종

의 물질화된 로스코적 경험, 즉 희끄무레한 감각질의 자국이다. 바로 그 사실은 우리가 5장에서 진단했던, 물질주의자들이 깜깜하고 조용한 기계에서 색과 소리를 마법처럼 만들어낼 방법을 찾으라는 질문을 받았을 때 향하였던 잘못된 방향과 같은 오류에 빠질 위험을 경고해 준다. 5장에서 이 오류는 부분적으로, 의식적 경험은 특정한 종류의 생명체의of 일인칭 관점이지 그 생명체의 활동에 의해by 마법처럼 만들어지는 것이 아니며, 어디를 봐야 할지 안다면 밖에서 관찰할 수 있음을 지적하면서 바로잡혔다. 허나 그 오류 투성이의 틀을 완벽히 버리기는 쉽지 않다. 뇌 속의 보이지 않는 장을 발견했을 때 우리는 빛과 소리를 마법처럼 만들어 낼 더 좋은 재료를 받은 것 같아서, 같은 실수를 다시 반복하고 싶은 유혹에 빠진다. 유혹적이지만, 더더욱 실수로 빠지는 길이다.

그러나 내 생각에 이러한 발견(확실히 리듬의 발견과, 그리고 아마도 장의 발견)은 경험을 설명하려는 우리의 프로젝트에 새로운 차이를 낳는다. 첫째, 리듬과 장은 뇌가 어떤 종류의 것인지에 대한 우리의 그림을 바꾸어 준다.

극명한 대조를 통해 이를 명백하게 보여줄 수 있다. 커다랗고 복잡한 신호전달 네트워크라는, 오래되었지만 여전히 유명한 뇌에 대한 그림이 있다. 예를 들어, 사람들은 뇌를 자동화된 전화 교환에 비유해 왔다. 이 비유는 전화 교환만큼이나 오래되었다. 1900년 영국의 과학자 칼 피어슨Karl Pearson이 자동화 개념이 없는 너무 이른 시대에 이 비유를 만들었기에, 인간 교환수가 수동으로 연결을 만들어 내는 그림을 상상해야만 했다. 나중에는 자동적으로 선을 연결하는 전환망을 상상하였다. 신경과학자들이 표현하는 일반적인 견해는 (2010년경 하버드의 한 신경과학자로부터 이 표현을 확실히 들은 것으로 기억한다), 뇌 속 뉴런들 사이의 지역적 신호 경로를 우리가 모두 알게 된다면 뇌가 하는 일을 완벽하게 이해할 수 있게 된다는 것이다. 이러한 신호망 이미지는 뇌를 관찰하는 많은 이들에게 거의 피할 수 없는 듯 보이지만, 많은 경우에 의식적 경험에 대한 설명과는 상반된다. 그리고 내가 아는 한, 뇌에 대한 이러한 시각은 변화하고 있다.

이 장에서 설명해 온 연구들은 우리에게 꽤나 다른 그림을 보여 준다. 뇌는 스스로 전기활동을 만들어 내는 생물체의 기관이다. 이 전기활동은 리드미컬하고, 때로 동기화되며 감각에 의해 조율된다. 별세포astrocyte와 같은, 신경 체계 속 뉴런 외 세포들은 미묘하나 점차 뚜렷한 역할을 지닌다. 많은 양의 뉴런 대 뉴런 신호가 존재하지만 그것이 거기에서 일어나는 전부는 아니다. 뇌에 관한 이 대안적 그림은 과학적으로 더 잘 지지되고, 또한 경험의 기반이라고 이해하기 더 쉽다. 당신이 경험의 물질적 기반이 전화 교환과 유사한 신호망에 불과하다는 생각을 거부한다면, 나는 당신이 아마도 맞을 것이라고 생각한다. 당신은 다른 종류의 존재이다.

　신경 체계와 뇌에 관한 이 아이디어들은 정신-육체 퍼즐의 중요한 한 조각이다. 내 생각엔, 이는 이 책에서 두 번째로 만난 정신과 물질 사이의 명백한 "간극"을 잇도록 도와줄 요소이다. 첫 번째 요소는 5장에서 만났는데, 거기서 나는 동물 자아의 특질이자 특질과 그들이 세계를 다루는 방식, 즉 관점, 자아와 타아, 주체성과 행위자성을 설명했다. 두 번째는 동물 안의 행위자성의 진화에 의해 모양지어진 신경 체계에 대한 시각이다. 이 두 번째 요소는 내가 앞으로 뇌의 **대규모 동적 특성**large-scale dynamic properties이라 부를 것의 중요성을 역설한다. 여기에는 리듬과 패턴의 동기화, 그보다도 논쟁적인 장의 영향력, 그리고 아마도 다른 관련된 활동들이 포함된다. 이 패턴들 중 일부는 보편적(뇌 전체의 특질)이고 일부는 수천 개의 세포를 묶어 냄에도 불구하고 그보다는 국소적이다. 주체적 경험이 어찌 존재케 되는지, 그리고 그것이 물리적 세계에 어찌 존재할 수 있는지에 대한 설명에도 이러한 요소들이 포함된다. 여기서의 사유는 경험이나 의식이 물리적 의미에서 장이라는 것이 아니다. 그보다는, 장이 다른 것들과 함께 원인이 된 활동의 패턴이라는 것이다. 진화는 동물로 하여금 주체로서 세계에 참여하도록 만들어 냈고, 또 이러한 활동들의 중간에서 조정하는 생물학적으로 놀랄 만한 종류의 기관을 만들어 냈다.

다시 말하지만, 이 기관은 단지 인간과 포유류의 뇌만이 아니다. 동물들은 광범위하게 이러한 특질들을 지니고 있다. 서로 다른 뇌 디자인을 지닌 다양한 동물들이 유사한 리듬 패턴을 지니고 있다는 사실은 놀랍기 그지없다. 이 사실은 내게 일종의 게슈탈트적 변화를 일으켰다. 몇 년 전 몇몇 과학자와 철학자들이, 뇌의 특정한 고주파 패턴(감마파)이 의식과 특별한 관련이 있다는 아이디어를 제기하였다. 이 아이디어는 (DNA로 유명한) 프란시스 크릭Francis Crick과 크리스토프 코흐에 의해 소개되었다. 나는 이것이 우리의 문제(인간 경험)에는 참으로 중요하나, 대부분의 보편적인 질문에는 도움이 되지 않을 것이라 생각했다. 그러나, 이 일반적 종류의 리듬은 우리의 것과 유사한 뇌의 고유한 성질이 아닌 것으로 밝혀졌다. 이것은 동물계 전반에 존재한다. (이 주제를 가장 열심히 밀고 나가는 연구자는 브루노 판 스빈데렌Bruno van Swinderen일 것이다. 예로, 그와 랄프 그린스펀Ralph Greenspan은 파리를 대상으로 한 실험에서, 특정한 파동 패턴이 물체에 대한 주목 또는 그와 유사한 기능을 가진 지표임을 밝혀냈다.) 거기서부터, 나는 이 연구가 (우리뿐 아니라 동물 일반에서) 뇌 활동이 무엇인지에 대한 관점을, 따라서 경험의 물질적 측면이 무엇일지에 대한 관점을 근본적으로 바꾸어 내고 있음을 깨달았다.

이러한 특질들은 중요하다. 허나, 어떻게 중요한가? (감각, 의식 등) 경험에 대한 전반적인 설명에서, 주체로서 세계와의 관계맺음, 그리고 뇌의 대규모 동적 특성이라는 두 요소의 분업은 어떻게 되는가? 이 지점에서 말할 수 있는 이야기들의 세부사항은 아직 해결되지 않은 과학적 이슈에 관한 추측으로 가득할 수밖에 없다. 하지만 나는 이 상황이 말이 되도록 일반적 형태로 기술할 것이다.

지각과 사고에서 대규모 동적 패턴의 역할, 특히 리듬의 역할을 강조하는 사람들은 종종 그것들을 수많은 프로세스의 다발, 즉 뇌가 마주치는 것의 여러 다른 측면을 전체적인 그림이나 장면으로 결합시켜 주는 것으로 본다. 이 결합은 주체적 경험에 많은 결과를 가져올 것이다. 특정 순간의 당신의 경험은 단순히 시각적 장면만이 아니라 분위기, 장소에 대한 감각, 그리고 그보다 많은 것을 포함할 수 있다. 아마도 이는 확장된 동적 패턴들이 이룬 여러 종류의 정보의 취합에 불과한 것이 아니다. 동적 패턴과 리듬은 일어나는 모든 일들이 하나의 경험적 전체를 이루는 독특한 방식에 기여할는지도 모른다. 그리고 아마도 더 나아가서, 그것들은 경험에 특유한 텍스처를 부여하게 되는지도 모른다.

이는, 아직 내가 확신하지 못하는 또 다른 지점과 연결된다. 보고 듣는 것이 왜 경험되는지(혹은 경험될 수 있는지)를 물을 때, 보고 듣는 동안 뇌가 무엇을 하는지를 상상하면 의문점이 떠오를 수 있다. 우리는 뉴런이 발화하여 다른 뉴런에 영향을 주고 또 그것이 발화하는 것을 상상한다. 이러한 과정의 상상을 이 장에서 언급한 신경과학자들이 원하는 방식으로 바꾸어 보자. 뇌는 방대한 규모이지만 통합된 패턴을 포함한 활동으로 가득차기 시작하고, 우리가 조우하는 광경과 소리는 이 활동을 **조율**modulate한다(변화시키고 동요시킨다). 무언가를 감각한다는 **사실**이 여전히 놀랍거나 의문스러운가?

이 두 요소에 대하여 자연스레 떠오를 다음 질문은 이것이다. 당신 혹은 다른 존재가 두 요소 중 하나만 가지고 다른 하나를 가지지 않는다면? 특히, 당신이 5장에서 논의한 종류의 감각과 행동을 지니고 있고, 이 장에서 이야기한 뇌의 부가적인 동적 특성이 없다면?

이러한 종류의 사고 실험은 함정이 될 수 있다. 우리는 인간과 똑같은 행동을 하지만 그 아래에서는 전혀 다른 물질적 프로세스가 진행되는 인간의 정확한 복제품을 상상해 볼 수 있다. 그러나 만일 사람 또는 다른 동물에 여기서 논의되고 있는 대규모 동적 특성들이 없다면, 그들은 그것들을 가진 것과 똑같이 행동하거나 사물을 인지하지는 못할 것이다. 여전히, 5장에서 논한 주체성의 특질들(감각, 행동, 관점)은 어떤 의미에서 도식적이다. 어떤 생명체는 우리와 다른 버전의 주체성의 특질들을 가지면서 뇌의 대규모 동적 특성에 있어서는 인간과 다를 수도 있을 것이다. 이것은 우리가 주체성의 도식적인 특질들을 연구하고 신경계가 그것들을 일으키기 위해 무엇을 해야 하는지를 생각했을 때, 뉴런은 신호 전달 경로, 중계 수단 등으로만 작동했음에도 이 모든 것을 일어나게 할 수 있다는 사실에 기인한 추측이다. 적어도 기본적인 것은, 이 장에서 논하는 특정한 동적 특성들 없이도 명백히 성취될 수 있다. 그렇다면 우리는 네이글의 표현을 사용해 질문해 볼 수 있다. 그런 종류의 시스템이 되고자 하는 뭔가something it would be like to be a system of that sort가 있는가? 그것은 경험을 겪어낼 것인가?

좋다. 지각과 행동을 할 때, 그 시스템 속에서는 **뭔가가** 일어나고 있다. 주체성의 도식적 특질들을 지닌 모든 시스템은 그 안에서 많은 일들이 일어난다. 이 일어나는 일들이 **경험적인가?** 이는 다음에 제기할 질문인 것 같은데, 대체 무엇을 의미하는가? 우리가 물어볼 수 있는 것은 이 시스템이 우리 내부에서 일어나는 일의 희미한 버전을 겪어내는지다. 이 질문에 대한 대답은 아마도 "그렇지 않다"일 것이다. 결국, 논의 중인 시나리오는 그들과 우리 사이의 커다란 생물학적 차이를 가정하고 있다. 따라서 이 질문은 문제를 해결하지 않는다. 이 질문을 우리의 경우와 관련시키기를 줄여야 한다. 그 생명체가 관점을 가지는지, 이를 갖기 위한 뭔가가 있어 보이는지를 묻는다고 해 보자. 그렇다면 우리의 답은 "예"이다. 이 "예"는 5장에서 논한, 주체성의 도식적 특질들을 생명체가 가지는지에 대해 물었을 때에 주어진 "예"이다.

이 두 질문 사이에서 어떤 것을 물을 수 있을까? 머릿속에 떠오르는 것은, 현전의 감각에 대한 질문이다. 물론 이러한 감각은 모든 종류의 경험에 필수적이지는 않지만 말이다. 많은 이들은 다음으로 감각질에 대해 물을 것이다. 우리가 상상하는 존재는 감각질을 지니는가? 이러한 감각질이 (감각질에 대해 물을 때 주로 떠올리는) 색면이나 그와 비슷한 것이어야 한다면, 우리는 또 다시 우리 자신의 경우에 너무 가깝게 비교하고 있다. 우리가 "그것됨과 같은 무언가"가 있는지 묻는다면, 우리는 처음 시작으로 돌아간다. 우리가 현재 가진 언어들은 지금 해야 할 중요한 질문들을 하기에 다소간 부적절하다. 그러나 더 좋은 개념들이 나온다고 문제들이 해결된다고 생각하지는 않는다. 이 지점에서 우리는 모든 종류의 불확실성의 덤불 속에 있다.

덤불 안에 있지만 여전히 앞으로 밀고 나가고 있다. 방금 나는 주체로서, 그러나 우리 뇌에서 발견되는 대규모 동적 특성을 결여한 채 세계와 맞물리는 생명체됨이란 무엇일지에 대해 물었다. 상황을 뒤집어 보면 어떨까? 즉 세계와 관계 맺는 주체가 없이 대규모 동적 특성만을 지니었다면? 어떻게 보면 그것은 불가능하다. 논의하고 있는 동적 특성들은 앞선 장들에서 논의한 것들을 수행하는 방법의 일부분이기 때문이다. 이러한 것들을 수행하지 않는 생명체를 상상한다면, 그것은 대규모 동적 특성을 지니고 있지 않을 것이다. 만일 그것이 리듬과 전자기장으로 가득한 물리적 시스템(예를 들면 자동차의 엔진이라든지)이라면, 그것이 사고나 경험을 한다고 믿을 이유가 없다. 그렇게 가정하는 것은 전기적 특성을 사실과 달리 그 자체로 정신적인 것으로 다루는 오류로 돌아가는 것이다. 마찬가지로, 의식을 지닌 정신은 활동들이 서로 비정상적으로 밀접하게 연결되어 있거나, 언제나 능동적이고 활기찬 방식으로 한데 엮여 있는 시스템인 것만은 아니다. 이러한 접근은 유혹적이긴 하지만, 잘못된 접근이다.

우리가 논의 중인 요소들 사이의 정확한 관계는 확실치 않고, 여러 가능성이 있다. 이 장에서 여러 번 언급된 신경과학자 로돌포 이나스는 이 분야에 대해 독창적인 주장을 한다. 그는, 의식 자체가 뇌활동의 리듬, 반복, 잔향에 의해 생겨나는 꿈과 같은 상태라 여긴다. 보통의 의식은, 감각들이 얼마나 이 상태에 개입하고 이를 조율하는지에 따라 꿈으로부터 구별된다. 이는 뇌의 대규모 동적 특성에 보다 많은 비중을 두고, 세계와 관계맺는 주체에 비중을 덜 두는 시각이다. 이나스에 완전히 대조되는 시각은 비외른 메르케르로, 그는 내 설명의 첫 번째 요소에 대한 생각에 영향을 준 신경과학자이다. 그의 주장으로는, 적어도 크릭과 코흐 등이 논한 40헤르츠의 리듬과 같은 몇몇은 "인지적인" 측면(사고, 인식, 세상을 이해하기)에 비해 지나치게 과대평가되고 있다. 메르케르는 대신, 이 리듬이 뇌 활동의 배경 유지에 중요할 것이라 여긴다. 즉 이 리듬은 발작과 같이 제어 불가능 상황으로 떨어지는 것을 막으며 순조롭게 유지되도록 한다는 것이다. 뇌의 대규모 동적 특성은 동물에 따라, 각기 다른 진화적 단계에 따라 다양한 역할이 있었을지 모른다. 설사 그것들이 "더 똑똑해지는" 차원에 별다른 일을 하지 않더라도, 여전히 어떻게 느끼는지에 영향을 줄 수 있지는 않을까?

갈라진 흐름

고래상어의 영역인 호주 서부의 열대 바다의 푸른 물속을 헤엄치다가 산호초를 따라 깊은 틈이 많이 있는 곳에 다다랐다. 그 틈 사이에는 초록빛과 은빛을 띤 작은 물고기떼가 있었다. 셀 수 없이 많은 물고기가 길을 따라 줄지어 흐르고 있었다. 목적을 지닌 듯 보였지만, 전체로서의 움직임은 없었다. 그들은 계속해서 각자 왔다갔다를 하고 있었다. 이 흐름은 매우 빠르고 규칙적으로 경로를 바꾸며 내려오는 용암 줄기처럼 보였다. 지역에서는 이를 "유리고기"라고 불렀고, 멀리서 보면 정말 은색과 녹색의 유리처럼 보였다. 그러나 가까이 가면, 많은 움직임이 보였다.

수많은, 아마도 100마리 정도 되는 커다란 고기들이 그들을 공격하고 있었다. 쇳빛 무명갈전갱이trevally들과 몇몇 작은 창꼬치고기barracuda 등이었다. 물고기 형태의 특장점은 명백하지만, 한계 역시 명백하다. 커다란 물고기가 달려들었고, 커다란 육체가 도착하자마자 혹은 그것이 도착하기 직전에 흐름이 갈라져 버린다. 그리하여 사냥꾼은 아무것도 없는 데 놓이게 된다. 때로 몸이 큰 물고기는 자기 몸의 옆면으로 부딪치며 흐름 속으로 몸을 던졌다. 내 생각에 이는 작은 물고기들을 놀라게 하려는 시도였다. 공격자가 도착하면, 물속의 고기들은 하나의 개체라도 된 것처럼 떼를 이루어 급박히 주변으로 흘러갔다.

무명갈전갱이와 다른 미사일들은, 얼룩덜룩하고 험악하게 생겼으며 두드러진 아래턱을 지닌 랜킨 대구Rankin cod두 마리와 함께였다. 그들은 무명갈전갱이만큼 민첩하지 않기에, 실망한 듯 배회하고 있었다. 그러나 털실로 짠 듯한 산호와 어두운 곳 사이로 흐름이 왔다갔다하고 있었기에, 이 사냥꾼들이 얼마나 성공을 거두었는지를 알기는 힘들었다.

이 많은 어류의 존재 방식들이 드러났다. 스피드와 힘, 원격 촉각을 통한 몸의 감각, 그리고 이것이 가능케 하는 군영까지 말이다. 이 세상 바다의 작은 구석에서 이루어지는, 삶과 죽음의 아크로바틱을 보고 있었다.

8. 육지에서

온실

태양, 사납고 환한 태양이 다이빙을 마치고 물을 가른 머리에 닿는다. 당신이 방파제 계단 위로 찬찬히 올라올 때 세가지가 명백해진다. 중력, 갑자기 당신이 입은 다이빙 장비 무게가 1톤은 되는 듯 당신을 누른다. 증발, 바닷물방울이 당신 몸에서 어둔 바위로 떨어져 내려 즉시 공기중으로 사라지기 시작한다. 그리고, 당신 눈 속에는 뜨거운 태양.

　생명과 정신은 물에서 시작하였고, 우리는 우리의 세포 안에 바다를 품고 있다. 그러나 뭍으로의 이행은 그 자체로 중대한 단계의 전조이다. 여기에서의 행동은 전과 같지 않다. 쉬웠던 것들이 힘겨워지고, 어려웠던 것들이 쉬워진다. 뭍은 식물들로 장식된 온실이다. 태양은 거의 모든 산 것들의 근원적인 에너지원이지만, 육상식물들, 특히 종자식물 flowering plant은 바다의 모든 식물을 능가하는 광합성률을 가지고 있어서, 육지 생태계에는 굉장히 높은 에너지의 흐름이 있다. 해안으로 올라왔을 때 태양이 에너지로 당신을 **때리고** 있다는 감각은 착각이 아니었다. 뭍은 에너지라는 희망으로 가득하다. 여기 계속 살아남을 수 있다면 많은 것들을 이룰 수가 있다.

다시 앞장서다

태양을 향해 기어 올라간 첫 번째 동물은 절지동물이었다. 그들 중에서도 처음은 우리에게 현재 친숙한 곤충들이 아니었고, 아마도 거미와 노래기millipede의 친척들이었다. 절지동물들은 캄브리아기 동물의 리더였는데, 여기서 다시 한 번 리더가 된다.

　육지는 만만치가 않지만, 절지동물은 유리한 특질들을 지니었다. 당신이 방파제 계단을 몇 걸음 올라가자마자 증발이 시작되었다. 절지류의 외골격은 수분을 유지시키는 보호 장치가 될 수 있다. 육지에서는 움직이는 일 역시 쉽지가 않은데, 절지동물에게는 다리라는 축복이 있었다. 절지류가 가진 수많은 부속지(다리, 더듬이 등)들은 그들에게 뭍에서의 삶에 유리함을 가져다주었다.

거미나 노래기의 친척들이 이 과정을 시작하였다고는 하지만, 그들은 단지 출발점에 불과하였다. 절지동물은 대략 일곱 가지, 어쩌면 그보다 많은 서로 다른 경로에서 육지로 이동했다. 오늘날 "범갑각류"라 불리는 절지동물의 한 갈래에는 4장에서 친숙해진 갑각류를 비롯한 많은 동물이 포함되어 있다. 이 그룹의 구성원들은 여러 번 육지로 올라왔고, 그중 한 번(언제인지는 논쟁의 대상이지만)의 진출이 곤충으로 화하는 길이었다. 이 새로운 터전에서 그들은 방대하고 끝없는 변화를 겪어 냈다. 오늘날 알려진 모든 동물 종의 대다수가 이 곤충이라는 한 그룹에서 비롯되었다.

곤충은 대부분 뭍의 전문가이며, 그들의 이야기의 큰 부분은 육지식물과의 공진화coevolution이다. 이 두 거대한 생물군의 연합은 여러 형태의 협동과 갈등으로 점철되었다. 식물들이 더 오래되었을 것이라는 생각은 왠지 유혹적이지만, 그들은 우리가 지금까지 말해온 많은 동물들만큼 오래되지 않았다. 식물은 해조류처럼 생긴 고대 생명체 중 하나인 녹조류green algae에서 비롯되었으며, 그 안에서 독립적으로 다세포적 삶으로 이행하였다. 아마도 캄브리아기가 지난 뒤, 일부 녹조류의 변형태들이 뭍으로 올라오기 시작했으며, 석탄기, 즉 약 3억5000만 년 전쯤에는 견고한 초록빛 구조체로 나타났다. 이 단계의 식물에는 양치식물fern, 소철류cycad,

침엽수conifer가 포함되어 있었다. 이후 공룡의 시대에 들어와 종자식물이 나타났다.

육상식물, 특히 종자식물은 해양 생물을 훨씬 능가하는 강도와 효율로 태양 에너지를 소비한다. 곤충들은 단순한 구경꾼이 아닌, 육상식물이 자신들의 특별한 기능을 진화시키는 과정의 일부로서 이 에너지의 흐름 속에 단단히 얽혀들어갔다. 곤충은 식물을 먹지만, 한편으로는 종자식물을 가능하게 하는 꽃가루를 매개하는 존재이기도 하다.

이토록 힘겹고도 풍요로운 환경 속에서 곤충의 삶은 독특한 존재 양식을 만들어 냈다. 바다 절지동물의 특징은 몸의 안팎에서 정교한 혁신을 이루었다는 것이었다. 뭍의 절지동물들은, 특이한 몸을 버리지 않은 채, 그들의 생활환life cycle 속에 터무니없는 혁신을 탐구해 왔다. 작은 기생성 진드기parasitic mite의 경우, 알이 어미의 몸 안에서 여러 암컷들과 한 마리의 수컷으로 부화한다. 수컷은 암컷들과 짝짓기를 하고, 어미는 죽으며, 이제 알을 품은 암컷들은 어미의 몸을 뜯어먹어서 나갈 길을 만든다. 깍지벌레scale insect의 경우, 암컷들은 땅에 바짝 붙은 채 움직이지 않는 형태의 동물에 가까운 반면, 수컷은 날아다니고 전혀 먹지 않으며 이틀 정도의 수명을 갖고 있다. 이와 같은 기이한 생태는 어마어마한 다산을 성취함과 동시에 금세 사라지는 식량 자원을 최대한 활용하는 방식이다. 곤충의 삶의 특징은 엄청난 수의 죽음과 바로 연해 있다고 특징지을 수 있다.

많은 곤충들이 소형화의 기적을 이루어 냈음에도, 복잡한 행동과 인지적 특질도 보여 준다. 벌bee은 특히 돋보이는 사례이다. 학습 면에서, 그들은 동물 중에서도 드물게 추상적 관계들을 다룰 수가 있다. 이 성취들 중 일부는 간단히 묘사하기가 쉽지 않을 정도로 매우 복잡하다. 2019년의 연구에서, 벌들에게 방에 들어가 처음에 (예를 들면) 화면에 노란 아이템 세 개를 보았다면 다음에는 하나의 아이템이 더 있는 (이 경우 네 개의 아이템) 화면을 선택해야 하지만, 화면에 파란 아이템이 보이면 아이템이 하나 적은 (두 개의 아이템) 화면을 선택해야 한다는 규칙을 배우게 했다. 벌들은 이를 꽤 잘 학습해 냈다.

이전 장의 물고기들과 마찬가지로, 벌들은 타자의 행동을 모방함으로써 학습할 수가 있다. 호박벌은 후각 정보가 있는 어떤 공간을 선호하도록 학습하고 나면, 이를 기반으로 추론할 수 있고, 같은 공간에 대한 시각적 정보만 주어졌을 때에도 같은 선택을 할 수가 있다. 벌들의 잘 조직된 초식동물의 방식은 가끔은 조금 어설프기도 하지만 곤충들도 유능할 수 있음을 보여 준다.

가장 인상적이고 또한 아름다운 벌들의 습성은 물리적 건축 프로젝트일 것이다. 이는 1814년경 프랑수아 후버François Huber의 벌집 만들기에 대한 아주 오래된 실험에서 잘 드러난다. 벌들은 밀랍이 달라붙을 수 있는 표면들 사이에 벌집을 짓는다. 그들은 유리가 다루기 힘든 표면이라는 것을 알아내고, 유리면에는 집짓기를 피한다. (후버는 벌들을 보기 위해 벌집에 넣어 놓은 관찰용 유리판을 보다가 벌들이 유리 위에는 벌집을 만들지 않는 것을 알아챘다.) 벌들은 유리를 맞닥뜨리면 보통과 다른 형태로 집을 지어서 대응한다. 한 실험에서, 후버는 벌들이 집을 짓기 시작할 때 집과 벽이 아주 가까워지기 전에 지어나가는 방향 쪽 벽에다가 유리판 하나를 붙였다. 벌들은 방향을 바꾸어서 목재 표면에 가 닿을 수 있도록 우아한 커브를 만들며 집을 지어 나가기 시작했다.

일종의 무척추동물 인지 콘테스트에서 벌들은 문어들과 왕왕 비교된다. 벌의 뇌는 불과 약 1세제곱밀리미터로 훨씬 작지만, 그 안은 어마어마한 복잡성으로 가득하다. 그렇지만 이 콘테스트는 성립할 수 없다. 둘은 다른 삶과 육체를 갖고 있으며, 전혀 다른 방식으로 행동적 문제와 과제를 마주한다. 벌은 논리적 추상화 및 복잡한 물리적 건축의 왕(보다 정확히는 여왕)이다. 그들은 특정한 역할을 지니고 고도의 조직된 삶을 산다. 한 벌 연구자는 내게 이렇게 말했다. 벌의 행동에 대해 이토록 많이 밝혀진 이유 중 하나는, 벌들은 과학 학술지 편집자의 요구에 따라 연구자가 바라는 행동을 몇 번이고 정확히 반복해 내기 때문이라는 것이다. (다른 벌 연구자의 첨언에 따르면) 벌들은 언제나 새로운 선택지를 물색하는데, 그것이 그들의 영리함을 단편적으로 보여준다. 그러나 한편으로 그들은 매우 과제 중심적인데, 벌들이 어떻게 살고, 꿀을 확보하고, 집단을 유지하는 지를 고려하면 이해하게 된다. 문어는 매우 다른 종류의 동물이다. 몇 년 전, 요나스 리히터Jonas Richter와 동료 연구자들은 문어에게 연속된 두 동작(밀고 당기기)을 학습해야 풀 수 있는 수수께끼 상자를 과제로 냈다. 몇몇 문어가 이를 배워냈지만 (실험은 성공했다) 이 성공적인 행동들은 어마어마한 양의 무작위 움직임들 속에서 나타났다. 그들은 수많은 혼란한 실랑이를 하면서 일련의 행동을 점점 정확하게 만들어 냈다. 이 과제의 논리적 측면이 앞서 벌들이 마스터한 것과 어떤 관련이 있는지는 확신할 수 없지만, 둘은 제각기 전혀 다른 방식으로 각자의 과제를 완수했다. 벌은 내적 계산을 통해, 문어는 탐구적인 조작을 통해서 말이다.

동물의 기준에서 볼 때 벌의 행동은 상대적으로 잡음이나 무질서가 적고, 문어의 행동은 소음과 무질서로 **가득하다**. 하지만 그들 모두 내면의 어딘가에서 일을 해낸다. 문어 행동의 양태는 테드 휴스Ted Hughes의 시 "우두오Wodwo"를 떠올리게 한다. 이 시는 그 스스로의 존재 및 자신이 하는 행동을 이해하고자 하는 가상의 생명체에 대한 것이다. 시인은 내게는 일종의 육지의 문어로 보이는, 바삐 행동하는 그러나 약간은 불안정한 탐구자로서 시를 끝낸다("…나는 가닥이 없어 / 무언가에 나를 매는 가닥이. 나는 어디든 갈 수 있어 / 자유를 얻은 것 같아 / 이곳에서 나는 그렇다면 무엇이지?…")

감각, 통증, 감정

곤충은 뭍에서나 다른 곳에서나 가장 수가 많은 동물이다. 이들은 경험의 진화 이야기 속에 어떻게 자리하고 있을까?

의식을 지닌 곤충에 대한 질문은 어렵고 또한 우려스럽기도 하다. 곤충 안에서 **무언가가** 느껴지고, 어떤 경험이 이루어지고 있다는 생각은 많은 사람들에게 상당한 게슈탈트적 전환을 일으킬 것이다. 이 전환은 또한 병충해 방제를 위한 대량 학살이나, 곤충의 삶에서는 일상적으로 나타나는 대량 학살 등을 불편하게 만들 것이다. 여기에 "의식 있음"이라는 용어가 등장하는 차례 역시 문제가 있어 보인다. 사람들은 보통 이 문제를 "곤충이 의식을 지니는가?" 정도로 생각한다. 그러나 우리는 (적어도 맨처음으로라도) 최소한의 형태로라도 일종의 감각된 경험이 있는지를 묻고 있다.

이 책의 앞부분에서 나는 게와 새우 같은 갑각류를 살폈다. 아마도 어떤 갑각류 동물은 경험을 지니고 있을 것이다. 곤충들은 그들과 같은 생명의 나무 속 갈래에서 나왔다. 즉 그들은 갑각류에서 진화적으로 뻗어 나온, 가장 육지에 잘

278

적응한 이들이다. 또한 이들은 꽤 비슷한 몸의 형태를 갖고 있다. 그러나 이러한 관계가 문제를 해결해 주지는 않는다. 곤충은 그들만의 길을 걸어갔다.

많은 곤충들은 감각의 측면에서 매우 인상적이다. 좋은 시각을 가지고 있으며, 날 수도 있다. 낢이란 동작과 감각 사이의 지극히 복잡한 피드백, 즉 관점을 이루는 종류의 피드백을 특징으로 하는 행동이다. 경험의 다른 측면, 즉 통증 pain, 쾌락pleasure 같은 일종의 느낌들 쪽으로 눈을 돌려보자. 철학자들은 시각에 집착하지만, 최신 철학에 몸을 담그지 않은 이들이 동물의 기본 경험 형태에 대해 생각할 때 마음에 두는 것은 아마도 통증과 쾌락일 것이다. 곤충의 이 측면은 어떻게 보일까?

이에 대한 답은 매우 다르다. 몇십 년 전, 호주 퀸즐랜드 대학의 크레이그 아이즈만Craig Eisemann과 동료들은, 알려진 모든 곤충이 아주 심각한 몸 손상에조차 전혀 개의치 않는듯 보인다는 점을 들어 그들이 통증을 느끼지 못한다고 주장하였다. 지금까지도 곤충이 상처를 돌보는 모습은 발견되지 않았다. 이들은 다친 다음에도 그저 가능한 한 최선을 다해 해야 할 일을 계속한다. 처음에는 조금 어색해 하지만, 그리고는 다시 자신의 일로 돌아간다.

이같은 발견에 대한 한 반응은 게슈탈트적 전환으로 돌아가서, 곤충은 전적으로 경험이라는 영역 밖에 존재한다고 결론짓는 일이다. 그러나 이것은 너무 성급하다. 여기서도 경험의 형태가 각각 분리되어 있을 가능성이 있다. 나는 이 구분된 경험을 **감각적** 경험과 **판단적** 경험이라 부를 것이다. (감각적, 판단적 의식이라 부를 수도 있다.)

감각적 측면은 지각, 관점, 그리고 현재 일어나는 일에 대한 기록과 관련이 있다. 판단적 측면은 통증, 쾌락, 그리고 사건을 좋거나 나쁘다고 판단하는 것과 관련이 있다. 동물에게 세계가 어떻게 보이는지를 가져오면 두 측면을 설명할 수 있다. 같은 상황도 감각적 측면(점점 추워진다…)과 판단적 측면(…그게 좋지는 않네)에서 저마다 특정한 방식으로 보일 수 있다. 우리 인간은 이 두 요소가 함께 있는 경험을 하며, 다른 많은 동물들도 그럴 것이다. 그러나 어떤 경우에는 이 둘이 분리될 수도 있다. 둘 중 한 측면을 갖고 있고 다른 하나는 없을 수도 있지 않을까? 지금까지는 감각과 판단의 측면을 한데 묶어서 보았다. 하지만 이제는 좀 더 가까이에서 이를 살펴보자.

경험의 감각적 측면과 판단적 측면의 분리라는 아이디어는 이 영역의 철학적 고민들에 깊은 영향을 미쳤다. 나는 앞선 장에서 물리적으로 존재하지만 주체적 경험의 "스위치가 꺼진" 생명체를 상상하는 사고 실험을 살펴보았다. 어떤 이들은, 이 사고 실험이 쉽고 자연스러워서 물질주의의 오류를 보여 준다고 생각한다. 그렇든 그렇지 않든, 경험의

감각적, 판단적 측면의 구분과 함께 새로운 질문들이 제기된다. 어느 쪽이든 한쪽의 경험을 끄고 나머지를 온전히 남길 수 있을까? 판단적 측면을 끄고 건조한, 또는 로봇과 같은 특질만을 가진 동물을 남기는 일은 쉬워 보인다. 그러나 이조차도 완벽히 깔끔하지는 않은데, 건조함조차 그 스스로의 판단에 따른 것일 수 있기 때문이다. 그럼에도 불구하고 나는 여전히 감각적 경험을 지닌 생명체의 안에 판단적 측면이 **부재**할 가능성을 상상할 수 있다고 생각한다. 아마도 다른 쪽은 어렵지 않을까? 누군가 의식은 없지만 복잡한 것을 해내는 곤충이나 어떤 동물을 상상할 때, 정말로 감각적 측면이 비어 있다고 상상할까? 우리가 영화에서 복잡한 로봇 캐릭터를 볼 때는, 두려운 마음에 판단적 측면이 무섭도록 건조하다고 상상할 수 있다. 하지만 우리가 그들을 상상하는 과정에는 확고한 관점과 풍성한 감각적 경험이 중요한 역할을 한다.

우리가 감각적 경험과 판단적 경험을 상상하는 방식의 차이는 우리를 한발 더 나아간 철학적 결론으로 인도한다. 아마도 이 영역에서의 진정한 어려움은 판단적 측면—**어떻게 한낱 물리적 시스템이 쾌락이나 통증을 느낄 수 있는가?**—에 있을 것이다. 감각적 측면은 큰 문제가 아니다. 박테리아나 해면동물이 환경을 감각한다는 점을 고려하면, 그들은 분명 감각적 경험을 지닌다—그들은 일종의 세계를 보는 방식을 갖고 있다—. 그러나 그것이 그들이 세계를 좋고 나쁘게 느낄 수 있음을 보여 주지는 않는다. 이러한 제안은 문제 전체를 완전히 바꿔 놓겠지만, 나는 이 접근이 잘못되었다고 생각한다. 카메라, 전화기, 온도 조절 장치들 역시 세계를 "감각"하지만, 그것이 이들에게 경험이란 게 있음을 보여 주지는 않는다. 경험의 판단적 측면만큼이나 감각의 측면은 정신-육체 사이의 수수께끼를 만들어 낸다.

이러한 차이를 염두에 두고 곤충과 다른 생물들을 보다 면밀히 살펴보자. 나는 4장에서 통증과 관련한 아이디어를 몇 가지 소개했다. 통각은 손상의 감지이며 행동적 반응과 관련이 있다. 통각은 동물에게 매우 일반적이지만, 단순한 반사 작용으로 해석될 수 있다. 그 결과, 사람들은 그 이상의 표지, 느낌과 관련이 있을 수도 있는 어떤 표지를 기대한다. 선택지는 다음과 같다. (1) 상처를 돌보고 보호하기, (2) 통증을 줄여 주는 화학물질 찾기, (3) 특정한 행동이나 상황을 피하는 법을 학습하기, (4) 좋지 않은 경험과 다른 비용 및 이득 사이의 균형을 맞추는, 선택 상황에서 절충하기. (우리는 앞에서 게들의 절충을 살펴보았다.) 이것들은 모두 느껴지는 통증 또는 그와 유사한 것이 존재하는가에 대한 행동 실험에서 나타났다.

이 실험들을 떠올리고 곤충을 다시 보자. 우리는 곤충들이 통과하는 한 테스트가 학습과 관련이 있다는 것을 알게 된다. 특히, 어떤 곤충은 지나친 열에 노출되는 상황을 피하는 것을 학습할 수 있다. 그러나 아직까지 곤충들이 상처를 보듬고 매만지는 것은 관찰된 적이 없고, 곤충에게 통증이 없다는 오래된 논문의 주장은 여전히 유효하다. 앞서 보았듯 갑각류들은 물론이거니와 문어들도 상처를 보듬는다. 줄리아 그레이닝Julia Groening과 동료 연구자(이들도 퀸즐랜드 대학 소속이다)들은, 가벼운 상처를 입은 벌들이 진통제를 찾을 것인지를 관찰하기로 결심했다. 이런 종류의 실험은 닭을 비롯한 동물을 대상으로도 수행되어 왔으며, 통증에 대한 꽤 설득력 있는 증거가 될 수 있다. 그렇다면 매우 똑똑한 동물인 벌이 핀치 클램프에 다치거나 다리가 절단되었을 때 모르핀을 찾을 것인지는 알아볼 가치가 있다. 그레이닝과 동료들은 벌들이 그리 하지 않는다는 것을 알게 되었다. 글의 맥락상 나는 그레이닝과 그의 팀이 이 결과에 다소 놀랐을 것이라 생각한다.

이 결과는 곤충들이 풍부한 감각적 경험을 하지만 판단적 측면에 있어서는 훨씬 덜하거나 아예 비어 있다는 관점으로 우리를 나아가게 한다. 그러나 우리는 이를 토대로 다른 연구들을 살필 것이다. 우리의 관심이 판단적 경험이라면, 우리가 찾을 수 있는 것은 통증과 쾌락만은 아니다. **감정과 기분**을 포함한 다른 요소들이 있다. 이것들은 통증만큼 명백하고 구체적이지는 않으나 (그럴 수도 있지만) 다른 모든 종류의 결정에 영향을 미치는 더 오래 지속되는 상태이다. 이러한 상태에는 두려움과 걱정, 그리고 그것들의 긍정적인 짝들(부정적인 쪽이 연구의 주요 대상이지만)이 포함된다. 이러한 것들은 곤충 그리고 다른 무척추동물에서 뚜렷하게 볼 수 있다. 이 연구는 동물 경험의 판단적 측면을 바라보는 새로운 길을 열어준다.

텍사스 대학교의 테리 월터스Terry Walters는 수년간 **침해수용성 감각**nociceptive sensitization이라 불리는 유사 두려움fear-like 상태에 대해 연구해 왔다. 이는 손상을 입은 이후 높아지는 민감도를 말하며, 여러 **다른** 선택과 자극에 대한 동물의 반응을 변화시킨다. 동물은 전반적인 경계심을 가지게 되며, 사례에 따라서는 몇 시간, 며칠, 혹은 몇 주간 경계 상태를 유지한다. 멀리사 베이트슨Melissa Bateson과 그의 동료들이 이와 비슷한 유사 감정emotion-like 상태를 꿀벌에게서 보았다. 그들은 벌에게 충격을 주면 일종의 비관주의가 나타난다는 사실을 발견했다. 꿀벌은 애매모호한 (이전의 경험에서 좋았던 것과 나빴던 것 사이에 있는) 자극을, 최악의 상황을 가정하며 비관적인 방식으로 다루는 경향을 보인다. 긍정적인 측면은 벌들은 또한 긍정적 혹은 낙관적이 되도록 유도될 수도 있다는 것이다. 라스 치트카Lars Chittka 실험실의 크윈 솔비Cwyn Solvi와 공동 연구자들은, 호박벌에게 예상치 못한 보상은 베이트슨의 실험이 만들어 낸 비관적 정서와 반대되는 영향을 준다는 것을 보여 주었다. 긍정적 정서는 물고기에서도 볼 수 있었다.

이 연구는 꽤 설득력이 있다. 동물들의 반응은 반사작용과는 다르게, 동물이 하는 모든 종류의 행동에 통합되어 있다. 실험 속 동물들은 일종의 충만한 긍정 또는 부정적 상태로 들어가는 듯하다. 판단적 경험에 대한 또 다른 논의는 즉각적 반응(심한 통증을 나타내지만 반사작용일 수도 있다)과 학습(보다 정교한 뭔가의 흔적으로 보인다) 간의 차이를 중심으로 구성된다. 이 유사 감정 상태는 통증의 순간보다는 길고 학습보다는 짧은, 두 시간의 척도 사이에 있다. 이 중간의 척도를 살필 때, 경험의 증거가 꽤 단단해진다.

이 모든 것들로부터 우리는 어떤 결론을 내릴 수 있을까? 한 가지 가능한 결론은, 아이즈만과 동료들이 쓴 통증이 없다는 옛 논문이 틀렸으며, 곤충의 통증이나 그와 매우 유사한 무언가는 처음엔 숨겨져 있었지만 실재하며 넓은 범위에 걸쳐 있다는 것이다. 또 다른 결론은, 곤충은 손상으로 인한 통증 비슷한 경험을 지니지는 않으나, 감정과 정서에 좀 더 가까운 무언가를 갖는다는 것이다. 진화는 곤충의 짧고 정해진 생애에 맞게 경험의 특질을 억제하거나 수정했을지도 모른다. 내가 여기서 가정한 통증과 감정 사이의 구분에도 의문이 생길 수 있다. 파리의 유사 감정 상태에 대해 탐구한 최근의 한 논문은, 그들이 동물에서 발견한 상태가 인간의 만성 통증과 유사하다고 주장한다. 분명 우리는 "통증"이라는 친숙한 인간의 범주를 곤충의 삶에 그저 옮겨다 놓아서는 안 된다. 감정, 기분, 통증은 서로에게 생소한 방식으로 영향을 줄 것이다. 아마도 곤충들은 자동차를 타듯이 그들의 몸을 살 것이다(다리를 잃은 것은 타이어에 바람이 빠지거나, 앞유리가 부서진 것이나 다름없다는 듯). 하지만 일이 잘 안 풀릴 때는 일종의 전반적인 불쾌감을 느낄 수가 있고, 감정은 그들의 결정에 영향을 미친다.

무슨 일이 일어나는지에 대해 적어도 기본 원리라도 알아내려 애쓰는 가운데, 혼란스러운 단서들과 흥미로운 관찰이 끝없이 나온다. 줄리아 그레이닝의 벌과 모르핀에 대한 연구에서, 벌들은 다리를 클립으로 꽉 죄고 있을 때는 모르핀을 취하지 않았으며, 클립을 벗겨 내려고 노력한다는 것을 매우 확실히 알 수 있었다. "그러나 우리는, 몇몇 개체들이 다른 한쪽 다리로 클립을 밟아 밀어내는 것을 관찰했는데, 아마도 클립을 제거하려는 시도였을 것이다." 이 관찰은 그들의 논문에서 짧게 지나가지만, 어쩐지 그것은 꽤 많은 것을 말해 주는 것처럼 보인다. 이는 그들의 자그마한 정신에 관한 상상으로 우리를 초대한다. 나는 다리의 클립이 그들에게 생소한 문제였을 것이라고 생각한다(내가 틀렸을지도 모른다. 나무 진액 때문에 뭔가가 자연스럽게 다리에 붙었어도 같은 행동을 했을 테니까.) 그렇지만 만일 이것이 즉흥적인 행동이라면, 그것은 다소 인간적이며, 벌 됨being of a bee을 어렴풋이 엿보게 해 준다.

다양성

유사 감정 상태는 곤충뿐 아니라, 여러 번 등장해 온 다른 동물군인 복족류gastropods에서도 나타난다. 그들은 민달팽이와 달팽이들(3장에서 등장한 가우디가 만든 것 같은 나새목 예쁜이갯민숭이를 포함하여)이다. 이 동물들은 무척추동물의 감정과 기분이 만들어지기 시작한 지점이다.

복족류는 문어처럼 연체동물이지만, 5억 개의 뉴런을 가진 문어나 100만 개를 가진 벌과는 달리 몇 만 개 정도의 뉴런으로 꾸려진 신경 체계를 갖고 있다. 또한 이들의 눈은 문어나 벌보다 훨씬 단순하다. 복족류는 고도로 발달한 미각 또는 후각을 지니고 있다. 나는 전에 바다에서 이끼벌레들이 서로를 향해 긴 경로를 이동하는 모습을 본 적이 있다. 아주 천천히, 울퉁불퉁한 땅과 출렁이는 물의 흐름에도 불구하고 서로를 향해 직진했다.

앞서 보았듯, 곤충들은 좋은 감각과 불가사의한 판단력을 지녔다. 복족류는 그 반대라 할 수 있겠다. 복족류의 이러한 가능성을 보여 주는 장면이 나와 같은 지역들을 자주 방문했던 스티브 윙크워스Steve Winkworth의 비디오에 담겨 있다. 민달팽이와 달팽이의 중간쯤이라 할 "물민챙이bubble shell"는 작지만 형형색색의 껍데기가 있으며, 화려하게 주름진 빛을 내는 몸을 지니었다. 이 동물은 암초를 지나가다 자신이 날카로운 발톱을 지닌 절지동물인 (4장에서 이끼벌레 군락 속에 숨어 있던) 바다대벌레skeleton shrimp의 영역에 들어와 있음을 알아차렸다. 바다대벌레는 종종 밀집하여 특정 지역을 뒤덮거나 군집을 이루는데, 다리로 때리고 꼬집는 이 공격자들의 영역에 물민챙이가 도달해 버린 것이다. 바다대벌레가 집게발로 그것을 공격하자, 물민챙이는 움찔하며 경각심을 느낀 것 같았고, 곤란한 듯 그 지역을 떠나려고 애썼다. 나는 물민챙이가 무슨 일이 일어나는지 전혀 알지 못했을 것이라고 생각한다.―물민챙이의 눈은 그러한 일을 하기에 어림없다.―하지만 뭔가가 일어나고 있었고, 좋은 일은 아니었다.

같은 지역의 얕은 곳에서, 나는 거대한 군소Aplysia를 두어 번 보았다. 이들은 이끼벌레이지만, 다른 복족류와는 다른 스케일의 동물이다. 내가 본 것 중 가장 큰 것은 길이가 70센티미터는 족히 넘었다. 그들이 움직일 때, 앞을 숙이고 엉덩이를 든 뒤 다시 앞을 올리고 엉덩이를 내리는, 모든 면에서 마치 말을 떠올리게 하는 독특한 움직임을 보인다. 여기서 "앞"은 곧 그 동물의 얼굴이기에, 평범하게 질주하는 모습이라고는 할 수 없었다. 뒤쪽에는 날개처럼 생긴 돌출부도 있어서, 결과적으로 연체동물 버전의 페가수스로 보였다. 나는 이 동물은 작은 규모의 신경 체계를 갖고 있다는 것을 알았지만, 내 앞을 (그의 얼굴이) 지나갈 때, 그들이 일종의 경험을 하지 않는다고는 말할 수 없음을 깨달았다. 나는 대니얼 데닛이 우리는 우리와 먼 동물을 볼 때 그들의 "행동 템포와 리듬"에 막대한 영향을 받는다고 언급한 것을 떠올렸다. 어떤 동물이 지극히 천천히 움직일 때, 혹은 매우 어색한 방법으로 이동할 때, 그들이 의식적인 존재라고 생각하지 않는 경향이 있다. 동물들이 **우리의** 속도로, 인간 스케일의 반응성을 지니고 계획적으로 움직인다면 그들은 다르게 보일 것이다. 군소는 물속에서 보았던 수많은 작은 민달팽이들과 비슷한 신경 체계를 갖고 있다. 민달팽이처럼 작은 것들을 볼 때는 복족류라는 범주에 함께 집어넣으려는 생각이 들지 않았다. 그러나 우리가 해야 하는 일은, 이 작은 것들을 거대한 군소 크기의 스케일로 키우고, 그들의 움직임을 느릿한 기어다님이 아닌 질주로 만드는 것이다. 그러면 갑자기 이 동물들에게 경험은 거의 피할 수 없는 것처럼 보이고, 아니면 적어도 훨씬 그럴듯하게 보인다.

우리는 여기서 **다양한 주체성**, 동물의 라이프스타일과 관련된 주체가 되는 다양한 방식 그리고 그것들을 둘러싼 상황에 대한 그림을 얻기 시작했다. 한 동물이 감각적 측면에서 고도의 복잡성(날기, 쫓기, 착륙하기)을 가지고 있을지라도, 그것의 목적은 지극히 단순하고 확실해서, 다음에 뭘 할지에 대한 프로세스조차 그다지 필요하지 않고, 손상은 타이어의 펑크만큼이나 직접적으로 느껴지지 않는 불편함에 불과할 수도 있다. 동물학자 앤드류 바론_{Andrew Barron}이 말했듯, 곤충은 보통 성체 단계에서 "일회용 번식 기계"가 된다. 다시 바론의 말을 인용하면 곤충의 몸은 회복이 어렵고, 곤충 생의 대부분은 빡빡한 일정을 따라야 하기에, 상처 입은 부위를 보호하거나 돌볼 틈이 없이 "계속 분투"해야 할 뿐이다. 이러한 상황에서 곤충들에겐 통증에 대한 명확한 감각이 쓸모가 없고, 그들에게 아무런 도움이 되지 않는다. 만일 갑각류 조상에게서 받은 곤충의 특질 중에 통증을 느끼는 능력이 있었다면, 뭍에서의 진화는 이 능력을 찬찬히 지워 냈을 것이다.

테리 월터스는 복족류의 통증과 관련된 행동에, 그리고 여기에 내가 덧붙이자면 그들에게 응당 있을 느낌에는 보다 명백한 용도가 있다고 기록했다.—월터스는 "느낀다"는 면에 대해서는 조심스럽다. 복족류는 부드럽고 연약하지만 잘 회복되는 몸을 가지고 있고, 그들의 수명은 보통 1~2년 정도이다. 복족류 동물은 일단 먼저 손상을 입으면 더 이상의 부상을 피하고 또 몸이 회복될 기회를 주는 방법으로 자신의 운명을 잘 개선해 나갈 수 있다. 수십 년을 사는 해양 갑각류들은 많은 곤충들처럼 쉴 틈 없는 스케줄을 갖고 살아가지 않으니, 그들에게 통증은 또한 보다 타당하다.

　다양한 주체성들 사이의 깊은 차이에 대한 생각을 받아들이고 나면, 곤충과 복족류만이 흥미로운 사례인 것은 아니다. 다른 어류들과는 달리 상어와 가오리는 통각 수용기가 없으며, 이들의 어떤 행동은 그들이 통증을 느끼지 못함을 암시한다. 예를 들면 그들은 놀랍게도 가오리의 가시를 의식하지 못한다. 마이클 타이Michael Tye는 이러한 점에서 상어는 곤충과 비슷하다고 말한다. 곤충이 그런 것처럼, 상어는 판단과 감각에 관련된 다른 행동과 강화에 의한 학습된 행동을 한다. 지난 장에서 언급한 청소 서비스 센터의 산호 상어들이 작은 고기들이 물 때 명백히 몸을 떠는 것을 보면, 이들이 전혀 의식을 못하는 것 같지는 않다. 상어에 관련된 문제에 대해 내게 조언을 해주는 맥쿼리 대학교의 컬럼 브라운Culum Brown은 상어가 통증을 느끼지 못한다는 시각을 전혀 신뢰하지 않는다.

　송어trout 같은 경골어류는 통증과 더불어 쾌락에 대한 광범위한 증거들을 보여 준다. 청소 센터에서 어떤 청소원은 지느러미로 고객에게 일종의 마사지 자극을 준다. 마사지는 기생동물을 떨어낸다든지 하는 확실한 이득을 주진 않는다. 마르타 소아레스Marta Soares와 동료 연구자들의 (여러 의미로) 멋진 실험에서, 인공적으로 만든 청소 센터에서 마사지까지 하는 움직임으로 "씻겨질" 경우, 마사지를 받지 않은 이들보다 스트레스 호르몬의 수치가 낮아졌다.

이 장을 지나며 우리는 신경 체계가 작다는 이유로 경험의 주체가 될 가능성을 배제하기 쉬운 동물들을 만나고 있다. 나의 고찰은 점점 더 단순한 동물들을 지나오면서도 잘 적용되고 있는 듯하다. 선을 그어 구분할 수 있는 지점이 있을까? 나의 대답은 확실히, 지금까지는 없다는 것이다. 나는 게를 비롯한 갑각류의 사례에서 영향을 받았다. 많은 사람이 경험에 관한 한 갑각류는 심지어 "게임"에 참여하지 않는다고 생각했지만, 그것은 과소평가였다. 우리는 복족류 등에 대해서도 마찬가지로 과소평가하고 있을 수 있다. 복족류는 단순하고, 연구하기 용이하며, 연구 윤리 위원회의 큰 관심을 끌지 못하기에 종종 실험 대상 동물로 선택된다. 그러나 몇몇 연구자들이 이러한 상황에 불편함을 표하기 시작했다. 로빈 크룩Robyn Crook과 테리 월터스가 연체동물에 관한 리뷰 논문에서 이야기했듯, 시간과 돈을 써 가며 그들을 데리고 실험을 하는 이유는, 우리가 이 동물들이 우리와 어느 정도 연관성을 갖고 있다고 생각하기 때문이다. 하지만 통증 그리고 그와 유사한 것들과 관련해서 그들과 우리 사이가 비슷하면 비슷할수록, 이러한 실험을 하기로 결정했다는 것이 더 이상해진다. 크룩과 월터스는—이들은 외부인이거나 연구 산업에 대한 비평만 하는 사람들이 아니라 둘 다 명망 있는 주류 연구자이다—더 많이 주의하고 관리할 것, 진통제를 사용할 것, 그리고 피실험 동물 수를 줄일 것을 말한다. 40년 전에 민달팽이에 관해 이렇게 말하였다면 아마도 웃음거리가 되었을 것이다.

엘우드의 게에 관한 실험과 더불어, 연체동물의 통증과 고통에 대한 실험은 피실험 동물의 관점에서 상당히 좋은 결과를 낳았다. 이러한 실험이 없었다면, 사람들은 거의 생각조차 없이, 수없이 그들을 계속해서 함부로 다루었을 것이다. 이제, 그들의 감각 경험은 적어도 성찰의 대상이며, 우리가 하는 일을 변화시키기 위한 몇 가지 움직임이 있다. 이러한 이유로, 나는 엘우드의 연구가 완료된 것이 기쁘다. 이연구는 적은 수의 게로 충분했고, 그들에 대한 처우는 아주나쁘지 않았다. 같은 이유 때문에, 나는 연체동물 연구에 조심스러운 기쁨을 표한다(어떤 경우는 이 동물들에게 더 가혹할지라도). 연체동물 연구는, 대부분 인간의 통증을 이해하기위한 목적으로 이루어지고 있고, 상황에 대한 다른 설명을이끌어낸다. 크룩과 월터스와 마찬가지로 나는 이 동물을 다루는 실험에서 더 많은 배려가 있기를 기대한다.

곤충과 달팽이 같은 이들을 살피고 난 다음에는 이렇게 말할 수 있을 것이다. "좋아, 그렇지만 개들이 **이것도** 할 수 있을까?" 이전의 업적들을 깎아내리고 새로운 요구사항이나 통과 기준을 만들면서 말이다. 더 많은 질문들이 나올 법하지만, 지금은 우리가 얼마나 멀리 왔는지를 염두에 두는 것이 중요하다. 우리 대부분은, 예를 들자면, 벌이나 파리들을 날아다니는 작은 로봇들로, 민달팽이들을 형태가 분명하지 않은 비-주체non-subject로 여기면서 시작했을 것이다. 그들이 유사 감정 상태를 가지고 있다는 아이디어는 이러한 배경적 지식에 대비하면 놀랍다. 여기가 현재 우리가 도달한 곳이다. 우리는 상당히 멀리까지 왔다. 이는 우리가 180도 생각을 뒤집어 곤충이나 민달팽이들이 우리와 똑같고, 그렇기에 우리랑 똑같이 대우해야만 한다는 의미는 아니다. 우리는 다양한 주체성이라는 아이디어를 신중하게 취할 필요가 있으며, 이러한 다양함은 서로 다른 현실적이고 윤리적인 결과를 가져올 수 있다.

식물의 삶

식물은 이 장에서 지금까지 배경의 중요한 부분이었다. 그들을 뒤편에서 끌어내어 오롯이 바라보자.

생명과 생명체를 구축하는 데 필요한 에너지는 거의 모두 태양에서 오며, 광합성을 통해 동력화된다. 바다에서 광합성은 광합성을 발명한 박테리아, 그 박테리아를 자신의 안에 받아들인 또다른 미생물과 조류, 그리고 이들을 활용하고 이들과 협력하는 여러 생물체에서 나타난다. 이윽고, 아마도 오르도비스기에는 몇몇 녹조류가 민물에서 뭍을 향해 나아갔고, 이끼류, 양치류, 그리고 거대한 나무들로 자라나게 되었다.

식물과 동물은 식물로 하여금 광합성을 할 수 있게 해주는 박테리아의 흔적을 제외하면, 세포 수준에서는 비슷한 요소들을 가지고 있다. 비록 그들의 세포는 공통점이 많지만, 물과 공기와 빛을 마시며 고요하게 성장하는 식물들은 그들만의 독자적인 진화적 경로를 향해 출발했다. 그들은 태양으로부터 에너지를 얻기 위해 위로 뻗어나가는 동시에 수분을 얻기 위해 아래로 향했다.

모든 것이 지금과 달랐을 수도 있을까? 움직여 빛과 물을 찾아나서는, 기어다니는 일광욕장이가 있지 않았을까? 이런 유형의 삶은 여러 다른 경로에서 접근할 수 있었을 것이다. 일부 생물은 조금 떨어진 동물의 시작점에서부터 그들의 길을 걸어갔다. 많은 동물이 조류와 파트너십을 맺거나 그들의 일부를 훔쳐냄으로써 광합성을 할 수 있지만, 이들 중 대부분은 (산호처럼) 한 장소에 고정되어 살고, 극히 일부만이 움직일 수가 있다. 그중에는 3장에 나온 이끼벌레가 있다. 바다에 사는 이 동물들에게 태양의 힘은 주요 에너지원이 아니라 일종의 액세서리처럼 보인다. 식물의 시작점에서 이 길을 간 이는 아무도 없다. 내가 아는 가장 가까운 사례는 볼복스Volvox다. 이들은 담수에 사는 녹조류 생물로, 몇몇 종은 빛을 향해 헤엄치는 작은 공 모양 우주선처럼 생긴 이동하는 군체를 이루며 산다. 이동과 광합성이 조합된 삶의 방식은 다세포 생명체들 사이에서는 매우 드물다. 뭍에서 광합성의 길에 들어선 다음에는 움직임이 어려울 뿐더러 한 곳에 자리잡고 빛을 수확하는 탑을 세우는 것이 더 큰 이득을 얻는 것처럼 보인다.

식물의 세포는 감각과 반응의 수단을 갖고 있고, 활동전위를 가질 수도 있지만, 식물은 일반적 의미의 신경 체계와 같은 것을 갖고 있지는 않다. 느릿하고 물리적으로 제약된 삶 속에서 그들은 그들만의 활동적 측면을 지닌다. 어떤 식물은 각 부위에 물을 보내 단단한 정도를 다르게 만들어서 눈에 보일 정도로 움직일 수가 있다. 가장 잘 알려진 사례는 파리지옥venus flytraps이라는 소수의 식물군으로, 이들은 덫을 놓아 곤충을 잡아먹는다. 이같은 사례는 드물다. 만약 당신이 식물의 입장에 선 사람과 식물의 행동에 대해 대화한다면, 그들은 식물의 **성장**은 느리지만 분명한 행동으로 간주해야 한다고 당신을 설득하기 위해 노력할 것이다. 화학물질을 만드는 것도 마찬가지다. 식물은 대부분의 일을 그렇게 한다.

　식물의 입장에 선 사람들에게 어떤 식물이 가장 똑똑하냐고 묻는다면, 보통은 덩굴식물이라 대답할 것이다. 식물 행동의 많은 부분은 땅 아래에서 일어나는 뿌리의 탐험이다. 다윈은 이것을 알고 있었다. 그는 햇빛을 받는 곳이 아닌 저 아래에서 일종의 식물 "뇌"를 찾을 수 있다고 말했다. 지면 위에서 덩굴 식물은 다른 식물들에 비해 많은 결단을 내려야 한다. 그러므로 실험이나 저속 촬영 영상에서 보여지는 놀라운 모습들은 결코 우연의 소치가 아니다. 덩굴 식물은 식물 진화에서 나중에 나타난 이들이다. 오늘날의 식물은 거의 대부분 종자식물로, 왕성한 대사를 하며, 공룡의 시대에 나타나 많은 지역에서 침엽수 식물들, 즉 겉씨식물gymnosperm을 대체한 이들이다. 덩굴식물은 특별히 식물로서 깨어 있는 것처럼 보인다. 그들의 세포 속에 잠재된, 조용히 대대로 내려왔지만 묻혀 있던 활동 능력을 재발견한 듯하다.

　식물의 내부에서도 역시 엄청난 양의 화학적 신호들이 오간다. 나를 놀라게 만든 사례 하나를 소개하겠다. 2018년의 한 연구에서, 애기장대Arabidopsis(식물학의 주요 "모델 생명체"인 작은 식물)의 잎을 애벌레가 씹거나 실험자가 찢었을 때, 그 옆의 잎들로 신호가 재빨리 보내져 화학적 방어를 준비할 수 있도록 촉진한다. 이 신호는 동물에게서 일어나는 것과 상당히 비슷한 연쇄 반응을 통해 전달된다. 널리 사용되는 신호 전달용 화학물질인 글루타메이트glutamate가 세포에서 배출되어 다른 세포의 이온 통로에 영향을 준다. 결과적으로, 손상을 입지 않은 주변의 잎들은 다른 잎이 손상을 입은 후 몇 분 안에 스스로 준비를 할 수 있게 된다.

식물은 점점 발전해 가는 경험에 대한 이 이야기에 어떻게 자리잡을까? 동물에 대한 탐구를 바탕으로 지금까지 두 가지 테마가 제시되었다. 생명의 활동을 관점을 가진 **자아**로 형상화하는 것, 그리고 이러한 자아들의 기초가 되는 통합된 신경 체계의 활동이다. 이 두 요소가 중요하다면, 식물은 중요한 것을 많이 갖고 있지는 않다. 그들은 감각하고 반응하며 많은 신호를 주고받지만, 단순한 형태로라도 감각 경험을 갖고 있다고 하기에는 충분치가 않다.

이는 부분적으로 식물이 어떤 종류의 **존재**인가에 기인한다. 4장에서 나는 (반복되며, 부분적으로 독립된 부분들로 이루어진) **모듈식** 생명체를 이야기했고, 이를 우리처럼 보다 통합된 (또는 "일원화된") 생명체와 비교했다. 식물과 균류, 그리고 몇몇 동물은 모듈식 디자인의 길로 나아갔다. 모듈식 생명체는 개별성이 덜 명백하다. 그것은 하나의 개별 생명체라기보다, 어느정도는 하나의 공동체 혹은 군집이다.

식물의 이러한 점은 적어도 18세기 후반, 독일의 시인이

자 박물학자 괴테, 그리고 찰스 다윈의 할아버지인 에라스무스 다윈에 의해 인식되었다. 참나무 혹은 그와 유사한 식물에서, 하나의 마디 사이, 잎, 눈을 포함한 모듈이 어떤 의미에서 기본 단위이고, 나무는 이것들의 군집이 된다. 이 관점은 절단과 재생에 경험을 통해 쉽게 뒷받침되었고, 보다 일반적인 식물의 활동이라는 것이 사실로 밝혀진다. 그러나 흥미롭게도 뿌리는 땅 위의 부분들처럼 모듈식이 아니다.

식물은 단일 개체라기보다는 어떤 의미로 하나의 공동체와 같다. 공동체 안에는, 신호와 협응이 존재할 수 있다. 나와 당신은 면밀히 의사소통을 할 수 있지만 여전히 둘인 것처럼 사회적 상호작용이 우리의 주체성을 뭉쳐 버리지는 않는다. 특별한 경우에는 그 연결이 매우 단단해져서 두 행위자 사이의 의사소통이 하나의 새로운 전체 속에서 상호작용으로 녹아들 수 있다. 그러나 순전한 신호 전달만으로 융합된 자아가 만들어지지는 않는다.

내가 식물들이 **어떤** 의미로 공동체와 같다고 한 말은, 단위의 구분이 산호 같은 다른 모듈식 생명체에 비해서 덜 명확하다는 뜻이다. 그러나 식물은 우리가 앞의 몇 장에서 살펴 온 동물에게서 볼 수 있는 종류의 **자아**를 덜 지니고 있다. 주체성은 하나의 자아로서 세계와 관계맺고, 사물이 **당신**에게 특정한 방식으로 보이도록 하는 것이다. 식물에는 **당신**이 빠져 있다. 어떤 의미로, 하나의 식물은 하나의 그들,

서로 신호를 주고받는 줄기와 싹들이다. 그러나 이것조차 지나친 단순화다. 식물은 부분적으로는 공동체이며 부분적으로 개체다.

　정원 일을 하며 식물의 줄기를 자르거나 일부분을 솎아 낼 때, 당신은 그들의 집합에서 하나의 생명 단위를 들어낸다고 생각할 수도 있고, 단일 생명체로서 식물 전체 중 한 조각을 떼어 낸다고 생각할 수도 있다. 식물을 대할 때는 이 게슈탈트 스위치를 전환하며 왔다 갔다 하는 것이 옳다고 생각한다. 식물은 우리가 전체 생명체의 전형으로 여기는 동물처럼 한데 묶여 있지가 않다. 나는 생물학자 잭 슐츠Jack Schultz처럼 식물을 그저 "아주 느린 동물"로 여기는 시각에는 동의하지 않는다. 그러나 식물은 분리된 생명체들의 군집보다는 더 함께 묶여 있다. 식물의 삶은, 동물의 곁에서 자신들만의 길을 따라 왔고 다른 구조를 발달시켜 왔다. 식물이 단일한 자아를 덜 가지고 있기에, 식물 경험의 문제는 단순히 신경 체계의 부재가 아니라 식물이 어떤 종류의 존재인지에 대한 차이에 있다. 식물의 행위자성은 일부는 세포 수준에서, 또 어떤 행위자성은 줄기나 모듈에, 식물의 몸을 이루는 모든 덤불이나 나무에, 그리고 어떤 경우에는 클론clone(하나의 씨앗에서 출발하여 뿌리로 연결된) 수준에서 존재한다.

　식물에는 신경 체계가 없기에, 또한 신경 체계가 생성하는 대규모 전기적 패턴 역시 존재하지 않는다. 여기서는 약간 주의를 기울여야 하는데, 식물에 있는 새로운 형태의 풍부한 전기적 활동이 차근차근 발견되고 있기 때문이다. 추가적인 놀라운 전기-식물학적 사실이 기다리고 있을지도 모른다. 그러나 단지 식물에게 전기적인 **무언가**가 있음을 찾아냈다는 것이 그들이 경험을 지니고 있음을 보여 주지는 않는다. 우리의 경우, 우리 뇌에서 일어나는 전기적 패턴화 과정에서, 우리가 감각한 사건에 의해 변형되고 교란된 활동의 상태를 통합하고 구성한다. 식물에게 감정이 있다고 말하기 위해서는 전기-식물학이 이와 같은 형체를 보여 주어야 한다.

식물의 경험이라는 아이디어와 관련된 것들은 너무나 매력적이어서, 실낱 같은 증거만 있어도 그것을 그대로 받아들이게 한다. 우리가 그들 주변을 바쁘게 지나가는 동안 그들만의 속도로 처리해 낸다는 경험하는 주체로서의 나무의 시각(거대하고, 정적이며, 고요한) 이야기는 정말 좋았던 기억을 떠올리게 만든다. 나는 한동안 캘리포니아에 있는 삼나무숲에서 살았다. 이 숲은 19세기에는 샌프란시스코 지역의 집을 짓기 위해 벌목되었고, 내 주변 나무들의 나이는 대부분 100년 정도에 불과했다. 지금까지 잘리지 않은 몇 그루는 수천 년은 된 거목들이었다. 비록 나는 이들을 동물처럼 일원화된 한 개체로 보지는 않았지만, 이 존재들이 수 세기를 목격하고 있다는 생각을 떨치기는 힘들었다. 앞에서 소개한 실험에서 나는 잎들 사이의 손상에 대한 경고를 발견했다는 말을 했다. 손상 감지와 신호 전달은 동물의 기준에서 보면 단순하지만, 아마도 우리 대부분은 식물에서 이런 일이 일어날 것이라고 전혀 예상하지 못했을 것이다. 식물을 다르게 볼 수 있는 문이 열린 것이다. 그러나 우리가 감각된 경험에 대해 진정으로 알고 싶다면, 식물이 그들 주변에서 일어나는 일을 감각하고 그에 반응한다는 것을 보여 주는 것만으로는 부족하다. 단세포 생물들도 그 정도 일은 해낸다. 수많은 세포로 이루어졌고, 온갖 화학 물질을 만들어 내는 식물은 박테리아나 원생생물이 하는 것보다 더 많은 것을 해낼 수 있고, 이 "더 많은"은 생물학에서 매우 큰 차이를 만들어낼 수 있다. 그러나 이는 올바른 종류의 "더 많은"이어야 한다.

식물과 같은 생명체의 감각과 신호에 관한 연구가 진전되면서, 이들 내부에서 일어나는 것들을 설명하기 위해 "최소 인지minimal cognition"라는 개념이 도입되었다. 최소 인지는 감각과 반응 능력, 아마도 거기에 더해 무엇을 해야 할지 판단하기 위해 현재와 과거를 종합해 내는 능력(식물과 박테리아가 할 수 있는)의 꾸러미다. 최소 인지의 모든 요소는 생명 유지 활동에서 정보의 중요성을 말해준다. 지금까지 곰팡이류, 식물, 그리고 단세포 생물들을 포함한 모든 세포 생명체가 이를 어느 정도 해내는 것으로 나타났다. 최소 인지는 생명의 본질인 오고가는 교통과 밀접한 관련이 있다는 것이 드러났다.

최소 인지는 텅 빈 개념이 아니므로 아무 데나 적용할 수 없다. 식물 뿌리와 소금 한 티스푼이 만드는 물에 대한 반응을 비교해 보자. 뿌리는 자라는 방향을 바꾸는 반면, 소금은 녹아 버린다. 어떤 의미로는 둘 모두 변화하고, 둘 다 "반응한다". 그러나 식물의 반응은 단지 일어나는 것 이상이다. 그것은 또한 물이 가진 식물의 생명 유지에 필수적인 역할, 존재의 지속과 재생산이라는 역할에 따른 변화이다. 식물 안에 (호르몬과 유전자가 관여하여) 만들어진 통로는 물의 감지가 특정한 효과를 만들어 낸다는 것을 의미한다. 소금 한 티스푼은 최소 인지에 관여하지 않는다.

어떤 의미로, 최소 인지를 지닌 모든 것은 "관점"을 지닌다. 그렇다면 최소 인지는 일종의 최소 감응, 최소 경험을 함의하는 것일까? 인지가 가장 단순한 형태로 사라지면 경험 역시 그렇게 되도록 함께 작동하는 것일까? 이러한 시각은 설득력이 있지만, 내 생각에 이는 지나치게 단순하다. 어떤 종류의 최소 인지는 자아의 존재 없이도 나타날 수 있으며, 이런 경우 진정한 주체성을 위한 적절한 자리가 없어진다. 식물은 감각 정보를 활용하고 또 일어나는 일에 적응하고 반응하되, 어떤 형태의 감각적 경험이 결여된 존재일 수 있다.

사례가 극히 드문, 경계 지대에 있는 것, 즉 경험 같은 어떤 희끄무레한 실마리를 지닌 존재에 대해서는 생각하기조차 쉽지 않다. 나와 비슷한 관점은 이러한 종류의 사례가 분명히 있다는 것을 함의한다. 경계 지대에는 어떤 존재가 있다. 그런데 문제는, 거기서 우리가 누구를 찾을 것인가이다. 아마도 그것은 식물이겠지만, 나는 의심한다. 그들이 동물과 비교해 단순하기 때문이 아니라, 그들이 전혀 다른 길 위에 있기 때문이다.

식물은 대안적 방법으로 복잡한 세포들이 작동하도록 그 안에 자원을 집어넣었고, 그 대안의 결과로 어느 정도의 민감성과 영리함을 얻었지만, 감각 경험은 없다. 나는 경험의 부재에 대해 완전히 확신하지는 못하는데, 식물은 언제나 놀라움을 주기 때문이다. 곤충에 대해서 말할 때, "우리가 얼마나 멀리 왔는지 보라. 누가 거기에서 유사 감정을 찾을 거라고 생각이나 했겠는가?"라고 했다. 우리는 식물과 함께하는 길에서는 아직 거기까지 도달하지는 못했지만, 여기서도 조금의 전진은 있었다.

9. 지느러미, 다리, 날개

힘겨운 시절

우리 여행의 어느 단계, 그러니까 약 3억8000만 년 전, 또 다른 그룹의 동물이 등장하였다. 척추동물, 바로 우리들이다.

절지동물의 경우, 몇몇 동물군이 완전한 육상 생물의 길로 나아갔다. 척추동물의 이야기는 달랐다. 한 가지 간단한 사실이 척추동물이 오직 한 번의 움직임으로 중요한 한 걸음을 내디뎠음을 보여 준다. "육기어강lobe-finned fish"이라 불리는 오래된 그룹에 속한 몇몇 어류들이 올라와서 수많은 종류의 육상 척추동물이 되었다. 자세하게 말하면 한 번이 아닌 여러 번의 이동이 있었고, 대부분은 불완전한 (경계지대로 진입하는) 이동이었으며, 한 번의 멀리까지 간 이동이 있었다. 이 용기 있는 물고기가 포유류와 조류를 포함한 육상 동물들의 지금도 계속되는 번성을 낳았다.

이 이동은 척추동물들에게 녹록지만은 않았다. 다리와 외부 보호구를 많이 지니고 있던 절지류들에게 육지로 가는 길은 꽤 괜찮았다. 반면, 지느러미가 있는 어뢰 모양의 몸은 육지에서 성공할 가능성이 가장 낮은 생물 중 하나로 보인다.

사실 척추동물들에게 마른 땅은 장애물로 가득하다. 하나는 중력이 주는 무게를 이고 움직이는 것이다. 섭식feeding 도 여러 가지 의미에서 어려웠을 것이다. 여기에는 예상치 못한 삼키기라는 문제가 있었다. 물고기는 먹이를 잡으면 물과 함께 빨아들여서 뱃속으로 쉽게 삼킬 수가 있었다. 하지만 이것은 먹이와 물이 유사한 밀도를 지녔을 때 가능하다. 마른 땅에서는 그렇게 빨아들일 경우 엄청난 양의 공기를 들이마시겠지만 먹이는 그 자리에 그대로 있을 것이다. 턱의 발명만으로는 충분하지가 않다. 이 어려움은, 종종 먹이를 제압한 뒤 물로 가지고 가 삼켜서 먹이를 먹는 장어 메기Channallabes apus의 사례에서 잘 드러난다.

척추동물이 육지에서의 삶을 영위토록 해준 가장 뚜렷한 변화는, 우리처럼 "사지tetrapod"를 지닌 네발동물로의 진화였다. 이런 몸이 물고기들이 해변으로 기어오를 때 나타났다고 속단해서는 안 된다. 이 몸은, 물속에서 나타났다. 식물로 빽빽한 강에서 헤엄치고 기어다니기 위한 몸의 형태였다. 폐는 육상 생활을 위한 또 다른 필수 요소로 보이지만,

몇몇 물고기는 오래 전부터 폐와 유사한 주머니를 부력을 위해, 때로는 숨을 쉬기 위해 지니고 있었다. 이 부분에서 종종 참고한 제니퍼 클락Jennifer Clack의 2012년 저서 『뭍을 얻다 Gaining Ground』에 의하면 많은 물고기들은 육상에서 지내기 전부터 이미 폐를 지니고 있었다.

초기의 육기어류는 얕은 물에서의 생활에 특화되어 있었던 것으로 보인다. (우리들을 제외하고) 현재까지 남아 있는 육기어류는 (대부분 얕은 지대에 사는) 몇몇 폐어lungfish목, 그리고 심해로 돌아간 실러캔스가 있다. 잠수함으로 촬영한 실러캔스 무리가 동굴에서 쉬는 영상은 그들이 꽤 사회적인 동물임을 보여 준다. 클락에 의하면, 각 실러캔스 개체마다 고유한 얼룩무늬를 가지고 있고, 각 개체들이 서로를 인지함으로써 무리가 안정적으로 유지된다.

척추동물이 마주친 또 다른 난점은 육지가 알을 낳기에 적합하지 않은 공간이라는 것이었다. 모든 육상 척추동물이 물과 뭍에 걸쳐 살던 시절이 지난 뒤, 양막류amniotes라는 한 그룹은 배아에 "작은 연못"을 제공하는 형태로 알을 진화시켰다. 이로써 그들은 물에 덜 얽매일 수 있었다. 얼마 지나지 않아 또 다른 진화적 분기가 있었는데, 항상 그렇듯 그 때는 이 일이 대수롭지 않았다. 초기 양막류는 두 갈래로 나뉘었다. 여기에서부터 척추동물의 두 갈래가 자라나고, 퍼져나갔다. 처음에는 단궁류synapsid라 불리는 무리가 더 크고, 더 많고, 더 다양했다. 그러나 이들은 모든 동물 종의 대부분이 사라진 대멸종으로 끔찍한 고통을 당했다. 반면 눈에 덜 띄는 형태로 숨어 있던 또 다른 척추동물군이 그 자리를 차지했다. 이들 석형류sauropsid에는 공룡이 있었다.

그렇다. 공룡이 사라지고 포유류의 시대가 열린 더 유명한 대멸종 이전의 멸종은 육상 동물들을 흔들고 재구성하였다. 약 2억5200만 년 전쯤 일어난 이 멸종에 앞서, 계통적으로도 생김새로도 포유류에 가까운 동물들이 꽤나 지배적 위치를 차지하고 있었다. 초식동물과 육식동물이 모두 번성했으며 크기가 다양했고, 일부는 거대한 곰만큼 컸다. 그들을 강타한 대멸종은 화산 활동, 운석 충돌을 비롯한 복합적인 요인들이 기후를 변화시켰기 때문에 일어났을 것이다. 뭍에 사는 동물종의 3분의2 이상이 사라졌으며, 바다에서는 그보다 더하였다. 잔해 속에서 이전에는 그다지 눈에 띄지 않던 동물군이 나왔고 극적으로 번성하며 공룡을 만들어 냈다.

최초로 알려진 공룡의 몸은 똑바로 선 자세와 움켜쥘 수 있는 손이 있었다. 공룡과 포유류가 속한 그룹은 이같은 몸까지 독립적으로 도달했다. 척추동물이 뭍 생활을 시작한 초기에는, 오늘날 도룡뇽salamander이나 악어에서 볼 수 있는, 큰대자처럼 몸에서 수평으로 뻗은 다리들로 세상을 마주하였다. 네 발로 걷든 두 발로 걷든, 다리로 몸을 일으켜 세우는 변화가 필요했다. 그렇기에 공룡들은 그 시작부터 이러한 방식으로 몸을 일으켰고, 가장 초기의 공룡들도 두 발에 의지해서, 팔과 머리로 사물을 자유로이 다루었다.

신체적 제약에서 자유로워지면서, 공룡들은 형태와 크기의 다양성을 탐험했고, 그것은 약 6600만 년 전, 그들의 지배가 절정에 달하던 티라노사우루스 렉스_Tyrannosaurus rex의 시대부터 멸종 전까지 계속됐다. 파괴적이고, 기후조차 변하게 한 단 한 번의 소행성 충돌이 그 멸종으로 이어졌다.

공룡의 시대를 열어 준 앞선 멸종에서 포유류의 커다란 친척들은 사라졌지만, 몇몇 작은 이들이 살아남았다. 두 번째 멸종에서는 거의 모든 크기의 공룡이 사라졌다. 포유류는 공룡 지배하의 첫 시기인 트라이아스기에 등장했다. 공룡의 시기 내내 포유류는 (오소리badger보다 작은) 조그만 상태로 남았고, 그중 일부가 대멸종에서 살아남았다. 공룡들 중에서는 단 하나의 그룹만이 살아남았는데, 그들은 원래는 다른 목적으로 진화된 날개와 깃털을 비행의 수단으로 삼은 이들이었다. 유일하게 살아남은 공룡의 갈래는 새들이었다.

마지막 멸종의 잔해에서 살아남은 포유류들의 생태는 굉장히 다양하게 확장되었다. 공룡 멸종 이후 불과 200만 년 이후에 나타난 화석으로 알려진 이 시기의 초기 포유류는 토레요니아 윌소니_Torrejonia wilsoni이다. 그것은 작고, 나무에서 살며, 긴 팔다리를 가졌다. 눈을 깜빡이며 민첩하게 기어다니는 온혈 동물, 영장류primate다.

이 책의 앞선 장에서, 우리는 물에 종속되어 동작의 진화적 단계의 흔적이 보이는 일련의 바닷속 생물체를 보았다. 자포동물은 새로운 스케일에서 움직이는 근육 조직을 보여준다. 절지동물은 예리한 감각에 기인한 새로운 형태의 움직임과 조작이 진화했으나, 행동이 제약되거나 고착되었다. 반대로, 문어의 몸은 그 몸의 가능성만큼 행동적으로 "열려 있다." 문어는 이전에 어떤 문어도 대해본 적 없는 대상을 쉽게 다룬다. 두족류 역시 거대한 (그러나 분산된) 신경 체계를 발달시켰다. 척추동물은 그보다는 중앙화 되었으나, 물고기였을 때는 할 수 있는 것이 많지가 않았다. 바다에서의 진화는 조작 능력, 신체 행동의 개방성, 중앙화된 영민함을 낳았지만, 어떤 바다 생물도 이 모든 것을 동시에 지니고 진화하지 않았다. 마침내, 특히 트라이아스기 이후의 육상 척추동물에서, 이 세 가지 특징이 한데 뭉친 조합을 보게 된다. 이 조합은 두 개의 큰 갈래, 초기 공룡과 포유류에서 독립적으로 나타났다. 이것은 살아남은 공룡들인 새에서 다시 변형되었고, 우리와 같은 영장류에 의해서 특별한 성과로 나타났다.

나무 위 우리의 가지

몇 장 전에 우리는 우리 자신과 문어 (또한 우리와 벌) 사이

의 공통 조상을 어렴풋이 살펴보았고, 아마도 6억 년 전 바닷속에 사는 편형동물처럼 생긴 생명체일 것이라고 상상했다. 우리와 조류의 공통 조상은 이보다는 훨씬 알아보기 쉬운 친척으로, 네 다리와 좋은 눈을 갖고 육상 생활을 했다. 약 3억 년 전에 늪을 기어다니던, 땅딸막한 도마뱀을 상상하는 것은 꽤 적절하다. 우리가 보았듯이, 진화적 분기 이후 나타난 단궁류(우리 쪽)와 석형류(공룡 쪽)는 이들이 지나온 혼돈의 세월을 얼마나 잘 헤쳐나왔는지 번갈아가며 보여 주었다. 진화적 개념으로 말하자면, 그들은 아주 유사한 약간의 변화를 겪었으며, 독립적으로 새로운 유사성을 획득하고, 다른 측면에서는 서로 아주 다른 상태를 유지했다. 앞서 보았듯 일으켜 세우고, 조작하는 몸의 형태는 두 갈래에서 모두 나타났다. 양쪽에서 독립적으로 나타난 또다른 중요한 특질은 **내온성**endothermy이다.

이는 거칠게 말하면 온혈성으로, 대체로 주변 환경보다 높은 체온을 안정적으로 유지하기 위해 내부의 프로세스를 활용한다는 의미다. 온혈성은 많은 에너지를 요구하는 값비싼 특질이지만 상당한 이점도 있다. 보다 넓은 범위의 환경에서 살아남고 활동적으로 움직일 수 있으며, 근육은 힘과 지구력을 얻을 수가 있다. 2장에서 우리의 머리를 싸매게 만들었던 생명에 필수적인 폭풍 같은 모든 과정은 온도에 따라 다르게 작동하는데, 보통 우리에게 주어진 환경보다 높은 온도에서 가장 잘 작동하는 경향이 있다. 내온성을 지니면, 몸과 뇌는 보다 많은 산소를 소비하는 고에너지 시스템이 된다.

완전한 형태의 내온성은 포유류와 조류에서 각기 독립적으로 발달하였다. 하지만, 둘 사이에서 여러 유사한 특성이 나타났다. 포유류와 조류는 대사 과정을 지속적으로 조절하여 일정한 체온을 유지한다. 다른 많은 동물은 주변 환경보다 **약간** 따뜻하게 스스로를 유지할 수 있거나, 몸의 일부만을 그렇게 한다. 떨고, 헐떡이고, 따뜻하고 시원한 지역을 찾아나서는 것은 몸 속의 불을 다스리기 위해 하는 행동이다. 내온성을 향한 시도는 포유류와 공룡보다 훨씬 이전에 곤충들이 먼저 했다. 오늘날의 곤충들은 온도를 통제하기 위한 다양한 비결을 갖고 있다. 벌과 파리의 경우, 날개를 빨리 퍼덕거리면 몸의 중심부가 따뜻해지고, 이 열의 일부가 머리와 뇌로 전달된다. 케임브리지 대학교 사이먼 래플린Simon Laughlin 연구실의 면밀한 연구는, 파리의 눈이 따뜻할 때 더 예리하고 세밀하게 움직임에 반응할 수 있음을 보여 주었다. 파리에게 추위 속에서 흐릿하게 보이던 사건들이 따뜻할 때에는 명료해진다.

바다에서 온혈성은 드물다. 참치tuna와 황새치swordfish가 속한 조기어류ray-finned fish의 한 그룹과, 백상아리great white shark가 속한 두 상어 그룹에서 나타난다. 조기어류들은 다른 종류의 체온 조절을 여러 번에 걸쳐 진화시켜 온 듯하다. 참치는 몸 전체를 덥히는 반면, 황새치는 눈과 뇌만을 덥힌다. 황새치가 지닌 온혈성의 효과는 파리의 경우와 유사한데, 눈이 따뜻해지면 움직임을 더 정교하게 포착한다. 활동 온도는 정신의 인지와 정보 처리 측면에 영향을 미친다. 온도가 세포 사이의 상호작용, 그리고 그보다 규정하기 힘든 뇌의 전체적인 동적 특성에 영향을 준다면, 경험에 있어서도 중요한 문제일 것이다.

오래전 살았던 어룡ichthyosaur을 비롯한 몇몇 포식성 해양 파충류도 내온성을 지녔을 가능성이 있다. 그러나 대부분의 물고기와 해양 무척추동물(문어를 포함하여)은 높은 체온을 유지하지 못한다. 뭍에서는 물에서보다 체온을 제어하기 쉽다. 물이 공기보다 더 쉽게 열을 몸 밖으로 내보내기 때문이다. 물로 가득한 몸과 물이라는 매질 사이의 연속성은 체온을 따뜻하게 유지하는 데에 도움이 되기보다는 어려움을 초래한다. 공기 중에서는 액체에 기반한 시스템으로 사는 것이 더 유리하다. 뭍의 기온은 보통 물속보다 변덕스러워서 문제가 될 수도 있지만, 몸의 온기를 유지하기는 더 쉽다.

공룡의 체온은 뜨거운 논쟁거리다. 새는 온혈동물이지만, 그것이 곧 많은 초기 공룡들도 그러했다는 뜻은 아니다. 새들은 특히나 바삐 움직이는 고에너지 생명체로 진화되었다. 어떤 연구자들은 몇몇 난폭한 공룡들의 활동적인 삶에 온혈성이 필요했을 것이라고 주장하지만, 공룡의 내온성이 얼마나 오래전부터, 얼마나 널리 작동하였는지는 의견이 모이지 않는 듯하다. 그리고 지금껏 보았듯, 온혈성은 단순한 예-아니요의 문제가 아니다.

공룡의 경험은 어떠했는지, 공룡됨like to be이란 무엇이었는지를 묻는다면, 새들이 가장 좋은 모델이다. 새는 결국 **공룡**이고, 지금은 중생대에 멸종한 공룡들을 몇십 년 전보다 훨씬 더 새와 닮은 존재로 여기고 있다. 멸종한 옛 공룡들의 경험은, 그들보다 힘은 약하지만 거대한 새들의 경험과 흡

314

사할지 모른다.

새들과의 연결고리는 우리를 친숙한 사례들로 더 가까이 이끌지만, 진화의 나무에서 우리와 가까운 지역을 살펴볼 때도 놀라운 일들이 기다리기는 마찬가지다. 놀라운 것 중 하나가 우리를 6장의 주제, 신경 체계의 (특히 뇌의 두 부분 사이의) 통합 이야기로 데려간다.

앞서 살폈듯 척추동물은 좌우대칭을 특징으로 하는 오래된 몸의 형태를 계승하였다. 동물의 많은 부분이 좌우 쌍을 이루게 되었고, 이는 뇌의 대부분도 마찬가지이다. 뇌의 두 반구는 우리가 생각하는 것만큼 많은 정보를 공유하지는 않는다.

척추동물을 살피고 있는 지금, 이 "생명의 나무"의 마지막 조각이 우리의 방향을 환기시킬 것이다.

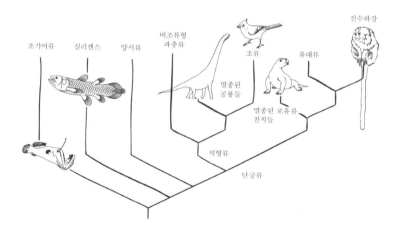

실러캔스는 우리와 가까운 현존하는 어류 친척들 중 하나다. 그 왼쪽에는 심해의 아귀로 대표되는 여러 다른 물고기들이 있다. 아귀와 불가사리 너머에는 문어와 게 등등이 있다. 실러캔스의 오른쪽에는 개구리와 같은 양서류, 그리고 바로 앞에서 기술한 커다란 두 갈래, 즉 단궁류와 석형류가 있다.

이 모든 척추동물들은 어류에서 처음 진화한 뇌의 형태를 계승한다. 그 뇌는 동물의 머릿속에서 중앙화되어 있으나, 이들 중 많은 동물은 좌우측 뇌 사이의 연결이 제한되어 있다. 또한 뇌의 양측은 다소 다른 "스타일"의 프로세스 방법을 사용하고, 서로 다르게 특화되어 있는 듯하다. (6장에서 잠깐 언급했다.) 많은 동물에서, 좌뇌는 먹이를 식별하는 데 특화된 반면, 우뇌는 사회적 관계와 위협을 판별하는 능력이 있다. 때로 연구자들은 조심스럽게, 그보다 더 보편적인 차이점을 제시한다. 좌뇌가 사물을 분류하는 데 더 뛰어난 듯하고, 우뇌는 사물의 관계를 다루어 낸다는 것이다. 예를 들면, 지오르지오 발로티가라Giorgio Vallortigara와 루카 토마시Luca Tommasi는 병아리 눈에 잠시 안대를 씌워, 좌뇌와 우뇌를 각각 (또는 안대를 씌우지 않고 두 반구를 모두) 사용하여 문제를 해결하도록 했다. 먼저, 병아리들에게 안대를 씌우지 않고 표지물과 공간의 배치로 음식이 있는 장소를 구분할 수 있도록 학습하게 했다. 그러고 나서 병아리들의 한쪽 눈을 가린 채, 표지물을 움직여 해당 표지와 공간적 힌트가 더 이상 일치하지 않는 상황 속에 두었다. 왼쪽 눈을 (즉 오른쪽 뇌를) 사용한 병아리들은 표지를 무시하고 장소를 따라갔다. 오른쪽 눈 즉 왼쪽 뇌를 사용한 이들은 반대로, 표지물이 있는 새로운 장소로 향했다.

놀랍게도 안대를 쓰지 않은 병아리도 표지물을 무시하였다. 이 경우 우뇌가 지배 하는 것처럼 보였다. 좌뇌가 훌륭한 정보를 가지고 있었겠지만, 우뇌를 배제하지 않는 한 끼어들 수가 없었다.

두꺼비toad들은 측면이 아닌 머리 앞쪽에 눈이 달려 있어서 좋은 양안시binocular vision를 지님에도 불구하고 꽤 독특한 좌-우 행동을 보여 준다. 먹잇감이 시야의 왼쪽으로 올 경우, 즉 대부분의 정보가 오른쪽 뇌로 갈 때, 두꺼비는 보통 먹잇감이 반대쪽 시야로 넘어와 좌뇌와 연결될 때까지 공격하지 않는다. 다시 말하자면, 좌뇌는 역시 먹이를 감별하는 데 특화되어 있는 쪽이다. 먹잇감이 아닌 경쟁자 두꺼비가 나타날 때는 대략 반대의 상황이 나타난다.

뇌 반구의 특성화(먹이, 경쟁, 혹은 다른 것들에 대한 흥미 등)는 그리 놀랍게 느껴지지는 않는다. 놀라운 것은, 이 특성화와 좌뇌와 우뇌 사이의 제한된 연결이 함께 있다는 것이다. 실제로, 특히나 도마뱀과 물고기 연구자들은 이 동물들과 인간의 "분할뇌" 사례를 노골적으로 비교하여 왔다. 이

동물들은 반구 사이에 약간의 연결이 있기는 하지만, 이 연결은 다소 얄팍하다. 그들은 거대한 고속도로와 같은 연결체, 즉 인간에게서 볼 수 있는 뇌량*corpus callosum*을 지니고 있지 않다. 이처럼 각 반구가 특화되어 있고 서로 연결되지 않는 구조에는 명백한 대가가 따르는데, 왼쪽으로 다가오는 먹이는 놓치고, 오른쪽으로 다가오는 위협은 간과할 것이다. 그러나 이러한 비용을 지불할 가치도 명확하다. 왜냐하면 특화는 프로세스에 효율성을 더하기 때문이다. 먹잇감이 오른쪽 눈에 비치는 한, 먹잇감을 더더욱 잘 식별할 수 있게 될 것이다.

늘 그렇듯 시각은 이 영역에서 가장 잘 연구된 감각이다. 하지만, 당신은 7장에 나오는 측선을 사용하여 길을 찾는 장님동굴고기를 기억할 것이다. 그들은 "원격 촉각"을 통해 장애물의 위치를 감각함으로써 복잡한 환경을 헤쳐나간다. 앞서 언급하였듯, 척추동물의 좌뇌는 "뭐지"라는 질문에 특별한 관심을 지닌 듯하다. 많은 동물이 그들의 오른쪽 눈으로 (교차 연결을 기억하라) 새로운 사물을 탐색한다. 장님동굴고기 역시 유사한 성향을 지니고 있다. 길을 찾아나가다가 새로운 지형지물을 맞닥뜨릴 때, 그들은 우측 측선을 내민다. 이 지형지물에 익숙해지면 이러한 경향은 사라진다. 어류는 좌우 분화된 측선을 지니고 있는 것이다.

잠시 척추동물을 떠나, 문어를 관찰하며 얻어낸 나의 의

견을 이야기하고자 한다. 옥토폴리스의 문어에게 위협이 닥쳐와서 달아나기로 결정하면, 문어는 이륙을 시작할 때 창백한 얼룩무늬를 만드는 경향이 있다. 그러나 때로 몸의 절반만 창백해지고 나머지는 그렇게 되지 않기도 한다. 한 가지 가능성은 모종의 이유로 동물 전체가 반신半身 패턴을 의도적으로 만들어 냈다는 것이다. 또 다른 가능성은, 이 무늬가 한쪽 뇌에 의해서만 제어되었을 수 있다는 것이다. 한쪽 눈이 다가오는 위협을 보고, 같은 쪽의 뇌가 패턴을 활성화시켰다는 것이다. (문어는 우리처럼 좌우를 교차 연결하는 선이 없다.) 만약 그렇다면, 문어는 다시 한번 그들의 몸에 감춰진 신경학적 사실을 보여 준 셈이다.

척추동물 중에서는 어류, 양서류 그리고 파충류가 좌우 뇌 사이 연결이 가장 약하고, 조류는 다양한 경우가 있지만, 그럼에도 어느 정도는 분리되어 있다. 새가 한쪽 눈만으로 어떤 과제(일종의 선택)를 학습한다면, 다른쪽 눈만을 사용하게 했을 때 과제를 해내지 못한다는 것이 실험을 통해 밝혀졌다. 그리고 포유류는 분할뇌 수술을 할 때 자르는, 뇌의 좌우를 연결하는 커다란 부위인 뇌량의 진화를 이룬다. "포유류"라 말했지만, 이들에게도 보편적이지는 않다. 나는 캥거루가 속한 유대류marsupial나 오리너구리 등 단공류monotreme의 경우 뇌량이 없다는 사실을 알고 놀랐다. 이들의 경우, 두 반구 사이의 또 다른 연결이 중요한 역할을 한다. 이 호주의 포유류들은 보다 초창기의 디자인을 여전히 유지하고 있는 것으로 보인다. 예전에는 "태반이 있는placental" 동물이라 불렸던 "진수류eutherian" 포유류들만이 뇌량을 갖고 있다.

진화의 나무 사이를 누비며, 나는 통합이 덜 된 디자인의 뇌가 이렇게 많은 동물들에게는 정상적인 삶의 일부라는 점에 놀랐다. 나는 몇몇 연구자들이 특히 물고기나 도마뱀 등 극단적인 사례를 분할뇌 증상을 가진 인간과 비교한다고 말했다. 앞선 장에서 보았듯, 많은 연구자가 이 환자들의 하나의 몸 안에 결국 두 정신이 거하게 된다고 생각한다. 물고기나 도마뱀도 역시 두 정신을 가지고 있을까?

이 상황은 내가 6장에서 조심스럽게 채택한 종류의 견해를 약간 뒷받침해 줄 수 있다. 어떤 경우에는 단일한 정신은 외부 환경으로 나갔다가 돌아오는 순환 경로와, 몸의 움직임에 의존하는 이례적인 방법으로 연결된 부분들을 지니고 있을 수도 있다. 척추동물은 전체로서 움직인다. 그들은 필요할 때 그 일을 해내는 일관성 있는 행위자이다. 그들은 자아를 인식하고 자신으로서 움직인다. 앞선 장들에서 보았던 모든 행동적 발견들, 예를 들어 날아다니는 곤충에게 물을 쏘아 맞히는 기술을 다른 개체의 행동을 보고 습득하는 물총고기의 행동을 떠올려 보라. 그것은 모든 물고기가 가진 기술 중에서도 제법인 기술이며, 영리하게 습득하는 기술이다. 이런 종류의 수많은 개별 동물들의 몸에 단일하지 않은 두 정신이 숨겨져 있다는 아이디어는, 그들이 세계를 헤쳐나가는 통합된 방식에 전적으로 위배되는 것 같다.

한편으로, 어떤 진실은 어떻게 해석해도 꽤나 기괴하다. 물고기에게 세계의 우측은 분류된 사물들로 가득한 반면, 왼쪽은 명확한 사물은 더 적으나, 보다 풍부한 관계망과 더 많은 사회적인 요소로 "가득하다." 앞서 언급한 병아리 연구의 주인공이자, 이러한 좌우 차이에 대해 수십 년간 연구해 온 지오르지오 발로티가라는 이것을 각 측면이 세계를 바라보는 방식의 차이로 생각한다.

좌우의 문제는 뇌의 대규모 동적 특질을 논의한 7장의 테마와도 연결된다. 분할뇌에 관한 6장의 첫 논의에서는 뇌의 리듬과 장에 대해서 생각하지 않았지만, 그것들이 존재한다는 암시는 있었다. 분할뇌 수술은 뇌전증 발작의 강도를 줄이고 발작이 뇌 전체로 퍼지는 것을 막기 위해 이루어진다. 발작은 일종의 대규모 동적 프로세스이다. 분할뇌 수술의 전형적 성공 사례가 보여 주듯, 두 반구의 분리는 뇌의 대규모 동적 활동이 덜 통합되게 만든다. 이 사실은 발작 너머로 확장된다. 분할뇌 환자의 경우 수면 중에 보이는 느린 뇌파가 좌뇌와 우뇌 사이에서 덜 동기화된다.

좌우 뇌의 연결이 더 많이 제한된 동물은 대규모 동적 패턴이 덜 통합되어 있다. 이러한 유형의 단절은 패턴이 사라지게 하지는 않지만, 다른 패턴을 만들 것이다. 그 차이는 아마도 경험과 매우 큰 관련이 있을 것이다. 분할뇌는 어떤 면에서는 행동과 육신의 통합을 이끌어내는 간접적인 경로로 한데 묶여 하나의 전체로서 작동할 수도 있지만, 이러한 종류의 결합이 모든 것을 결합하지는 않는다. 그 동물이 하나의 전체로서 본 것에 반응하고 일관적으로 행동한다 할지라도, 완전히 연결되지 않은 뇌에서의 경험은 다를 것이다. 다른 정도는, 5장에서 논의한 자아, 관련 요소들의 역할, 그리고 7장에서 이야기한 뇌의 동적 특성에 따라 달라질 것이다. 또한 인간 분할뇌 실험 상황처럼 반으로 나뉜 뇌를 지닌 어류나 파충류의 삶 속 특정한 상황이 두 정신으로의 분리를 유발하는지 궁금해하는 것도 자연스럽다. 인간이 아닌 사례에서, 두 반구에서 일어나는 활동은, 훨씬 커다란 인간의 뇌 반구에서 일어나는 것과는 너무 달라서 두 자아를 가진 상황을 만들기에 충분하지 않을 것이다. 또한 이들 동물들에게, 분리된 뇌 위쪽은 인간의 피질cortex에 비하면 전체에 비해 작은 부분이다.

나는 이 질문들을 더 이상 밀고 나가지 않을 것이며, 계획하고 있는 다른 책을 위해 남겨 두었다. 그 책에서는 예컨대 인간을 특별한 존재로 만드는 언어, 기술, 사회적 삶을 우리의 크고, 활동적이며, 고도로 연결된 뇌와 더불어 논의하고자 한다. 이 절을 마무리하기 위해, 나는 땅과 바다를 잇는 또 다른 진화적 경로를 살펴볼 것이다.

돌고래는 향유고래sperm whale 등과 더불어 바다로 돌아간 포유류인 "이빨고래"류이다. 돌고래와 다른 고래로 이어지는 갈래는 9000만 년 전쯤, 공룡 시대에 영장류로 향하던 갈래로부터 분기하였다. 돌고래의 조상은 4900만 년 전쯤 바다로 돌아갔고, 육지에 사는 돌고래의 조상은 하마hippopotamus의 친척뻘이었다. 고래의 다른 그룹인 수염고래baleen whale는 3400만 년 전쯤 이빨고래로부터 갈라져 나왔다.

어떤 돌고래들은 매우 능숙하게 물속에서 (담배연기로 만든 고리처럼 생긴) 거품 고리를 만들어 가지고 논다. 다이애나 라이스Diana Reiss가 찍은 비디오는 놀랍고도 가슴 아프다. 고리의 모양은 완벽하고, 돌고래들은 고리 가까이에서 헤엄치기도 하고 그것을 감상하기도 한다. 하지만 이 행동을 바라보고 있노라면, 물고기를 볼 때처럼 만일 돌고래의 몸이 허락한다면 더 많은 것을 할 수 있지 않을까 하는 생각을 하게 된다. 돌고래는 새들과 마찬가지로 그들만의 특별한 기동성을 갖추기 위해 상당한 조작성을 포기하였다. 돌고래가 손을 가졌다면 무엇을 할 수 있었을까?

돌고래는 절대적으로나 몸 크기에 비해서나 매우 큰 뇌를 가졌다. 그들의 뇌는 바다로 돌아가기 전이 아니라 돌아간 후에 커졌다. 영장류의 경우와는 달리, 놀랍게도 왜 이런 일이 일어났는지에 대한 연구가 많지 않았다. 돌고래의 뇌 크기는 한 번은 초기에 한 번은 나중에, 총 두 번에 걸처 커진 듯하다. 첫 번째 진화는 소리를 퍼뜨리고 그 메아리를 듣고 감각하는 반향정위echolocation의 진화와 관련이 있는 듯하다. 그렇지만 일반적으로, 돌고래는 "사회적 지능social intelligence" 가설의 좋은 사례로 여겨진다. 그들의 사회적 삶은 매우 복잡하며, 복잡하게 얽힌 동맹 관계로 가득차 있다.

돌고래는 진수류 포유류처럼 뇌의 반구를 연결하는 뇌량을 갖고 있지만, 이 연결체는 돌고래의 뇌 크기에 비하면 생각보다 작다. 돌고래는 한 번에 뇌의 절반 씩만 잠들 수 있다. (6장에서 언급한 와다 실험 상태로 스스로 자연스럽게 들어간다.) 돌고래는 바다로 돌아가면서 뇌가 커지기는 했지만, 포유류다운 뇌의 통합을 향한 경향은 줄어들거나 방향을 바꾼 경우로 보인다. 나는 이것이 혹시 잠의 엄청난 중요성 때문인지 궁금하다. 뇌의 각 반구에서 대규모 동적 패턴이 각기 작동할 수 있도록 뇌량이 가늘어진 덕분에 물속이라는 숨쉬기 힘든 환경 속에서 잠을 잘 수 있을지도 모른다.

야생의 돌고래들은 때로 놀라울 정도로 인간과 가까운 관계를 맺는다. 몇 년 전 나는 전작 『아더 마인즈』에서 자주 방문했던 시드니 인근의 해양 보호구역 캐비지 트리 만Cabbage Tree Bay을 주기적으로 찾아오는 돌고래 한 마리를 보았다. 그 주변 해안에서 유명한 이 돌고래는 암컷이다.—내가 아는 한, 최근 몇 년간은 나타나지 않았지만 나는 현재형 "이다"를 사용할 것이다.—그녀는 언젠가 무리를 잃은 뒤 홀로 지내 왔고, 자신의 남다른 삶에 대해 그다지 개의치 않는 듯 보였다. 그날은 많은 이들이 그녀를 보기 위해 주변에서 헤엄을 치며 서성였다. 거리를 두고 있었지만 그녀는 그들을 유심히 보고 있었을 것이다. 그녀는 붉은 머리를 한 젊은 남자를 특히 마음에 들어했다. 그가 잠수해 내려가자, 그녀는 로켓처럼 빠르게 다가가 자기 얼굴을 그의 얼굴 가까이로 몇 번이고 갖다 댔다. 그에게 키스하려는 것처럼 보였다. 왜 그녀가 그를 선택했는지는 알 수 없었다. 어떤 사람은 물속에서 움직이는 방식(차분한, 아니 그보다는 독특한 움직임)이 특정 동물에게 매력을 어필하는 것 같다. 나는 이것을 옥토폴리스를 발견한 맷 로렌스에게서 보았다. 그의 무언가가 문어로 하여금 놀고 싶게 만들었는지, 문어들은 때로는 그의 온몸 위를 기어다녔다. 그것은 붉은 머리의 남자와 외로운 돌고래 사이와 비슷했다.

물과 바다의 역할

수면 아래 바다로 들어가면, 새로운 색과 수압 같은 변화가 곧바로 밀려온다. 그러나 여기에는 생명들이 직접적으로 태양 에너지를 느낄 수 있는, 조건에 따라 그 깊이가 달라지는 표층이 있다.

광합성 플랑크톤, 다양한 해초, 조류라는 동료들과 엉켜 지내는 산호가 이 얕고 해가 드는 지대에서 지낸다. 표층 아래에서는, 태양은 여전히 보이지만 에너지는 거의 제공하지 않으며, 따라서 자원은 반드시 살아 있는 것들로부터 얻어야 한다. 저비스 만Jervis Bay의 높은 절벽 아래로 잠수해 들어가면서 우리는 급격한 변화를 겪었다. 얇은 첫 번째 층 아래는 어둑한 빛이 있었다. 우리 곁에는 물에서 입자를 걸러 내는 동물의 몸들이 가만히 매달려 있는 바위가 있었다. 그리 깊이 내려가지 않았지만, 다음 영역으로 제대로 진입하였다.

다이버들로부터 먼 아래로는 심해가 펼쳐진다. 또 다른 문어 관찰자 브렛 그라세는 몇 년 동안 약 760미터 깊이에 있는 원격 잠수정의 비디오 스크린 데이터를 주시했다. 스크린 속에서 흔히 볼 수 있는 광경은 눈이 내리듯 어둠 속을 떠도는 잿빛 조각들이 떨어지는 모습이었다. 이 눈은 물 위쪽에서 오는 플랑크톤의 버려진 껍데기, 다른 버려진 부위나 부스러기, 그리고 몸의 잔해 같은 유기물이다.

브렛이 관찰하던 흡혈오징어vampire squid는 산소가 매우 희박한 동네에서 지낸다. 대부분의 동물은 그곳에서 살아남지 못하지만 흡혈귀는 척박함 속에서 안정감을 찾는다. 그들은 실처럼 생긴 촉수를 내뻗어 내리는 눈조각들을 모아 먹는다. 스크린에는 방문객이 거의 없다. 브렛은 4년 동안 일고 여덟 마리의 흡혈오징어를 보았다.

육지는 지구의 3분의1을 차지하지만 적어도 다세포 생물종의 약 85퍼센트가 그곳에 살고 있다(박테리아 등의 상황은 어떤지 확실하지 않다). 다양성 면에서 육지가 더 지배적이 되기 시작한 것은 이 책의 시간 규모에서는 비교적 최근인 약 1억 년 전에 불과한데, 그 이후로 불균형은 점점 뚜렷해졌다.

생명은 바다에서 시작하였으나 뭍에 올라오면서 새로운 방식의 진화를 취하게 되었다는 인상이 자연스럽게 떠오른다. 캘리포니아대학교 데이비스 캠퍼스의 저명한 생물학자 지럿 버메이(Geerat Vermeij)는 이 주제에 대해서 일련의 논문들을 써 왔다. 버메이는 특히 연체동물에 대해 연구했다. 그의 사유는 진화와 인간사 사이의 논쟁적인 비교를 기꺼이 환영한다는 점에서 독특하다. 그는 진화를 경제와 군비 경쟁, 그리고 침략이라는 면에서 바라본다. 이 어마어마한 생물학적 시간의 척도에 대해서는 아마추어인 나는, 글을 쓸 때 특히 침략과 식민화가 나오는 장들에서 인간의 갈등에서 끌어 온 용어로 이 사건들을 기술하는 것을 망설여 왔다. 이와 반대로 버메이는 이러한 비교를 강하게 밀어붙이는데, 이는 그가 이것이 무해하고 선명한 표현이라고 생각해서가 아니라, 실제로 유사하며 같은 원리가 작동한다고 생각하기 때문이다.

버메이에 대한 또 한 가지 특이한 사실이 있다. 그는 세

살 적부터 앞이 보이지 않았다. 연체동물의 껍데기에 관한 훌륭한 탐구를 비롯한 그의 모든 과학은 시각의 도움 없이 이루어졌다.

특유의 경제학적 사고 방식을 적용하며, 버메이는 육지가 바다보다 더 창조적 진화의 장이라 주장한다. 즉 육지가 보다 "높은 효율의 혁신"을 이루어 왔고, 이는 예견될 만한 것이었다. 한 가지 이유는 많은 양의 에너지 흐름으로 인한 뭍의 생산성이다. 다른 이유는 동물 행동의 범위에 있다. "밀도와 점성이 있는 물이라는 매질보다는 공기 중에서 행동이 제약을 덜 받는다."

2017년 논문에서, 버메이는 진화적 혁신의 목록을 살피고 그것이 어디에서 일어났는지(바다, 뭍, 또는 둘 다)에 대해 주장을 펼친다. 그는 동물이 뭍에 닿은 오르도비스기부터 비교를 시작하며 앞으로 나아간다. 그의 이야기 속에서, 생명은 친숙한 바다 지역에서 유아기를 지나지만, 생명체가 육지에서의 삶의 어려움을 정복하면서 급격한 진화가 시작된다.

버메이와 나의 그림 사이의 차이점은 관점의 문제이다. 그는 기본적인 것들이 이루어지고 당연해진 단계에서 시작하지만, 나의 책은 근원에 대한 이야기이다. 그러나 그가 육지와 바다를 비교한 것 중 몇 가지는, 바닷속 생명의 특수성에 대해서는 완전히 "공정"하지는 않다고 생각한다. 예를 들면, 버메이가 논하는 진화적 혁신 중 하나는 낢(공중 이동)이다. 그가 말하길 낢은 두 곳 모두에서 발명되었지만, 뭍이 더 먼저였다. 그러나 모든 종류의 해양 생물은, 어떤 의미로는 이미 날고 있었다. 뭍에서는, 낢(일부 굴 파기나 기어오르기 등도 있지만)만이 지면을 벗어나 완벽한 삼차원 모드로 이동하는 유일한 방법이다. 바다에서는, 헤엄과 떠다니기 모두 본질적으로 삼차원 이동이다. 심지어 물고기 이전에, 해파리조차 날고 있었다.

버메이의 다른 사례들, 예컨대 온혈성은 뭍−바다 비교로 적절해 보인다. 그러나 나는 바다라는 조건이 육지의 조건에 비해 (그가 말했듯) "혁신을 제약한다"는 결론에는 동의하지 않는다. 대안적 시각에서는 두 공간 모두를 창의성이 발휘되는 장소로 바라보고, 혁신을 역사적 순서 속에 배치한다.

동물과 동물의 몸, 신경 체계, 그리고 뇌의 진화 같은 광대하고 필연적으로 초기에 있었을 수많은 혁신이 바다에서 일어났다. 바다는 이 단계들의 자연적 배경이다. 끊임없이 변화하는 온실을 받아들이고 뭍으로의 이동이 가능했을 때 동물 삶의 방식이 자리잡았다. 그 다음에는 새로운 혁신이 필요했다. 그 결과에는 포유류와 조류의 몸, 엄격한 체온의 통제, 새로운 종류의 사회적 조직, 그리고 환경을 조작하는 새로운 능력이 포함된다. 우리도 머릿 속에 이런 단어들

이 맴돌 수 있게 해준 신경과 뇌, 동물의 몸, 그리고 경험을
얻게 해준 해양 단계에 감사해야 한다. 허나, 뭍으로의 이동
은 새로운 문을 열어젖혔다.

10. 차근차근 조립하다

한밤중 깨어났을 때 나는 내가 어디에 있는지 알지 못했고, 애초에 내가 누구인지조차도 확신할 수 없었다. 나는 동물의 의식 깊은 곳에 숨어 깜빡거리는, 존재에 대한 가장 근본적인 감각만을 가지고 있었다. 나는 혈거인보다 인간으로서의 자질이 부족한 존재였다. 하지만 그때 기억이, 내가 지금 있는 곳은 아니지만, 내가 살았던 곳들, 그리고 내가 지금 있을 수도 있는 곳에 대한 기억이 하늘로부터 밧줄처럼 내려와, 혼자서는 빠져나갈 수 없는 비-존재의 구렁으로부터 나를 끌어내 주었다. 순간적으로 나는 수 세기의 문명을 가로질러 건넜고, 기름 램프가 어렴풋이 보이고 이어서 칼라가 접힌 셔츠가 보이며, 내 자아의 구성 요소들을 차근차근 조립했다.

—마르셀 프루스트, 『잃어버린 시간을 찾아서』 1권.

1993

물속에서 고래의 노래를 처음 들었을 때를 기억한다. 지금으로부터 25년이 넘은 일로, 호주 휘트선데이Whitsunday 섬 인근의 그레이트 배리어 리프에 있는 혹등고래humpback whale들이었다. 소리가 시작되었을 때 함께 다이빙하고 있던 사람의 얼굴도 기억한다. 돌아보았을 때 그녀의 눈이 잔받침만큼 커졌다.

그 소리는 먼 곳에서 들려왔다. 아주 잘 들렸으며 때로는 크게 들리기도 했지만, 꽤 먼 거리에서 전해져 오는 소리 같았다. 노래는 빠른 속도로, 주파수를 바삐 넘나들었다. 확실하진 않지만, 소리는 다이빙하는 내내 들려왔다.

그레이트 배리어 리프에서도 그곳은, 지금은 예전에 존재했던 아름다움의 바스라진 잔해뿐이지만, 이야기의 핵심은 그게 아니다. 이야기의 핵심은 기억memory이다. 이것은 특별한 종류의 기억이다. **일화** 기억episodic memory은 경험의 기억인데, 일어난 일의 단순한 나열("나는 휘트선데이 섬에 있었고 고래 소리를 들었다.")만은 아니다. 오히려 시각, 청각, 혹은 다른 감각적 이미지를 동반한, 그 자체로 반쯤은 경험된, 혹은 적어도 경험적 측면을 지닌 무언가이다. 중요한 특정 사건을 기억하는 것 같은be like 무언가이다. 오래된 일이지만, 나는 그날의 느낌과 리듬을 어느 정도 되불러올 수가 있다.

일화 기억은 인간 경험의 중요한 부분이고, 더 큰 주제로 향하는 길이기도 하다.

다른 어딘가

기억은 정신과 인지의 가장 기본적인 측면이다. 기억에 대한 관념 중 하나는, 그것이 나중에 활용하기 위해 정보의 조각들을 모아놓은 저장소와 같다는 것이다. 이 책의 앞 장들에서는 기억을 대부분 학습과 연관지어 설명했다. 학습은 필연적으로 일종의 기억, 즉 신경 체계 속에 흔적을 남기는 것이다.

심리학은 기억을 크게 넷에서 다섯 종류로 구분한다. 의미 기억semantic memory은 사실(파리는 프랑스에 있다)의 기억이다. 절차 기억procedural memory은 무언가를 수행하는 능력(자전거 타는 법)을 유지한다. 일화 기억은 경험한 사건의 기억이다. 위와 같은 기억의 형태는 오랜 시간 지속될 수 있다. 여기에 사유와 이미지를 다루는 동안만 일시적으로 유지하는 "작업" 기억working memory 이 있다.

일화 기억에는 보통 두 가지 주요 특징이 있다. 일반적인 것보다는 특별한 사건의 기억이며, 또 경험했거나 되살아난 기억이다. 한 방대하고 때로는 불온한 과학 문헌은 많은 상황에서 인간의 기억이 얼마나 부정확한지, 특히 일화 기억이 얼마나 "날조"될 수 있는지를 기술했다.

캐나다의 심리학자 엔델 툴빙Endel Tulving은 1970년대와 1980년대에 일화 기억 개념을 명명하고 일화 기억의 특별한 점을 기록했다. 그는, 일화 기억에 문제가 생길 정도로 심각한 기억상실증을 겪고 있는 환자 켄트 코크레인Kent Cochrane에게 또 다른 문제가 있음을 알아챘다. 그는 미래의 사건을 상상할 수가 없었다. 코크레인은 복합적 기억 문제를 가진 첫 번째 연구 대상 환자였다. 고음악early music 전문가인 영국의 클라이브 웨어링Clive Wearing은 1985년 감염으로 인해 기억상실증을 얻었고, 그 결과 의미 기억과 절차 기억은 대부분 온전하였지만 일화 기억은 심각하게 손상됐다. 그는 고통스럽게도 방금 깨어난 듯한 감각을 거의 항상 느끼게 되었다. 그에게 미래를 상상하기란 과거를 기억하지 못하는 것처럼 불가능한 일이다.

2007년경, 이 문제들의 관계에 대한 새로운 데이터를 제시하고, 이를 이론 또는 이론의 집합으로 엮은 일련의 논문들이 발표되었다. 새로운 데이터는 뇌 영상법을 활용하여 만들어졌고, 일화 기억과 관련이 있는 뇌의 부분이 미래를 그리는 동안에도 활성화된다는 것을 발견하였다. 이 이론에 따르면 "정신의 시간여행"을 하게 하는 한 능력(일화 기억)이 과거를 돌아보고 미래를 헤아리는 두 가지 일에 각각 다른 형태로 관여한다. 돌이켜 보면, 이것들 사이의 관계에 대한 다른 실마리는 이미 가까이에 있었는데, 단지 알아보지 못하였다. 우리는 억지로 노력하지 않아도 사건을 경험하지 못한 시야에서 "기억"할 수 있다. 당신은 일화 기억 안에서 당신 자신의 모습을 볼 수가 있다.

이 시기에 등장한 일화 기억에 대한 새로운 사유에는 이러한 종류의 기억이 어떤 목적을 위한 것인지에 대한 아이디어도 포함되었다. 여기에는 기능적 관점에서 기억 자체를 배경으로 간주하는 아이디어도 있었다. 그들은 정신의 시간 여행으로 할 수 있는 중요하고 유용한 일은 가능한 상황을 시뮬레이션하여 계획의 수립을 돕는 것이라고 말했다. 여기서 말하는 상황은 결코 일어난 적이 없고, 미래에 일어날지도 모르는, 단지 가능성만 있는 상황이다. 과거를 돌아보는 일화 기억은 미래를 헤아리는 능력의 부산물에 불과하다. (이 관점은 **미래-우선**future-first 또는 **구성적 일화 시뮬레이션 가설**constructive episodic simulation hypothesis로 알려져 있다.)

우리가 왜 이 생각을 믿어야 할까? 한 가지 이유는 일화 기억이 매우 부정확하기 때문이다. 만약 일화 기억의 역할이 단지 기록뿐이라면, 우리는 더 정확한 것을 바랐을 것이다. 일화 기억에서 보이는 부정확성과 생생함의 결합체는 그것이 가능한 미래를 탐구하는 기술의 부산물임을 말해 주는 것 중 하나다. 미래를 헤아리는 능력은 과거를 왜곡하는 능력과 함께한다.

이러한 관점의 몇몇 서술은 어쩌면 계획이라는 미래 지향적 과제와 기억이라는 과거 지향적 활동을 극단적으로 대비시켰을 것이다. 의미 기억도 마찬가지로, 미래의 행동 선택에 도움이 되면서 과거에 학습한 사실의 기록과 전혀 모순되지 않을 때에만 유용할 것이다. 의미 기억의 주요한 역할은 내일의 행동에 정보를 제공하기 위해 과거의 역할을 유지하는 것이기는 하지만, 의미 기억 역시 종종 부정확하다는 것이 발견된다. 아마 일화 기억도 그렇게 다르지 않을 것이다. 시끌벅적한 파티처럼 최근에 겪은 복잡한 사건의 일화 기억을 떠올려 보자. 당신은 그 기억으로 돌아갈 수 있고(아마도 오류가 있을 것이다), 그 당시에 아마도 제대로 주의를 기울이지 않은 것(정말 그 두 사람이 오랫동안 얘기를 나눴는지)에 대한 기억을 더듬어볼 수 있다.

두 종류의 기억의 기능이 단지 사실의 기억일 필요는 없다. 정확하지만은 않은 두 기억의 또 다른 역할은 우리가 캐릭터, 즉 자기상을 유지하도록 돕는 서사를 만들어 내는 것이다. 이 가능성은 일화 기억의 부정확성에 관한 초기 연구에서 제시되었다. 그것은 여전히 합리적으로 보이며, 계획 중에 일어나는 미래 탐구와는 부분적으로 다르게 보인다.

이러한 발견들 중 많은 것들을 해석하는 다른 방법이 있다. 일화 기억, 상상력을 비롯한 우리가 가진 능력들은 모두 미래, 과거, 또는 곁(대안적 현실)을 연출할 수 있는 어떤 보편적이고 타고난 능력의 일부이며, 그 능력은 "오프라인 프로세싱offline processing"을 한다고 보는 것이다. "오프라인 프로세싱"이라는 표현에서 의심쩍은 "라인line"은 감각에서 행동으로 향하는 일반적인 흐름을 말한다. 우리가 본 것에 대한 직접적인 반응과 적어도 지금 당장의 행동 없이, 가능한 상황들을 구성해서 염두에 둘 때, 우리는 라인이 우리를 데려간 곳에서 "벗어난다off." 이 분야의 뛰어난 심리학자 도나 로즈 애디스Donna Rose Addis는 이 관점으로 입장을 옮겼다.

오프라인 능력의 패키지, 곧 우리를 둘러싼 실제 현실로부터 우리 자신을 분리시키는 능력은 인간의 정신에서 중요한 부분이다. 어떤 면에서 오프라인 능력의 등장이 가진 또다른 의미는 정신의 출현이다. 정신도 그만큼 자유분방하고, 창의적이며, 시간과 장소에 얽매이지 않는다. 오프라인 모델링은 유용하다. 이것은 무엇을 해야 할지 결정하는 데 실질적으로 중요한 도구이다. 또한 그것에 대한 느낌의 대부분은 인간에게 경험된다.

단일하지만 다면적인 기술인 오프라인 프로세싱이라는 아이디어는 꿈의 사례로 확장되었다. 꿈의 문제를 종교와 영적 개념으로 다루는 것이 상식이었던 수 세기를 지나, 1970~80년대에 하버드 정신과 의사 앨런 홉슨Allan Hobson과 로버트 맥칼리Robert McCarley가 신경 생물학(프로이트는 아니다)

을 기반으로 한 최초의 상세한 꿈 이론을 개발하였다. 그들은 오래전부터 뇌 하부에 있던 뇌의 부위인 뇌간brain stem에서 활동의 폭발이 발생하고, 피질이 그것을 파악하려고 하면서 꿈이 발생한다고 말했다. 그 후 프란시스 크릭과 그레이엄 미치슨Graeme Mitchison은 꿈이 곧 정크junk라는 컴퓨터 사용자라면 누구나 친숙하게 느낄 만한 가설을 내놓았다. 꿈은 쓸모없고 무질서한 정보들을 제거하고, 쓰레기 정보들을 드래그 앤 드롭으로 휴지통에 넣어서 뇌가 막히는 것을 방지한다는 것이다. 이러한 과거의 이론과 맞서는 최근에 등장한 몇몇 이론이 꿈이 하는 일에 대한 설명으로 가장 타당해 보인다. 이 관점에서는, 꿈은 곧 가능한 상황을 뒤집어 보고 재조합하는 일종의 모델링이며, 그와 함께 기억을 통합하기 위해 과거 경험의 단편들을 재현하는 것이라고 간주한다. 이 관점에서는 꿈꾸기는 백일몽, 졸음 중의 탐구, 그리고 일화 기억 등 다른 오프라인 활동들의 연속이라고 간주한다.

확실히 꿈은 탐구와 일화 모델링을 다소 제멋대로인 형태로 만들어 낸다. 아마도 꿈꾸기는 뇌 하부에서 시작된 혼란스러운 활동이 그것을 감지하려는 피질로 전해진 것이라는 홉슨과 맥컬리의 아이디어대로 뒤죽박죽일 것이다. 심지어 그 혼란스러운 활동이 유용한 노이즈를 주입해서(확실히 상황을 휘저어 놓기는 할 것이다) 존재의 목표 지향적 측면과 상호 보완적으로 작동할 수도 있다.

이 모든 것은 경험했거나 절반 정도 경험한 것을 오프라인 프로세싱, 즉 경계가 불확실하며 꿈과 연관성이 있는 무언가를 느끼게 하는 내부적 사건이 인간의 인지에 포함되어 있다는 그림에 힘을 실어준다. 이 현상들과 내가 지금껏 이야기해 온 정신-육체 이야기 사이에는 어떤 관계가 있을까?

앞에서 이야기한 경험에 대한 논의는 대부분 세계 속의 자아를 "실시간"으로 처리하는, 즉 지금-여기서 사물과의 연결을 전제로 이루어졌다. 지금까지의 이야기 대부분은 마르틴 하이데거Martin Heidegger의 시대부터 철학에 숨어 있던 환기적 구절이자 앤디 클라크Andy Clark의 영향력 있는 책 제목으로 쓰였던 구절인 **거기 있음**being there에 관한 것이었다. 이제 우리는 거기에서 감각 경험이 제거된 것을 마주하게 된다. 처음에는 **거기 있음**이었으나, 이제는 **다른 어딘가**elsewhere에 있다.

경험의 이러한 측면은 아마도 인간에 국한되지 않고, 다른 많은 동물들도 이러한 측면을 지니고 있을 것이다. 꿈이 그 단서이다. 수면 자체는 동물들에게도 매우 보편적이고, 아마도 매우 오래되었을 것이다. 수면의 기능은 아직 명확히 규명되지 않았으나 단순한 육체적 휴식 그 이상이다. 꽤 화려한 빛깔을 갖춘 문어의 친척 갑오징어는 수면에 관한 두 가지 주목할 만한 연구 대상이다. 그중 첫 번째 연구에서, 우리의 렘rapid eye movement, REM 수면과 매우 유사한 상태가 이 동물에도 존재한다는 증거를 발견하였다. 인간의 경우 그보다 고요한 서파 수면slow-wave sleep이 좀 더 활동적인 렘 수면과 번갈아가며 나타나는데, 꿈과 좀 더 관련이 깊은 쪽은 렘 수면이다. 두 번째 연구에서는, 아주 먼 진화적 거리에도 불구하고 갑오징어에서 우리와 유사한 수면 모드의 교차가 일어난다는 것이 발견되었다. 렘 수면과 같은 상황에서 갑오징어는 팔을 움찔거리고 눈을 움직이며, 피부 위에 보기 드문 패턴들을 만들어 낸다. 문어와 마찬가지로 갑오징어의 피부색은 뇌에서 제어하는데, 1초 안에 전체 무늬를 변화시킬 수 있다. 즉, 피부의 패턴은 순간적인 뇌 활동의 직접적 반영이다. 인간의 꿈이 그렇듯, 이러한 뇌의 프로세스가 경험된 것이든 아니든간에, 이 생명체의 피부는 실제로 이들의 내면을 들여다볼 수 있는 창문이다.

두족류들, 특히 갑오징어와 문어는 뚜렷한 역할이 없는 산만한 색 변화와 패턴을 만들어 내기도 한다. 잠을 자는 등 휴식할 때 뿐 아니라, 조용히 앉아 있기는 하나 분명 깨어 있을 때에도 이러한 일은 일어난다. 다시 말하지만, 이 동물들의 역사는 이러한 사실들을 더더욱 주목하게 만든다. 두족류와 우리의 공통 조상은 6억 년 전까지 거슬러 올라간다. 공통 조상이 기존에 가정했던 것보다 더 복잡했다고 추측하는 견해(6장에서 논한 견해)조차도, 덜 활동적인 삿갓조개limpet를 닮은 동물의 시기 이후에야 복잡한 뇌를 만들기 시작했다고 본다. 이들이 우리와 유사하게 두 수면 모드 사이의 뚜렷한 교차를 진화시켰다는 점은, 그들이 렘 수면 상태 동안 뇌 활동을 피부색으로 드러낸다는 사실과 더불어 매우 놀라운 일이다.

갑오징어의 이러한 프로세스가 우리에게 일어나는 오프라인 프로세싱과 같은 역할을 할까? 알 수 없다. 그러나 쥐의 경우, 우리와 유사한 일이 일어남을 시사하는 매혹적인 연구들이 있다. "장소 세포place cell"는 쥐가 경험하는 물리적 환경을 그려 내는 뇌 체계 속의 많이 연구된 한 부분이다. 이 세포는 이름이 말해 주듯이 쥐가 특정한 장소에 있을 때 활성화되는 세포다. 연구자들은 이 세포의 순차적 활성화를 관찰해서, 쥐가 실제로 움직이는 것은 아니지만, 스스로 거기 있다고 나타내는 공간을 따라가며 이동 경로를 추적할 수 있다. 얼마 전에는, 쥐들이 잠을 자는 동안 예전에 다녔던 이동 경로를 재연replay한다는 것이 밝혀졌다. 그뿐이 아니다. 재연을 할 뿐 아니라, 실제로 가본 적은 없지만 먹이를 얻은 곳으로 향하는 경로를 예행pre-play 삼아 탐험하기도 한다. 그들은 뇌 속에서 목표로 향하는 새로운 경로를 찾을 수 있고, 순차적으로 활성화되는 장소 세포가 그들이 이 일을 해내고 있음을 보여 준다. 쥐들은 때로는 잠에서 깨어났을 때 자면서 리허설한 경로를 따라 움직인다.

숨겨진 오프라인 프로세싱에 관심 있는 이들에게, 쥐의

장소 세포 시스템은 갑오징어의 영혼이 보이는 그들의 피부만큼이나 놀랍다. 쥐는 우리가 꿈을 경험하는 방식으로 그들의 재연과 예행을 경험할까? 혹은 그저 문제를 조용히 해결하는 내부의 프로세스에 불과할까? 마치 아침에 일어났을 때, 지난밤 머릿속에 남아 있던 미해결 문제의 해결책을 찾았으나 어떻게 찾았는지는 모르는 그런 경우와 같을까? 경험에 대한 이러한 질문에 대답하기는 매우 어렵다. 꿈은 재빨리 잊혀지기에, 뇌 속에서 밤새 일어나는 어떤 프로세스가 경험되는지 파악하기는 어렵다. 그리고 쥐의 오프라인 탐험에 관한 연구에서는 대부분 (갑오징어의 경우보다는 덜 놀랍지만 쥐들 역시 지닌) 렘 수면보다는 서파 수면을 연구하여 왔다. 그렇지만 적어도 하나의 유력한 단서가 존재한다. 경로의 재연은 렘 수면과 서파 수면으로 비교할 수 있다. 서파 수면 중에는, 쥐가 순식간에(실제 경로를 걷는 것보다 약 스무 배 빠르게) 경로를 횡단한다고 나타난다. 렘 수면 중에는 이 여정이 보다 자연스러운 속도로 나타난다. (환경에 따라 몇 분 길어질 수 있는) 분 단위의 행동은 장소에 따라 다르지만 잠자는 뇌 속에서 같은 속도로 재생된다.

이것이 아주 결정적이라고는 할 수 없지만, 우리의 내면처럼, 동물의 경험과 오프라인 프로세싱의 유용함 사이에 다리를 놓았다.

종합하면 이는 몇몇 다른 동물도 가능한 상황들을 오프

라인 프로세싱으로 처리하고, 따라서 오프라인 경험을 지니고 있음을 시사한다. 많은 동물이 많은 시간을 그저 앉아서 보낸다. 나는 그럴 때에도 그들의 내면이 텅 비어 있다고 생각하지 않으며, 그들이 지금, 여기라는 장면을 고정되고 단조로운 슬라이드 한 장으로 경험하는지도 미심쩍다. 동물 뇌의 안에서는 스스로 추진하는 동적 패턴보다 많은 일이 일어난다. 나는 많은 동물은 다른 어딘가elsewhere에서 꽤 많은 시간을 보낸다고 생각한다. 인간과 비인간 사례들 사이에 있을 법한 차이는 다른 어딘가에서의 경험이 아니라, 그것을 얼마나 의도적으로 제어하는가에 있다. 다른 동물들에게 일어나는 일과 크게 다른 것처럼 보이는 인간 인지의 특질은 심리학자들이 "실행 제어executive control"라 부르는, 의식적으로 제기된 목표를 추구하기 위해 스스로에게 과업을 지시하고 순간적인 충동을 억누르며 자신의 여러 능력들을 결집시키는 능력이다. 언어처럼 생각을 조직하는 도구를 가지고, 이런 인지의 측면을 통해 우리의 오프라인 여행을 할 뿐 아니라 의도적으로 생성하고 또 제어할 수 있다. 우리도 정처없이 부유하고 또 꿈을 꾸지만, 의도적으로 특정한 다른 어딘가로 떠나볼 수도 있다.

책이 끝을 향해 가고 있으니, 전체적인 그림을 살펴보자. 지금까지 정신과 감각 경험에 대한 이야기는 동물 생명의 이야기에서 나왔다는 아이디어를 지표로 삼아 왔다. 동물의 진화는 감각과 동작을 통해 세계와 관계 맺는 새로운 존재를 만들어 냈다. 이는 주체성과 행위자성을 만들었다. 이는 또한 암묵적인 자아의 감각을 포함하는 방식으로 세계를 다루는 동물들을 만들어 냈다. 나는 이 자아의 감각sense-of-self이라는 요소가 경험이라는 조명의 스위치와 관련된 모든 문제의 **정답**이라고는 생각하지 않는다. 그러나 이것은 동물의 감각과 동작의 "형태"가 지닌 특징으로서 매우 중요하고, 주체성과 분명한 관련이 있다. 나는 앞의 5장의 이야기 속에서 단지 새로운 종류의 자아가 **되는 것**, 감각과 동작의 중심이 되는 것, 그리고 자아의 감각을 지닌다는 것의 역할에 대해 의문을 품었다. 이제 그 상황을 어느 정도 이렇게 정리할 수 있다. 동물의 진화로 응집된 동작이 유리해졌고, 어느 특정한 시점부터는, **자아로서** 효율적으로 작동하는 방법은 그러한 종류의 단위로서 **자신이라는** 감각을 지니는 것이었다. 이러한 자아 감각은 처음에는 완전히 잠잠하거나 내재되어 있었으나, 행동의 복잡성이 계속 진화함에 따라 덜 암묵적이게 되었다.

이와 나란히, 또 다른 아이디어가 제기되었다. 동물의 몸이 감각과 동작의 중심이 되자, 진화는 몸을 제어하는 신경 체계에 독특한 특성들을 도입했다. 경험의 기반은 단지 네트워크 안에서 서로 소통하는 세포의 집합이 아니라, 분산된 리듬과 장 그리고 다른 대규모 동적 특성을 통해 더 많은 종류의 행동과 통합을 수행하는 한 기관이다.

이 아이디어들이 어떻게 함께 엮이는지, 그러니까 세상과의 관계 위에서 작동하는 자아의 형성에 어떤 영향력이 작용하는지, 이렇게 나타난 자아와 타아의 감각이 어떤 역할을 하며, 신경 체계가 자연의 에너지를 조직하는 특유한 방식에 얼마나 기인하는지에 대한 질문이 남아 있다. 각 질문은 정신과 물질, 경험과 생물학 사이의 간극의 일부분을 이어주지만, 나는 1장에서 논한 그로텐디크 언설(원래 서문이었던)에 담긴 메시지, 즉 지식이 문제 주변에 형성되면서 문제가 천천히 변형된다는 생각을 진지하게 받아들이고자 한다.

생물의 관점은 신경 체계와 관련이 있고(어떤 의미로 "신경 중심적"이고), 따라서 비동물적 정신의 존재에 대해서는 회의적이다. 왜 신경 체계가 하는 일을 다른 무언가가 할 수 없을까? 어쩌면 할 수도 있겠지만, 일단은 다양한 규모에서 신경 체계가 무엇을 하는지 살펴보자. 네트워크 안에는 세포 대 세포로 주고받는 영향이 있고, 활동을 동기화하는 느릿한 일종의 진동이 있으며, 공간으로 퍼지면서 뉴런에 차례로 영향을 주는 장이 있다. 뇌와 경험에 대해 생각할 때에 우리는 둘 중 한 이미지에 갇혀 버릴 수 있다. 하나는 뇌는 오로지 세포 사이의 스위치와 신호라는(그리고 어떤 면에선 **이것만으로** 충분하다는) 것이다. 아니면, 누군가는 뇌 전체에서 동적 특질이 나타날 때 의식의 구름과 감각의 구름이 머리에서 나오는 모습을 떠올릴 수 있다. 어떤 의미로, 첫 번째 관점은 문제를 너무 어려워 보이게 하는 반면, 후자는 너무 쉬워 보이게 한다. 뇌의 특별한 점은, 모든 국소적인 세포 대 세포 작용(감각 표면에서 온 자극의 조직, 협응된 활동 생성)과의, 그리고 대규모 활동 패턴과의 조합이다. 이것은 자연적으로 나타날 수 없는 특성이다. 이 모든 것은 진화에 의해 형성되었다. 뇌는 동작이 가능하도록 그리고 행동을 제어할 수 있도록 진화하였다.

만일 물질주의가 옳다면, 정신의 실체는 세포 내부의 폭풍들, 셀 수 없이 많은 세포 활동의 연결, 전기적 호흡의 출렁이는 리듬, 그리고 그것들의 대규모 **협응**들이다. 우리는 우리의 정신이 이 일의 **결과**라고 생각하지 않으며, 오히려 우리의 정신이 **바로** 그 활동이라고 생각한다. 이것이 우리가 규명하려고 해 온 것이다. 여기에 관련된 것 중 일부는 일종의 상상 속의 도약, 일원론으로의 도약이다(1장에서 기술한 일원론은 정신과 물질의 명백한 차이에도 불구하고 세계의 기본 구성에 대한 일원성을 주장하는 철학적 관점이다). 우리의 상상력은 우리가 **가외적**extra인 존재거나, 물리적 세계에 더해진 존재가 아닌, 세계의 작동하는 측면이라는 아이디어로까지 도약했다. 우리는 순전히 그 활동에 얽매여 있거나 그것들에 의해 만들어진 것이 아니다. 우리는 그 활동에 **속해** 있다.

지금까지는 어떤 존재가 주체적 경험을 지니며, 왜 그런지에 대한 견해였다. 다음으로 우리는 이렇게 질문할 수 있다. 경험이란 **무엇인가**? 위에서 설명한 것처럼, 무엇보다 그리고 본질적으로, 경험은 **안에서부터** 느껴지는 활동이다. 경험은 존재가 내부에 정상적인 활동이 있는 시스템을 감지하는 방법이다. 그것은 시스템을 보는 것도, 설명하는 것도 아닌, 그 시스템이 **되는 것**과 같다be like to be. 그것은 정상적인 활동의 패턴이 곧 **당신**이 되는 것과 같다.

좀 더 자세히 들어가면 이렇게 정리할 수 있다. 만일 당신이 정상적인 생명체라면(그리고 깨어 있다면), 당신은 매 순간에 해당하는 **경험 프로파일**experiential profile을 가지고 있다. 이것이 존재가 전체로서 순간을 느끼는 방식이다. 이 프로파일은 많든 적든, 당신 내부에서 일어나는 일에 상당한 영향을 받는다. 경험 프로파일은 시간이 지남에 따라 변한다.

이 프로파일은 동물마다 매우 다른 모습일 것이다. 그러나 전형적인 인간의 경우, 다른 여러 요소들(기분, 에너지 레벨, 미세한 몸의 감각)과 더불어 감각적(보이고 들리고 느껴지는) 광경이 포함될 것이다. 이러한 종류의 프로파일에는 전경前景과 배경背景 사이에 큰 차이가 있다. 당신이 책, 소리, 또는 밖에서 일어나는 일에 주의를 기울이면 그것이 전경이 되고, 대부분의 다른 일은 희미해진다. 이는 재빨리 전환될 수 있다. 당신은 앞서 언급한 것들 대신에 딱딱한 의자나 선풍기 바람에 주의를 기울일 수 있는데, 상황이 변했거나 당신이 선택했기 때문이다. 그러다가, 다시 희미해질 수도 있다. 희미해질 때도 그것들은 여전히 당신의 경험 프로파일의 일부이다. 그것들은 여전히 당신의 에너지 레벨, 기분에 따라 당신의 느낌에 영향을 준다. 이 모든 것은 배경으로 물러날 수 있지만, 여전히 영향을 준다.

이제 나는 내 논의의 다른 한 부분, 이야기의 마지막 한 조각을 소개코자 한다. 그것은 **점진주의**gradualism라고 부르는 진화의 과정에서 정신과 경험이 단번에 생긴 게 아니라 차츰차츰 나타났다는 아이디어이다.

이와 같은 연구는 으레 인간의 풍부하고 복잡한 의식적 경험에서 시작한다. 이는 곧 그보다 단순한 사례들에 대한 질문, 그리고 이 모든 것의 시작에 대한 질문으로 이어진다. 경험을 이루는 생물학적 특징들을 정리하면서, 우리는 많은 (아마도 모든) 특징이 정도의 차이로 보인다는 것을 알게된다. 흥미롭게도 오늘날의 생물들에서는, 신경계가 존재하는지 아닌지는 매우 명확히 드러나는 문제이다. 적어도 신경 체계가 무엇인지에 대한 표준적 관점으로는 신경 체계가 있거나 없거나, 둘 중 하나다. 그러나 신경 체계는 점진적으로 진화하였을 것이다. 그리고 관건이 되는 다른 거의 모든 특징에 대한 경계적 사례들이 우리 주변에 현존한다.

진화에서 어떤 변화는 꽤 빠르게 진행되었을 수도 있다 (예를 들면 생물의 삶의 단계에 영향을 미치는 돌연변이도 있기 때문이다). 하지만 중요한 특성들은 갑자기 완전체로 나타나지 않고, 경계선에 선 상태에서부터 존재의 안으로 서서히 들어온다. 앞선 장에서 우리는 자포동물, 복족류, 원생생물, 식물 등 동물 또는 다른 존재들이 우리 경험을 만드는 요소들의 부분 혹은 한 면만을 지니는 사례들을 만났다. 이 모든 것은, 경험의 근원 자체가 점진적인 문제임을 말해 준다.

점진적 변화는 생물학적 측면에서는 자연스러워 보이지만, 다른 사람들에게 의식 또는 감각 경험은 그렇게 될 수 없는 것으로 보였다. 동물(개미, 해파리, 오징어) 안의 의식의 조명은 켜져 있든 꺼져 있든 둘 중 하나라는 것이다. 나는 최근의 논의들을 보며 얼마나 많은 철학자들이 이렇게 주장하고 싶어 하는지를 알고 놀랐다. 그들은 경험의 존재 자체의 단계를 나누어서 더하거나 덜한 문제로 보는 게 불가능하다고 말한다. 그들은 처음에는, 이 상황을 단순한 조명 스위치가 아닌 밝기 조절 스위치가 있는 좋은 모델로 볼 수도 있다고 말한다. 그러나 밝기 조절 스위치라도 빛은 약하게 들어오거나 완전히 꺼진다. 나는 내부의 불빛이 켜지면 경험의 복잡성과 풍부함의 차이는 있겠지만, 밝기가 어느 정도이든 그것은 분명 켜져 있다는 식으로 말했다.

이는 저항해야 할 그림이다. 지금껏 묘사해 온 특질들이 경험의 기반이고, 이것들이 부분적 사례에서 차츰차츰 변화한다면, 주체적 경험 역시 그래야 한다. 주체적 경험이란 어떤 단계에서 생겨나는 것이 아니라, 그 단계부터 그저 거기 있는be there 것이다. 오히려 거기 있음thereness이 정도의 문제다. 그것은 부분적으로 거기 있을 수도, 그렇지 않을 수도 있다.

이 이야기는 왜 받아들이기 어렵게 보일까? 첫째, 우리는 우리가 사용하는 언어의 덫에 걸리기 쉽기 때문이다. "조명이 켜져 있다"는 아이디어는 전적으로 비유이다. 의식에 대해 논할 때 사람들은 종종 이 이미지를 포기하지 않으려 하거나, 잠시 치워두더라도 쉽게 다시 돌려놓는다. 그러나 이것은 어디까지나 비유이며 어떤 면에서는 나쁜 비유이다. 왜냐하면 이는 내가 앞선 장들에서 비판해 온, 어두운 뇌에서 마법처럼 빛이 나타났다는 잘못된 추정을 함의하고 있기 때문이다. "…와 같은 무언가something it's like..."라는 언어 역시 문제를 야기한다. 당신됨to be you과 같은 것이 있거나something 없거나nothing가 되기 때문이다. 있거나 없거나의 구분은 칼처럼 날카롭다. 네이글의 유명한 표현은 프로젝트를 시작하기에는 나쁜 방식이 아니며 옳은 방향으로 한 손짓이라고 생각하지만, 우리까지도 이 언어에 얽매여서는 안 된다. 그것은 어떠한 확실한 해결책도 제시하지 않는다. 정신적인 것과 물질적인 것의 부분적 연결점을 제공하는 다른 언어들은 적어도, 정도와 단계라는 생각을 허용한다. 관점은 매우 점진적으로 생겨나고 명확해질 수 있다.

진화를 설명하면서, 의식이 마치 한계를 넘어서며 나타났다는 견해를 타진하는 것은 유혹적이다. 동물은 중요한 생물학적 특질들을 조금씩 천천히 얻어가다가, 갑자기 "위상 전이"가 일어나 조명이 켜진다. 상대적으로 급격한 변화는 물리적 측면에서 일어나며, 그것이 이야기 속에서 중요한 자리를 차지할 수 있다. 그러나 물리-생물학적 측면의 변화는 부드럽고 점진적으로 일어나고, 갑자기 의식만 꼭대기에서 나타나는 일은 불가능하다. 그렇게 말하는 것은 이유는 모르지만 뇌 활동이 어찌저찌 의식을 **초래**한다는 관점으로 후퇴하는 것이다. 대신, 일단 여기서 중요한 종류의 뇌 활동을 알아낸다면, 그 활동 패턴을 지닌다는 것이 곧 의식적 경험을 하는 것이라고 말할 수 있다.

점진주의 과정은 우리에게 친숙한, 잠에서 깨어나는 현상으로부터 영감을 받은 측면이 있다. 적어도 가끔은, 깨어난다는 것은 실제로 의식이 점진적으로 드는 과정이다. 이 예를 들며 함께 언급한 철학자들은, 비록 깨어날 때 경험은 흐릿하고 약할 수 있지만 어떤 일정한 시점부터는 반드시 **완벽히 실재하는** 흐릿하고 약한 경험이 된다고 이야기한다. 나는 그들이 인간이 아기일 때 처음으로 의식을 얻는 것에 대해서도 똑같은 이야기를 할 것이라고 생각한다. 아기의 사례는 사건 이후에 접근하기 쉽지 않지만, 깨어남은 점진주의 시각을 꽤 뒷받침해 주는 친근하며 일상적인 사건이다. 오랜 시간에 걸쳐 일어난 의식의 진화가 잠에서 깨는 일과 유사하다고 주장하기 위해 하는 말은 아니다. 핵심은 깨어나는 행동이 우리로 하여금 경계적 사례의 모델을 제공한다는 것이다.

이 영역에 새로운 표현이 개발되기를 기다리지만, 내가 지지하는 그림은 이렇다. 인간에게는 감각 경험이라는 것이 있다. 그러나 우리에게 있는 것을 더 적게 가지고 있는 사례들로 이동하면, 주체성은 등급이 나뉘거나, 혹은 사라진다. 다른 동물들이 "의식이 있는가" 혹은 "경험을 지니는가?"는 더이상 예-아니요로 답할 수 있는 질문이 아니다. 그보다는, 동물 안에서 일어나는 일이 **더 또는 덜 경험적**more or less experiential일 것이다.

나는 이 시각을 "점진주의"라고 말하고 있지만, 단일한 척도가 존재한다는 이야기는 아니다. 예를 들어, 당신이 단순한 판단과 보다 복잡한 감각을 지녔다고 해서, 보다 단순한 감각과 보다 복잡한 판단을 지닌 어떤 이보다 전반적으로 더 의식적이라는 것은 아니다. 올바른 관점으로 본다면 각기 다른 척도를 지닌 여러 차원을 인식할 수 있을 것이다.

이것이 이 책에서 제기한 아이디어들을 한데 묶는 합리적인 방식인지와는 별개로, 최근의 많은 철학 및 심리학적 연구들의 결에는 확실히 어긋난다. 여기서 나는 바로 위에서 논한 점진주의에 대한 반대보다 더 많은 것이 떠오르지만, 더 큰 차이점은 접근 방식이다.

많은 최신 연구에서, 연구자들은 아주 미세한 정보 처리 모델, 즉 뇌의 프로세스에서 특정한 중요 단계나 경로를 찾아내는 모델을 사용하여 의식 경험을 설명하려고 한다. 정보가 여기에서 저기로 가면 그것은 경험이고, 그렇지 않다면 아니라는 것이다. 우리 뇌는 대량의 정보를 처리하는데, 그중 일부는 특정한 경로 또는 회로 위를 이동하거나, 특정한 방식으로 부호화encoding되어 의식적으로 경험된다. 아마도 경험은 정보가 "작업 기억"으로 전달될 때, 아니면 뇌 속의 중앙 "작업 공간" 혹은 "보편적 모델world model"로 보내질 때 발생한다. 그리고 언제나 뇌에서 처리하는 정보 중 극히 일부만이 의식을 생산하는 경로에 들어간다.

이러한 접근은 의식적 경험의 많은 부분이 선택적으로 이루어진다고 보여 주는, 때로 매혹적인 실험들에 의해 일부 정당화된다. 인간의 뇌가 하는 것들은 대부분 의식되지 않는다. 그저 지나치는 수많은 필수적, 기본적 활동들(지각, 행동의 지시, 심지어는 기본적인 학습까지)은 무의식적 측면에 해당한다. 경험이 계속되는 한 우리는 이 많은 것들을 "어둠 속에서"해내는 듯하다. 실험에 따르면, 우리는 들렸는지 모를 정도로 매우 짧게 제시된 단어를 이해할 수 있다. 우리가 그것을 들었는지는 모를지라도, 그 단어의 의미는 다른 것들에 대한 우리의 반응에 영향을 줄 수 있다. 마찬가지로, 어떤 종류의 뇌 손상을 입은 사람들은 주변 사물을 인식하지 못한다고 말하면서도 주변 사물을 시각적으로 다룰 수가 있다. 이것을 "맹시blindsight"라고 부른다.

나는 이러한 실험 결과들을 존중하지만, 그들의 해석 방식과 전체적 그림을 그려 내는 방식에는 동의할 수가 없다. 예를 들어, 의식 경험에는 한 번에 한 가지 일만 들어갈 수 있다는 말은 이 접근법에서 꽤 흔하다. 예를 들면, 앞서 언급한 많은 실험의 장본인인 프랑스의 신경과학자 스타니슬라스 드앤Stanislas Dehaene이 이렇게 믿는다. 한 가지만 의식할 수 있고, 다만 하나에서 다른 하나로 매우 빠르게 전환할 수 있다는 것이다. 이 말은 어떤 면에서 이 계열의 견해들 중에서는 극단에 있다.—다른 이들은 한 가지 이상을 의식할 수 있지만, 그게 무엇이든 중대한 경로를 따라 모두 함께 묶이거나 혹은 뇌의 중대한 장소로 전해져야만 한다고 생각한다.

내가 위에서 강조한 기분, 에너지 레벨 등의 요소들의 역할을 생각해볼 때, 경험에 대한 "좁은 경로"관점은 내가 이야기해온 경험에 대한 스케치와는 완전히 다른 이야기가 아닌지 의심될 정도로 너무 놀랍다. 다른 점은 아마도 두 가지이다. 하나는 경험 프로파일 전반에 대한 것, 즉 바로 지금 당신됨과 같은 것what it's like to be you이 무엇인지에 대한 것이다. 두 번째는, 당신이 그 순간에 의식하는 것of, 즉 전경에 있는 것과 상관없이 주의를 기울이는 것이 무엇인지이다. 내게 있어 "의식하는"이란 단어는 전자보다는 후자에 더 어울리는데, 부분적으로 이 단어가 어떤 대상이 개입되어 있다는 것을 암시하기 때문이다. (당신은 의식하고 있는가…? 좋다, 무엇을of 의식하고 있는가?) "경험 프로파일"이라는 아이디어는 이와는 다르다. 경험의 차이를 만드는(지금 이 순간 당신됨을 느끼도록 해주는) 많은 것들은, 그 정도의 집중에는 미치지 못한다.

경험 프로파일이 이처럼 보다 넓고 확장된 것이라면, 뇌 안에서 일어나는 일들 중에 얼마나 많은 것이 이에 기여할까? 내 관점에서는, 모든 것이라 대답하겠다. 대부분의 것들이 아주 조금만 기여할지라도 말이다. 왜냐하면, 다른 어떤 대답이든 이원론, 그러니까 경험은 우리의 뇌가 특별한 부위의 활동으로 우리를 위해 만들어 우리에게 바치는 것이라는 생각으로 후퇴하기 때문이다. 대신, 우리의 경험은 곧 그 활동 자체이기에, 활동에 관한 모든 것이 어느 정도 중요할 것이다. 그러나 상황은 그리 단순하지는 않다. 당신의 정신인 활동 패턴의 모든 것(모든 세부적인 것)이 경험에 있어 중요하다 해도, 몸이나 두개골이라는 범위 안에서 일어나는 모든 일이 그 패턴의 일부가 될 필요는 없다. 그렇다 해도 결론적 그림은 여전히, 주체적 경험에 관한 좁은 경로 관점과는 거리가 매우 멀다. 한 사람의 내부에서 일어나는 많은 것들이 걸음걸이, 주의력 또는 기분에 작은 차이를 줄 것이고, 그 모든 것이 경험의 일부이다.

나의 관점과 대조시켜 사용하는 좁은 경로 관점들은 광범위한 동물 경험에 대해서는 애써 신경쓰지 않으려는 경향이 있다. 이해할 만하다. 이러한 관점은 인간 사례에서의 발견으로부터 형성되었기 때문이다. 그리고 다른 사람들이 제시하는 이론들은 우리 뇌의 특정 부분이 해야 할 일을 어떻게 하는지에 대한 이론이기 때문이다. 더하여 이 관점들은 내 생각에, 분명하게 명시하지 않은 경우에도 사람들에게 이 문제에 대한 영향을 주는 그림을 시사한다. 위에서 언급한 실험들은, 인간이 무의식적으로 해낼 수 있는 기본적인 것들로 꽤나 긴 목록을 채울 수 있음을 보여 주려는 듯하다. 여러 종류의 지각이라든가, 우리가 감각하는 것들의 처리 등등에 관한 것들 말이다. 만일 그렇다면, 이 모든 것들을 하나의 패키지로 꾸려 넣어서, 완전한 무의식 상태에서 세계를 감각하고 반응하기를 꽤 잘하는 동물을 만들어낼 수 있을 것 같다. 결국, 이 동물은 우리가 무의식적으로 할 수 있다고 알고 있는 것들만을 하고 있을 것이다. 그렇다면 그 동물이 되는 것은 아무것도 아닌 것처럼 느껴질 것이다feel like nothing to be. 다음으로, 이 결론은 가설 속 동물과 비슷한 능력을 지닌 다양한 실제 동물에 적용될 수 있다. 그러나 이는 좋은 주장은 아닐 것이다. 인간이란 존재가 내부에서 일어나는 모든 것을 의식하지 못함에도 불구하고, 이 주장의 기초가 되는 실험은 모두 의식이 있는 인간을 대상으로 이루어졌다. 이러한 실험로부터 우리는, 우리가 의식이 있는 존재일 때 놀라운 양의 일이 배경의 깊은 곳에서 이루어질 수 있음을 배우고 있다. 이것은 모든 것이 동시에 배경 속에 존재할 수 있음을 보여 주지는 않는다. 정상적이고 깨어 있는 인간이라면, 설사 많은 것들이 장면 뒤에서 이루어지고 있을지라도, 그 사람이 되는 것과 같은 무언가가 존재한다. 세계를 향해 스스로의 길을 열어가는 많은 동물들에도 같은 이야기를 적용할 수 있을 것이다.

나는 위에서, 최근 연구들 속의 의식과 경험에 대한 많은 중요한 아이디어들이 우리 자신의 사례에서 발견된 것들에 의해 틀지어졌다고 말했다. 그것은 이해할 만하다. 이러한 관점들은 지시를 따르고 그들이 무엇을 보고 느끼는지를 보고할 수 있는 이들을 대상으로 하는 실험적 연구에 기반하기 때문이다. 이러한 종류의 연구들은 실제로 우리 경험이 어떻게 작용하는지에 대해 많은 것들을 알려줄 것이다. 그러나 나머지에 대해서는 어떤가? 어떤 경우에는 다른 동물(새나 물고기)에서 인간 뇌 부위와 대략적으로 일치하는 구조가 발견되는데, 이는 시야를 확장할 가능성을 열어 준다. 하지만 우리는, 이 책에 나오는 많은 동물들을 포함해 우리로부터 더 먼 동물들도 다루어야 한다. 그렇다면 이렇게 말하는 실수를 범할 수 있다. **이것**(인간 연구에서 밝혀진)이 바로 경험이고, 만일 당신에게 이것이 없다면 당신은 경험을 가질 수 없다. 그 대신, 만일 당신의 뇌가 우리의 뇌와 다르다면, 당신의 경험은 다른 것이지 없는 것은 아니라고 말해야 한다. 일단 소라게와 문어 등등에게 어떤 형태의 경험이 존재한다는 것을 받아들이면, 그들과 우리가 무엇을 가지고 있어서 우리 모두를 경험하는 존재가 되게끔 하는지에 대한 보다 넓은 시야가 필요해진다. 그것이 내가 여기에서 진전을 이루려고 노력해 온 것이다. 더하여, 나는 여기서 얻은 광범위한 접근이 우리 인간 경험에 대한 단서 역시도 제공할 수 있다고 본다. 그것은 우리에게 원시적이고 불분명한 경험의 요소들을 상기시키는 것이면서, 오늘날 많은 심리학 실험이 집중하고, 명확한 관심을 쏟는 주제이다. 인간 경험은 오래됨과 새로움의 뒤섞임이다.

결론들

미흡할지라도 지금까지는 이 사유들이 올바른 길 위에 서 있다고 해 보자. 논의중인 다른 질문들에는 이제 무엇이 뒤따르고 어떤 결론이 나올까? 나는 두 가지를 살필 것이다.

앞선 장에서 나는 많은 이들이 벌과 파리를 경험의 주체가 아닌 조그마한 비행 로봇으로 본다고 말했다. 어떤 독자들은 이렇게 질문할 것이다. 왜 저렇게 로봇을 싫어하지? 왜 그들을 비하할까? 아마도 오늘날의 로봇들은 경험을 지니고 있지 않겠지만, 미래에는 가능할지도 모르겠다.

이런 류의 질문들은 여러 종류의 인공지능 시스템과 관련이 있다. 인공지능 시스템은 보통의 경우와 다르게 정신이 신체 안에 존재하지 않고, 컴퓨터 프로그램 안에서 상호작용 패턴으로서 "실현된다." 여기서 내가 생각하는 것은 강强 인공지능이다. 이것들은 단순히 정신을 지닌 무언가로서 행동하거나 문제를 해결하기 위해 만들어진 컴퓨터 프로그램이 아닌, 그것이 실행 중일 때는 하나의 정신이 **되도록** 정의된 프로그램들이다. 나아가, 만일 정신이 소프트웨어 상호작용의 패턴 속에 존재할 수 있다면, 우리는 언젠가, 아마 우리 스스로의 정신을 포함한 어떤 것들을 "클라우드"에 업로드할 것이라 기대할 수 있다. 이 시나리오에서는, 물리적인 컴퓨터가 필요하겠지만 정신이 컴퓨터에서 다른 컴퓨터로, 마치 오늘날 클라우드 컴퓨팅 시스템의 정보가 그러하듯이 옮겨다닐 수 있을지도 모를 일이다. 지금은 우리 각자의 몸에서만 존재하는 우리 생각과 경험이, 업로드 된 이후에는 기계에서 기계로 옮겨갈 수 있을지도 모른다.

만일 이 책의 아이디어가 올바른 길 위에 있다면, 아무리 복잡하고 우리 뇌의 작동 방식을 모델로 했다고 할지라도, 어떤 상호작용을 프로그래밍한다고 해서 컴퓨터에 정신을 만들어낼 수는 없다. 이 책의 관점은 다양하지만 많은 인공지능 프로젝트들의 기반이 되는 이같은 사유와는 맞선다.

이 인공지능 프로젝트의 원동력은 정신이 상호작용 및 행동 패턴으로 존재한다는 아이디어였다. 보통, 이러한 패턴은 우리 뇌에서 발견되지만, 똑같은 패턴이 다른 물리적 장치에도 존재할 수 있다고 한다. 내가 여기서 옹호하는 관점은, 어떤 의미에서는 정신이 활동 패턴으로서 존재한다는 점에는 동의하지만, 이러한 패턴들은 사람들이 흔히 생각하는 것보다 "이식"이 쉽지 않다는 것이다. 즉, 그것들은 특정한 종류의 물질적이고 생물학적인 기반에 매여 있다.

강인공지능에 대해 종종 제기되는 한 가지 반론은, 이러한 컴퓨터 프로그램에서 뇌에서 보이는 종류의 상호작용 패턴들을 **재현**represent할 수는 있을지 모르지만, 그것은 컴퓨터에 **현전**present하는 것과는 같지 않다는 것이다. 그 패턴들은 단지 코드화되고 기록된 것일 뿐으로, 그것만으로는 충분하지 않다. 이것은 심각한 결함이지만, 인공지능의 옹호자들은 종종 이를 적당한 말로 무시해 버린다. 그러나 우리 뇌가 하는 것과 비슷한 몇몇 종류의 활동은, 어렵지 않게 컴퓨터

360

안에 실제로 존재할 수 있다. 뇌가 단지 신호를 전달하고 전환하는 네트워크일 뿐이라고 가정하자. 뉴런 A가 뉴런 B와 C의 발화를 촉발하고, C가 D와 E, F 등에 영향을 주는 일이 거기서 일어나는 모든 것이라고 가정해 보자. 그렇다면, 한 대의 컴퓨터 속 무언가가 (B와 C에 영향을 주는) A의 역할을 하고 또 다른 무언가가 B의 역할을 한다면 필요한 것은 모두 있는 셈이다. 즉, 기계 속에서 뇌의 활동 패턴은 단순히 재현되는 게 아니라 현전할 수 있다. 하지만 뉴런은 (그리고 뇌는) 그 이상의 일을 한다. 인공지능 프로그램은 뇌가 하는 일을 단지 재현할 뿐, 그것을 **해내지는** 못한다는 것이 뇌의 대규모 동적 특성에 비추어볼 때 좀 더 예리한 반론이다. 이 특성 역시 컴퓨터 안에 실제로 존재해야만 한다. 뇌 속에서 이들 리듬과 파동(등등)이 무엇을 하는지에 대한 방정식 몇 개를 계산해서 이를 기계 속에서 실행하는 것만으로는 충분하지 않다. 그 기계는 실제로 그 안에 현현해 있는 패턴들을 **지녀야만** 한다.

우리의 목적이 인간의 정신이 아닌 **그저** 하나의 정신이라면, 이러한 패턴들은 우리 뇌에서 일어나는 것들과 똑같을 필요없이 비슷하기만 해도 괜찮다. 그렇지만, 이러한 일들이 뭐든 기계 속에서 일어나게 하기 위해 무엇이 필요할지 생각해 보라. 뇌 속에서 리듬과 장을 일으켜내는 활동들에 대해 생각해 보자. 그것들은 뇌의 특정 부위에서 협응된 진동을 생성하기 위해 결합하는, 세포막 위의 이온(하전입자)들의 미세한 나고 듦이다. 뇌의 장을 차치하고 생각하더라도, 뇌와 물리적으로 비슷하지 않게 생긴 시스템이 동적 패턴과 같은 것을 만들기는 매우 어려워 보인다.

내가 이 책에서 설명하고 있는 일종의 물질주의가 지닌 의미를 생각해 볼 또다른 좋은 지점이다. 처음에는 당신이 의식적인 생각으로 가득 차 있음을 발견한다. 어떻게 이 모든 것이 그냥 뇌일 수 있을까? 회색 덩어리를 보자. 그것으로는 충분치 않을 수 있다. 누군가는 말한다. "아냐, 그냥 물체만 보면 안 돼. 그건 뇌 내부의 활동들이고, 너는 그 활동을 보지 못해." 당신이 묻는다. "어떤 활동 말이야?" 상대가 답한다. "수많은, 복잡한 신호와 전환들 말이지." 당신은 말한다. "오케이." 그리고 당신은 이해가 되었다고 생각한다. 그러나, 이 상황은 과연 나아졌을까? 이제 당신은 전체를 본다. 세포 사이의 영향과 더불어, 리듬과 장, 감각들에 의해 조절되는 전기적 활동 패턴들을 본다. 그리고 나면, 적어도 내 의견대로면 상황이 완전히 달라진다. 그 활동들은 나, 나의 생각과 경험들, 과거 사건의 회상과 미래의 상상 등이 될 수 있다. 더이상 믿기 어렵지 않다.

오늘날의 컴퓨터에는 우리 내부에서 일어나는 일의 매우 작은 부분인 일종의 논리적 조각이 포함되어있다. 컴퓨터들은 많은 경우 행위자성과 주체성의 환영을 만들어 내도록 디자인되고, 이를 잘 실행한다. 만일 우리가 필요한 전력을 제공하는 안정된 몸체 안에 위치한, 거대한 메모리 저장 장치에 붙어 있는 빠르고 믿을 만한 논리 프로세서들이 포함된 장비로부터 시작한다면, 그것이 어떻게 프로그램되어 있든 간에 우리의 뇌 그리고 생명체와 전적으로 다른 것으로 남는다. 아마도 미래에는 인공적 시스템이 다른 재료로 만들어지고, 좀 더 뇌처럼 작동할 수도 있겠다. 그 결과는 일종의 인공 생명체거나 아니면 적어도 지금의 인공지능 체계보다는 그에 가까운 어떤 것일 수도 있다. 여기서 문제는 인공성이 아니다. 그보다는 진화가 아닌 우리가 인공지능 시스템을 만든다는 사실이다. 문제는 내부에서 제대로 된 종류의 일이 진행될 필요가 있다는 것이다.

다음으로 인공지능의 영역에서 내가 가장 동의하지 않는 것은 "업로드" 시나리오다. 컴퓨터 프로그램으로 하는 업로드가 당신의 것과 같은 경험을 지니고 **당신**의 연속체 continuation가 될 수도 있다는 사유는 환상에 불과하다. 당신은 클라우드 속 한 컴퓨터에서 다른 컴퓨터로 이동할 수 있는 어떤 활동 패턴과도 매우 다르다. 다시 말하지만, 미래의 기계들은 현재의 것들과 다를 수 있고, 언젠가는 인공 생명체가 나타날 수도 있다. 그러나 현재의 테크놀로지만 놓고 본다면, 당신의 경험을 살아 있는 그들의 몸속 생물학적 기반으로부터 취하여 클라우드 속에서 (확장된 **당신**으로서) 지속시키는 프로세스란 존재할 수 없다.

업로드 시나리오는 가장 일어나기 힘든 시나리오다. 스펙트럼의 다른 한쪽 끝에는, 진정으로 뇌와 같은 제어 체계를 내부에 지닌 미래의 로봇을 그리는 시나리오가 있다. 그들은 언젠가 인공지능뿐 아니라 인공 경험까지 만들어 낼지도 모른다.

만일 감응이라는 것이 대략 내가 말한 방식으로 존재한다면, 이것이 동물과 다른 생명체들에 대한 우리의 행동을 어떻게 바꾸어낼 수 있을까? 여기서 자세하게 다루기는 너무 큰 질문이지만, 이 책이 하고 있는 한 가지는, 더욱 많은 동물들이 지금보다 더 큰 **존중**을 받아야 할 이유를 제공하는 것이다. 우리가 고려해야 할 그림 속에 더 많은 동물의 복지가 들어가는 것이다. 존중의 확대는 권리의 확대나 일종의 위상적 평등을 성립시키려는 것과는 다르다. 이 책의 목적은 모기, 깔따구, 진딧물을 동료 시민으로 추대하거나, 이러한 동물을 향한 우리의 행동을 급진적으로 바꿔야 할 필요가 있다고 주장하는 것이 아니다. 어떻게 보면, 존중의 확대는 그 자체로는 큰 진전이 아니지만, 정당하게 내딛는 한 걸음이다.

내 견해의 한 부분은 어떤 불편한 지점으로 이어진다. 우리가 인간과 다른 동물 사이의 전통적인 구분을 포기하면, 복지와 윤리적 질문에 대해 생각할 때, 새로운 구분, 새로운 경계를 찾으려는 타당한 유혹이 존재한다. 우리는 이렇게 말할지도 모른다. 감응적인 존재가 한 쪽에 있고 나머지는 다른 쪽에 있다. 최근에는 어떤 동물이 감응적이라는 타당한 가능성이 있다면, 우리는 지나칠 정도로 그것의 이익을 보호해야 한다고 말하는 의견도 있다. 이 태도에 찬성하는 목소리는 많으며, 어떤 맥락에서 이러한 태도가 쉽게 적용될 수 있다. 하지만 점진주의적 관점이 진실이라면, 수많은 무척추동물을 비롯하여 "그것은 감응적인가?"라는 질문에 원론적으로조차 답할 수 없는 수많은 사례들이 생겨난다. 우리는 이러한 사례들에 대해 생각할 새로운 방법을 찾아야 한다. 경험의 어마어마한 다양성에 대한 질문 역시 중요하다. 나는 한때 많은 곤충들이 감각적 종류의 경험만 있고 통증이나 스트레스 등의 판단적 경험은 없을 것이라고 의심했다. 만일 그렇다면, 그것은 그들의 안녕과 관련된 질문들에 큰 영향을 주게 될 것이다. 그러나 지금은, 8장에서 보았듯이, 곤충의 경험에 대한 이러한 시각이 잘못되었다고 생각한다.

좀 더 구체적인 사안까지도 역시 제기되었다. 이 책 전체에서 나는, 다양한 방식의 잔혹한 실험을 통해 직간접적으로 얻은 정보를 활용하였다. 과학은 보통 매우 간결하게 기록되는데, 연구 결과가 특히 리뷰 논문 등에 의해 처리된 다음에는 동물들이 작동하는 방식은 이렇다, 내부에 무엇이 있다는 식으로 발표된다. 그러나 이 장면 뒤에는 커다란 고통이 존재한다. 우리를 위해 일어나는 이러한 일들을 어떻게 마주해야 할까? 어떤 실험은 내가 읽기에는 전혀 문제가 없어 보인다. 앞에서 나는 게에 대한 엘우드의 연구를 이야기했다. 또 다른 자료를 읽다가, 특히 원숭이와 고양이를 이용한 연구의 경우 읽던 중 실험 내용을 만나면 바로 넘겨 버리기도 한다. 이 책에는 포유류에 대한 내용이 많지 않아서 그만큼 보기 힘겨운 사례들을 많이 대면할 필요까지는 없었다. 오프라인 프로세싱과 관련하여 등장한 이 장의 쥐들은 우리를 이전보다 가깝게 만들었다. 그 정보는 이보다 흥미로울 수가 없을 정도였다. 그들 내부에 이러한 시스템이 있고, 그것이 연구될 수 있다는 것은 거의 기적에 가깝다. 뇌가 어떻게 작동하는지에 대한 질문들이 이 연구에 의해 바뀌었고, 그 결과는 노벨상까지 이어졌다. 나는 이 발견을 알 수 있음에 기쁘지만, 쥐들에게는 더 힘든 일이 되었다. 누군가는 우리가 더 많은 것을 알게 될수록, 더 앞으로 나아가기보다는 뒤로 물러나기를 바랄지도 모르겠다.

동물 실험에 대한 이러한 논의에서, 우리는 보통 매우 소수의 실험 동물을 사용할 것을 말한다. 이 맥락에서, 실험에서 동물을 조금만 다루는 것이 중요할까? 우리가 항상 숫자에 대해서만 질문해야 하는 것은 아니다. 우리가 다른 지각이 있는 동물과 어떤 관계를 가지고 싶은지에 대한 질문 또한 존재한다. 예를 들면 가학성은, 연루된 숫자가 매우 적다고 해도 나쁘다. 나는 여기서 논의되고 있는 실험이 항상 (타인의 고통에서 기쁨을 느낀다는 문자 그대로의 의미에서) 가학적이라고 생각하는 것은 아니다. 그러나 무언가가 동물에게 고통을 준다는 사실은 꽤 명확한데, 그 안에서 무슨 일이 일어나는지 연구하는 것이 흥미롭다는 이유만으로 그 일을 계속한다면…나는 이를 어떻게 묘사해야 할지 잘 모르지만, 있어선 안될 나쁜 관계다. 보통은 습득한 지식이 다른 곳에서 고통의 감소로 이어지기를 바라는 것이 도리에 맞으며, 그것은 중요하다. 이 영역에서 나는, 종종 다른 이유로 수행된 기초 연구의 예상치 못한 결과로 실질적인 진보가 이루어진다는 사실이 가장 괴롭다. 이 사실은 반드시 직면해야 하며, 또한 생각을 매우 복잡하게 만든다. 이러한 종류의 추론이 현재 상황에 만연하다고 할지라도, 동물에게 일어날 수 있는 경험적 영향을 줄이면서 실험을 유익하게 유지하기 위해 많은 것을 할 수 있다. 바라지는 않았지만 지식은 주어졌고, 이제는 알았으니 같은 연구가 다시 반복되지 않을 것이라는 한 가지는 기뻐할 만한 일이다.

정신의 형태

작년, 이 책의 많은 장면에 등장하는 만에서 다이빙을 마치며 얕은 곳으로 헤엄치다가, 작은 해초 조각 둘이 내 앞에서 술을 흔들며 격렬하게 싸우는 데에서 멈추었다. 가까이서 살피니, 해면 대신 조류를 입은 긴집게발게들이었다. 서로 매우 짜증이 나 있는 듯했으며, 후퇴할 생각은 없어 보였다. 내가 보고 있어도 그 누구도 물러서지 않았다. 그들은 서로 가까이 있으면서 해초처럼 펄럭였다. 본질적으로는 이해하더라도, 처음에는 놀랍게 다가온 행위자성의 표현이었다.

세상의 모든 정신은 어떻게 펼쳐져 있을까? 어디에서, 언제 발견될까? 그것들은 우리 주변에 얼마나 많이 놓여 있을까? 완전히 다른 두 그림으로 비교할 수 있다. 이것들을 사막과 정글로 놓고 생각해 보자. 사막의 관점에서는 정신이 어디에도 거의 존재하지 않다고 본다. 세계는 생명체의 세계를 포함한 거의 모든 영역이 정신적으로 황량하다. 첫 장에 나온 데카르트의 시각이 이와 같은데, 그처럼 이원론자가 될 필요까지는 없다. 많은 사람이 이와 비슷하게 황량한 그림을 그리고 있다. 아마도 인간을 비롯한 몇몇 포유류는 정신을 지니겠지만, 이 집단 밖에서 정신은 뒤켠으로 사라진다. 세계의 나머지는 정신적으로 비어 있다. 대부분의 산 것들은 정신이 없는 껍데기들이다.

반대에 있는 시각은 정글이며, 정신이 어디에나 혹은 거의 어디에나 있다고 여긴다. 이 시각의 가장 극단적인 버전은 범심론으로, 영혼과 같은 힘이 원자에까지 있다는 시각이다. 정글에 가까운 시각은 모든 생명체(식물, 박테리아 등도)가 감각이 있다는 관점에서도 볼 수 있다. 그렇다면, 감응은 완전히 생명이 없는 영역을 제외한 지구의 거의 모든 곳에 있게 된다.

진실은 사막도 정글도 아닌 그 사이에 있다. 그 진실의 형태는 지금까지 30억 년이 넘는 시간 동안의 진화가 만들어 낸 생명의 계통수 위를 다시 한 번 더듬어 움직여서 탐구할 수 있다. 일단, 그리고 놀랍게도, 넓은 의미로 정신에 준한 어떤 활동들은 생명의 나무 거의 모든 곳, 아마도 거의 모든 가지와 줄기에 존재한다. 감각과 반응은 어디에나 있다. 주변에서 일어나는 일에 완전히 깜깜한 세포란 없다. 우리는 생명의 가장 첫 단계에 대해서는 모르지만, "최소 인지"라 불리는 것은 나무의 대부분, 아니 모든 곳에 존재하는 것으로 보인다.

이는 확실히 놀라운 일이다. 아리스토텔레스의 견해는 존재들에 대해 우리가 예상한 것에 가까워 보인다. 그는 모든 생명이 "영양을 공급하는nutritive" 영혼, 즉 스스로 살기 위한 장치를 갖고 있고, 동물만이 "감각적인sensitive" 영혼 즉 지각하고 반응하는 능력을 지닌다고 생각했다. 거기에 더하여 인간은 이성적인rational 영혼을 지니고 있다. 많은 생물체들이 맹목적으로 스스로의 몸을 유지하는 중에, 감각이 동물들 사이에서 삐걱대며 처음으로 열렸다는 것이다. 대신에, 감각적인 영혼은 무엇보다 널리 퍼지고 아마도 다른 것들만큼 일찍 나타났다.

이러한 시작점에서, 다른 진화 경로들이 각자의 길로 여행해 나아갔다. 한 갈래에서는 동작의 새로운 수단인 동물의 몸이 나타났고, 이 갈래 속에서 새로운 방식으로 신경 체계가 몸을 한데 묶어 내었다. 이 가지 속 작은 가지들 위에서 동물들은 빠르게 움직이고, 사물을 조작하고, 그들이 영향을 주는 대상을 인식하기 시작한다. 이 가지가 동물 존재의 방식을 생성해낸다.

이 그림 속에서, 가장 넓은 의미의 감응, **감각** 경험, 의식은 어떤 모양을 하고 있을까? 감각과 최소 인지를 어디에서나 볼 수 있다고 할 때, 그리고 문어나 게 같은 동물들이 지각이 있어 보일 때, 당신 앞에는 불안한 풍경이 열릴 수 있다. 당신 앞에는 식물, 균류, 무신경 동물, 원생생물, 박테리아까지 뻗쳐 있는 점진적 비탈이 나타난다. 만일 감응이 점진적으로 나타났다면, 이 비탈이야말로 그것이 드러나는 길이 왜 아니겠는가? 최소 인지가 최소 감응을 함의하지 못할 이유가 있을까? 만일 주체성이 정신의 진화를 가능하게 하는 중요한 아이디어라면, 최소 인지를 지닌 모든 것이 일종의 주체성, 사물을 보이는 방식을 지니는 것이 아닐까?

이러한 질문은 이 책을 쓰는 동안 계속 반복되는 가장 불확실한 점이었다. 이는 범심론이 아니라, 모든 삶이 감응적이라는 아이디어인, 생심론biopsychism이라 할 수 있는 길을 열어주었다. (이 용어는 이러한 질문과 씨름했던 헤켈이 만들어 낸 것이지만 나는 조금 다른 뜻으로 사용했다.) 그러나 나는 이 것이 실수라고 생각한다. 무엇보다, 최소 인지는 박테리아 에도 존재한다. 그들이 무엇을 어떻게 해내고 있는지를 보면 그들에게 느낌은 존재하지 않는 것처럼 보인다. 이러한 질문들 위를 누비면서, 나는 신경 체계의 중요성과 그것이 자연의 에너지를 조작하는 방식의 고유성을 깨닫게 되었다.

여전히 우리 앞에는 거의 모든 동물이 있으므로, 이것으로 모든 것을 해결하지 못했다. 이 지점에서 한 가지 선택항은 경험의 선구자들이 "생명의 나무"의 동물 영역의 대부분에 존재함에도 불구하고, 감각 경험은 각기 다른 진화적 경로 속에서 여러 번에 걸쳐 나타났다고 주장하는 것이다. 그리고 이는 절지동물, 몇몇 연체동물, 그리고 척추동물에서 (아마도 이들 집단 중 어떤 곳들에서는 두 번 이상) 일어났다는 것이다. 아마도 여기서 논하지 않은 더 많은 집단에서도 이러한 일이 일어났겠지만, 많은 다른 무척추동물(산호나 이끼벌레)은 그러한 자질을 지니고 있지 않다. 이러한 시각에선, 감응이란 동물들 사이에서 무에서부터 등장하였고, 적어도 몇 번에 걸쳐 그것이 이루어졌다.

두 번째 가능성은, 경험의 원시적 형태가 오래전 동물 진화의 초기에 단 한 번 나타났다는 것이다. 이 형태는 이 책에서 정리한 진화적 발산에 해당하며, 여러 줄기로 발전해 나갔다.

그 형태는 어떠하였을까? 이 질문에 답하려는 시도는 수많은 문제에 직면하게 된다. 과거에 잃어버린 사건들에 의존해야 하고, 매우 다른 신경 체계를 지닌 동물 내부에서 무엇이 일어나는지, 그리고 가장 단순한 경험의 형태가 무엇일지, 아주 초기 단계에서 감응이 나타났다고 말한다는 것이 어떤 의미인지에 대하여 답을 해내야 한다.

우리는 더 이상 나아갈 수 없는 지점까지 파고들었다. 만일 내기를 걸어야 한다면 첫 번째 항에 걸겠지만, 이 예감이 어디에 기반하는지 확신할 수 없으며, 어쩌면 진실은 우리가 지금 지닌 언어로는 표현될 수 없는 둘의 어떤 혼합일지도 모른다. 여전히, 나는 뚜렷한 감응이 척추동물뿐 아니라 우리와 아주 먼 어떤 집단들, 적어도 두족류와 일부 절지류에게는 존재한다는 관점을 지지한다. 그리로부터 볼 때, 우리는 진화의 갈래를 따라가다가 갑자기 빛이 켜지는 것을 발견하는 게 아니라, 자아가 보다 확연해지고, 내부에서 일어나는 일들이 보다 경험적이 되며, 주체성이 형태를 갖추어가는 점진적 과정을 보게 된다. 그들의 삶을 느끼는 유일한 생명체는 신경 체계를 가지고 있어야 하므로, 동물뿐이다. 암초를 따라 혹은 물의 숲속을 다닐 때, 당신 주변의 모든 생명들에는 감각과 최소 인지라는 것이 존재한다. 이들 중 어떤 것들은 마찬가지로 경험의 주체인 자아를 조직한 채 있다. 감응은 절대적으로 어디에나, 심지어는 생명들 사이에서도 어디에나 존재하는 것이 아니다. 그러나 (아마도) 바다 천사sea angel에서부터 (확실히) 해룡sea dragon들에게까지, 수많은 감응이 존재한다. 세상은 사람들이 생각해 온 것보다 더욱 경험으로 **충만하다.**

이렇게 요약을 하고 그 불확실성에 대해 연구하면서 다시 한번 나는, **거기 있는**being-there 종류의 경험들을, 일어나는 그대로의 삶을 받아들이며 적어오고 있었다. 우리가 이 장의 앞부분에서 보았듯, 경험의 또 다른 측면은 지금 여기를 떠나 다른 어딘가에서 자신을 발견하는 능력이다. 이는 진화가 준 자유라는 선물로, 우리에게만 주어진 것이 아니다. 다른 많은 동물들도 이러한 종류의 경험 중 무언가를, 특히 꿈 속에서 지니고 있을 수 있다. 그러나 인간들에게 이러한 능력은 보다 의도적인 제어하에 놓여 있게 된다.

이러한 정교함, 즉 오프라인 프로세싱의 발달은 정신을 보다 더 하나의 사물a thing과 같은 것으로 만든다. 무슨 의미인가?(무엇의 반대말로서 사물인가?) 내가 의미하는 바는, 앞선 장들에서의 이야기가 정신 자체를 물화reify시키는 것을 피하고 정신을 하나의 대상으로 다루는 방식으로 전해지는 것이 가장 좋다는 뜻이다. 동물은 그 안의 뇌가 그렇듯 물리적인 존재이나, 정신은 그 행동의 측면이나 내부의 활동에 비해서 덜 물질적이다. 오프라인일 때는 문제는 조금 달라진다. 이제 정신은 가능성들을 시험해 보고, 지어내 보고, 청각과 시각 이미지를 조작해 보는 하나의 장arena 같은 것이된다. 1920년대에, 철학자 존 듀이는 정신이 행동을 이끄는 실용적 역할과 더불어 "미학적 장esthetic field"으로서의 역할도지닌다고 썼다. 그것은 장면이 형성될 수 있고, 이야기가 만들어질 수 있으며, 현재의 상황들이 사라지는 곳이다. 나는 경험의 가장 기본적인 형태가 이러하다기보다는, 거기 있음이 먼저 등장한다고 생각한다. 그러나 이러한 다른 측면들이 드러날 때, 그것은 더 나아간 의미에서의 정신의 출현이된다.

30년 전 학생일 때 학회에 가서, 오스트리아의 철학자 루드비히 비트겐슈타인Ludwig Wittgenstein에 대해 이야기하는 그룹에 참여했다. 20세기 초중반에 활동했던 비트겐슈타인은, 철학자가 주로 작업하는 정신적 그림은 대체로 환상 속에서 발견된다는 것을 가장 자세히, 그리고 매우 영향력 있게 주장한 사람이다. 그의 영향을 크게 받은 길버트 라일Gilbert Ryle의 유명한 문구에서, 철학자들은 정신을 "기계 속 유령"ghost in the machine으로서, 즉 물질적 육체에 미심쩍게 거하고 있는 유령 같은 통제자로서 생각해 왔다. 비트겐슈타인과 라일이 둘 다 생각한 것은, 정신에 대해 이러한 그림을 가지게 되면 존재를 이해할 가망이 없어진다는 것이다. 이러한 그림은 끝없는, 그럴싸한 문제들 즉 해결할 필요는 없고 버리기만 해야 할 문제만을 만들어 낸다.

이러한 주제를 좇으며, 모임의 연사 중 하나인 크리스핀 라이트Crispin Wright는 인간의 정신을 한 사람(해당 정신의 주인)이 사적으로 오류의 가능성없이 관찰할 수 있는 비밀 공간인 "벽으로 둘러싸인 정원"처럼 다루는 것의 철학적 오류에 대하여 이야기했다. 비트겐슈타인에게, 정신이란 이러한 것이 될 수 없었다. 대신, 정신은 사람들이 하는 일what people do, 행동 안에 존재한다.

"벽으로 둘러싸인 정원" 비유는 잘못된 흐름이라는 한 가지 오류를 가리키기 위해 사용되었다. 그러나 토론 속에서 이 아이디어가 돌면서, 그 모임의 여러 연사들조차도 그에 끌리는 듯 보였다. 철학자뿐 아니라 보통 사람들도 이와 같은 시각을 종종 제안하기도 한다. 사람들은 정신을 하나의 사적 영역이라고 이야기한다. 그것은 중단시켜야 할 지점이다. 왜냐하면 비트겐슈타인은 철학에 의해 오염되기 전의 일상의 대화를 존중코자 했기 때문이다. 그는 철학자들이 다른 사람들보다 더 이러한 문제들을 많이 혼란스러워한다고 생각했다(사람들이 철학자처럼 생각하기 시작하는 데 그리 오래 걸리지 않기는 함에도 불구하고 말이다).

사람들은 정신을 숨겨진 영역이라고 말할 수 있지만, 그 관점은 옳을 수 없다고 연사들은 생각하였다. 존재는 그러한 방식으로 있을 수 없다. 대신에, 존재는 곧 우리 안의 그 방식, 혹은 그러한 방식 같은 것이다. 이는 감응의 일반적 특질이 아니다. 즉 스스로 삶을 경험하는 모든 동물에 존재할 무언가는 아니다. 그러나 우리의 경우에는, 그러하다. 우리는 떠오르는 것들 그리고 우리가 만들어 내는 것들로 가득 찬 하나의 장을 창조한다. 우리는 정원으로 든다.

미주

1. 원생동물

p16 "그것은 알코올에 담겨 생물학자 T. H. 헉슬리에게 전달되었다."
바티비우스에 관한 주 참조는 Philip F. Rehbock, "Huxley, Haeckel, and the Oceanographers: The Case of Bathybius haeckelii," *Isis* 66, no. 4 (1975): 504-33에서 이루어졌다. 헉슬리의 1868년 논문은 "On Some Organisms Living at Great Depths in the North Atlantic Ocean," *Quarterly Journal of Microscopical Science* (n.s.) 8 (1868): 203-12이다. 여기에서 그는, 발견된 것이 "원형질"이라 생각하며 그것에 바티비우스 헤켈리라는 이름을 붙였다 (종의 이름에는 보통 소문자를 사용하지만, 본문에 적어놓았듯 대문자 H가 사용되었다.)

p17 "헤켈은 이 발견과 명명을 마음에 들어했다."
헤켈에 관해서는 전기인 Robert J. Richards, *The Tragic Sense of Life: Ernst Haeckel and the Struggle Over Evolutionary Thought* (Chicago: University of Chicago Press, 2008), 그리고 최근에 나온 좋은 스케치인 Georgy S. Levit and Uwe Hossfeld's "Ernst Haeckel in the History of Biology," *Current Biology* 29, no. 24 (2019): R1276-84를 참조했다. 이 논문과 함께 실려 있는 (pp. R1272-76) 것은 헤켈의 유명한 그림들에 대한 논문인 Florian Maderspacher의 "The Enthusiastic Observer—Haeckel as Artist"로 그것의 정확성에 대한 논쟁들 역시 포함하고 있다.

헤켈은 그 시기의 많은 생물학자들과 마찬가지로 유럽인을 가장 꼭대기에 올려 놓은 인종적 위계를 믿었다. 그는 때로 독일 나치즘의 발전과 연결되기도 한다. Richards는 "Ernst Haeckel's Alleged Anti-Semitism and Contributions to Nazi Biology," *Biological Theory* 2 (2007): 97-103에서, (헤켈의 관점이 완벽히 계몽되었다고 주장하지는 않으려 하면서) 이러한 주장들이 틀렸음을 밝힌다. 예를 들어 헤켈에게 가장 높은 층위의 인간은 유대인과 베르베르인을 포함하였다(베르베르인과 유대인이 로마인 및 게르만인과 나란히 있었다). 또한 Richards는 동성애 활동가이자 성 연구가로 헤켈에게 책 *Natural Laws of Love* (1912)를 헌정한 Magnus Hirschfeld와 헤켈이 친한 친구가 되었음을 주지시킨다.

p17 "한편 이 둘은 이 책의 몇몇 구절을 비롯해 생명의 근원과 진화 과정의 시작에 대해 추론하기를 꺼리던 다윈의 태도를 맹렬히 비판하기도 하였다."

가장 유명한 문구는 J. D. Hooker에게 쓴 1871년의 편지에 실린 조심스러운 사유이다. "흔히들 생명체의 첫 생성을 위한 모든 조건이 현존하고, 지금까지 이어져올 수 있었다고 한다. 그러나 만일(얼마나 큰 "만일"인가) 온갖 암모니아와 인산염-빛, 열 등이 존재하는 작고 미지근한 연못에서 단백 화합물이 화학적으로 형성되어 보다 복잡한 변화를 겪을 준비가 되었다고 할 때, 현대에는 그러한 물질은 즉시 잡아먹히거나 흡수될 것이다. 이는 생명체가 형성되기 전에는 일어날 수 없을 일이다. (Darwin to J. D. Hooker, Down, Kent, February 1, 1871, Darwin Correspondence Project, darwinproject.ac.uk/letter/DCP-LETT-7471.xml).

p17 "헤켈은 생명이 무생물에서 자연스레 만들어지는 일이 가능하며, 그러한 일이 지속적으로 일어나고 있다고 믿었다."

Rehbock에 의하면, 헉슬리는 자신의 작업이 이 관점을 지지한다는 점을 부정하였다.

18 "18세기 스웨덴의 식물학자 카를 린나이우스가 새로운 분류 체계를 고안하면서"

린나이우스의 『자연의 체계』는 1735년 이후 여러 판본으로 출판되었다. 후대의 판본에 식물과 동물이 포함되었고, 그 뒤에 암석들이 들어왔다.

p18 "1860년 영국의 박물학자 존 호그는 식물도 동물도 아니며, 점점 단세포로 인식되는 작은 생명체를 위해 제4의 계를 더하는 것이 현명하다고 주장했다."

Hogg, "On the Distinctions of a Plant and an Animal and on a Fourth Kingdom of Nature," *Edinburgh New Philosophical Journal* (n.s.) 12 (July-Oct. 1860): 216-25를 보라. 본문에 언급하였듯, 호그에게 산 것들 사이의 경계는 흐릿하였지만 산 것과 무생물 사이의 경계는 확실하였다. 그의 도표 속에서 해당 선을 특히 뚜렷하게 그었다.

p19 "호그가 사용한 용어는 후에 헤켈에 의해 "Protista"라는 보다 짧은 현대어로 바뀌었다."

이 후자의 표현조차도 현재로서는 미심쩍게 여겨지는데, 이는 이것이 계통수의 특정한 한 갈래만을 가리키지 않기 때문이다(Proctista는 "측계통군[paraphyletic grouping]"이다). 이 책에 나오는 많은 용어들은 같은 이유로 논쟁 속에 있다. 그러나 이러한 주제들에 관해 쓸 때 "어류"나 "갑각류" 같은, 유사한 문제가 제기되는 개념들을 사용하지 않기란 어렵다.

p19 "2,000년 전 형성된 아리스토텔레스적 관점에서 보면"
특히 아리스토텔레스의 『영혼론(*De Anima*)』을 보라. 이 저작에 대한 해석은 논쟁중이다. 나는 그의 설명들을 비(非)이원론적으로 보지만 이원론적으로 그를 읽는 많은 경우들이 있으며, 저작은 여러 가지 의문점들을 포함하고 있다. Christopher Shields, "The First Functionalist," in *Historical Foundations of Cognitive Science*, ed. J-C. Smith (Dordrecht, The Netherlands: Kluwer, 1990), 19-33를 보라.

Justin Smith의 다음 언설을 보라. "근세 이전에, 동물의 영혼을 부정하는 것은 모순에 빠지는 셈일 것이었다. 무엇보다 단어 'animal'은 '영혼'을 뜻하는 라틴어 명사 'anima'의 단순 축약형이다." (Justin E. H.

Smith, "Machines, Souls, and Vital Principles," in *The Oxford Handbook of Philosophy in Early Modern Europe,* ed. Desmond M. Clarke and Catherine Wilson (Oxford, UK: Oxford University Press, 2011), 96-115.)

p20 "이 시기 영향력 있는 대표적 인물인 르네 데카르트에게"

Gary Hatfield의 "René Descartes," in *The Stanford Encyclopedia of Philosophy*, ed. Edward Zalta, Summer 2018, plato.stanford.edu/archives/sum2018/entries/descartes를 참조했다. 여기에서도 해석에 있어서의 논쟁이 존재하고, 데카르트는 이 주제에 대한 모든 사유를 출판하지는 않았다. Hatfield는 말한다. "생명체의 개념을 기계화하면서, 데카르트는 생명과 비생명 사이의 구분을 거부하지는 않았지만 영혼 있는(ensouled)과 영혼이 깃들지 않은(unensouled) 존재들 사이의 선을 다시 그었다. 그의 시각으로는, 지구의 존재들 중 인간만이 영혼을 가진다. 따라서 영혼과 정신을 동일시했다. 즉 영혼은 의식적 감각 경험, 의식적 이미지 경험, 의식적 기억의 경험을 포함한 사고와 의지를 설명하였다." 이 주제에 관한 Alison Simmons의 도움에 감사하다.

이 글에서 나는 아리스토텔레스와 데카르트의 시각을 대조한다. 아리스토텔레스를 기독교 교리와 합쳐내는, 영혼에 대한 시각의 중요성과 통합시키는 "스콜라 철학적" 설명의 틀이 이들 사이에 있어 중요한 단계가 된다. 토마스 아퀴나스가 이 시기의 중심적 인물이었다. *The Stanford Encyclopedia of Philosophy*에 실린 아퀴나스에 대한 Ralph McInerny와 John O'Callaghan의 글(plato.stanford.edu/entries/aquinas)이 도움이 될 것이다.

p21 "그들은 그것을 "원형질"이라 불렀다."

여기서 나는 광범위하게 Trevor Pearce, "'Protoplasm Feels': The Role of Physiology in Charles Sanders Peirce's Evolutionary Metaphysics," *HOPOS: The Journal of the International Society for the History of Philosophy of Science* 8, no. 1 (2018): 28-61을 참조했다. 이것은 겉으로는 철학자 C. S. Peirce에 대한 것이지만 훨씬 더 많은 것을 다룬다. William Carpenter로

부터의 인용은 Pearce의 글에서 가져왔다.

"조직은 생명의 결과이지, 생명이 조직의 결과물이 아니다"라는 헉슬리의 주장은 바티비우스에 관한 Rehbock의 글에서 인용하였는데, *British Medical Journal*에 보고된 대로 이는 헉슬리의 *Hunterian Lectures on the Invertebrata*(1868)에서 가져온 것이다. Rehbock에 의하면, 헤켈은 정신에 대한 이러한 질문들에 처음에는 조심스러웠지만, 1870년대 중반부터 일종의 감응을 그 자체의 문제로 돌리기 시작하였다. "모든 원자는 감각이 있고 움직이는 힘을 지닌다"고 Pearce는 인용한다.

p21 "세포의 내부를 보았을 때 세포가 명백히 수행하고 있는 일을 해내기에는 가지고 있는 기관이 충분치 않아 보였고"

오랜 철학적 전통은, 우리로 하여금 보통의 물질을 무한히 나눌 수 있는, 복잡한 형태의 숨겨진 세계를 품고 있는 것처럼 생각하게 하여 왔다. 17세기의 철학자 고트프리드 라이프니츠는 물질이란 그러한 방식으로 구성되었음에 틀림없다고 주장하였다. 그는 영역 내부의 영역에 대해 주장하는 보다 일반적인 이유가 있음을 주장하면서도, 네덜란드를 방문했을 때 판 레이우엔훅의 현미경 중 하나를 살핀 바가 있다. 이 스케일에서의 숨겨진 구조라는 아이디어는 적어도 논의선상에 있기는 했다. 그러나 사람들은, 다윈과 헉슬리의 시대에 현미경으로 세포를 살피던 사람들은, 만일 이러한 추론적 그림에 대해 알았을 때 그것을 그리 진지하게 받아들이지는 않았을 거라 생각한다. 무엇보다 당신은 작고 투명한 하나의 방울을 보고 있을 것이고, 그 투명한 방울이 어마어마한 일을 하는 것처럼 보였을 것이다. 따라서 원형질에 대한 매혹이 있었을 것이다.

p22 "챌린저 탐험대가 4년 동안 세계 수백 곳의 심해저에서 채취한 샘플들을 가지고 돌아왔다."

이 탐험에서 수집된 종들을 재현한 헤켈의 가장 아름다운 삽화들 몇을 *Art Forms from the Abyss: Ernst Haeckel's Images from the Challenger Expedition*, ed. Peter J. le B. Williams et al. (Munich: Prestel, 2015)에서 볼 수 있다. Amy Rice는 무엇보다 바티비우스가 특정한 종류의 생명

체라기보다는 계절성 플랑크톤의 잔해였겠지만 유기체였을 것이라 이야기한다. ("Thomas Henry Huxley and the Strange Case of Bathybius haeckelii: A Possible Alternative Explanation," *Archives of Natural History* 2 (1983): 169-80).

p23 "헤켈은 불행하게도 거의 *10*년을 더, 바티비우스가 미싱 링크라는 믿음에 집착하였다."

그의 "Bathybius and the Moners," *Popular Science Monthly* 11 (October 1877): 641-52를 보라. 여기에서 그는 또한 위의 헉슬리의 말과 거의 같은 이야기를 한다. "따라서, 생명은 조직의 결과가 아니고 그 반대이다."

p24 "마침표 안에는 *1*억 개의 리보솜이 들어갈 수 있다."

"How You Consist of Trillions of Tiny Machines," *The New York Review of Books*, July 9, 2015에서 Tim Flannery는 "The New Yotk Review에 인쇄된 한 문장의 마침표 하나에 4억 개의 리보솜까지 들어갈 수 있다."고 말한다.

　4억 개? 나는 다시 계산해 보아야 했다. 여기서 최대한 해 보자. (겹쳐지거나 버려지는 공간을 무시하고) 넓이를 비교해 보면, 진핵생물의 리보솜은 약지름이 약 25나노미터 가량 된다. 이러한 지름의 원은 약 500제곱나노미터이다. 마침표는 지름이 약 3분의1밀리미터로, 850억제곱나노미터이다. 즉 1억 7천만 개의 리보솜이 하나의 마침표에 들어갈 수 있다. 마침표의 크기나 리보솜의 배치에 따라 차이는 있겠지만, 우리는 이제 옳은 답에 다다랐다.

p27 "*1974*년에 토머스 네이글이 표현한 것처럼"

네이글의 "What Is It Like to Be a Bat?," *The Philosophical Review* 83, no. 4 (1974): 435-50에서 가져온 것이다.

p27 "범심론은 책상과 같은 물건을 포함한 모든 물질에 정신적 측면이 있다는 입장이다."

네이글의 옹호는 그의 *Mortal Questions* (Cambridge, UK: Cambridge University Press, 1979), 181-95에 실린 "Panpsychism"에 있다. Galen Strawson은 이 시각의 강한 옹호자이다. 그의 "Realistic Monism: Why Physicalism Entails Panpsychism," *Journal of Consciousness Studies* 13, no. 10-11 (2006): 3-3를 보라. 데이비드 차머스는 이 관점의 친척뻘 되는, 그가 "panprotopsychism"라 부르는 시각에 동의한다. "Panpsychism and Panprotopsychism," in *Consciousness in the Physical World: Perspectives on Russellian Monism,* ed. Torin Alter and Yujin Nagasawa (Oxford, UK: Oxford University Press, 2015)를 보라. 확실하고 간결한 설명은 Philip Goff와 함께한 Gareth Cook의 인터뷰 (*Scientific American*, January 14, 2020, scientificamerican.com/article/does-consciousness-pervade-the-universe.)에 있다.

p28 "헉슬리는 이와는 다른 비주류 시각에 관심을 가졌다."

이 시각은 수반현상설(epiphenomenalism)이라 불리며, 그의 옹호는 (어떤 의미로 해석이 어렵지만) 1874년 연설인 "On the Hypothesis that Animals Are Automata, and Its History," in *Collected Essays*, vol. 1 (Cambridge, UK: Cambridge University Press, 2011), 199-250에서 볼 수 있다.

p29 "이러한 (판단의) 자의성은 철학자 조셉 레빈이 "설명적 간극"이라 부른 것과 관련이 있다."

"Materialism and Qualia: The Explanatory Gap," *Pacific Philosophical Quarterly* 64 (1983): 354-61를 보라. 때로는 헉슬리가 이 문제에 대한 초기 언설을 했다고 인정되지만, 나는 그가 덜 확실하게 표현했다고 생각한다. "신경 조직을 자극한 결과로서 의식 있음의 상태와 같은 놀라운 어떤 것이 생겨나는 것은, 알라딘이 램프를 문질렀을 때 지니가 나타나는 것처럼 설명 불가한 일이다." (*Lessons in Elementary Physiology* [London: Macmillan, 1866], 193).

p31 "일원론은 자연의 가장 기본적 층위를 구성하는 근원적 단일성에 대해 관심을 갖는 태도이다."

이 개념은 같은 부류의 여러 관점에 사용되었다. 헤켈은 스스로를 "일원론자"라고 불렀다. 그의 범심론은 일종의 일원론이었다. "Our Monism: The Principles of a Consistent, Unitary World-View," *The Monist* 2, no. 4 (1892): 481-86를 보라.

p32 "만일 내가 물질주의자가 아니었다면 중립적 일원론을 취할 수도 있었겠지만"

David Armstrong의 정신 및 20세기 물질주의의 발전에 대해 나오게 될 논문집에 실릴, 나의 "Materialism: Then and Now"에서 논의되었다.

p33 "의사이자 작가인 올리버 색스의 말을 옮겨 본다."

"The Abyss," *The New Yorker*, September 24, 2007에서 가져왔다.

p33 "뒷부분에서 더 깊게 다룰 테지만, 이러한 시각에 동의하기는 어렵다."

동물에 대한 질문을 차치하고 인간의 사례만 가지고서, 신경과학자 비외른 메르케르는 자신이 연구했던, 물무뇌증(hydranencephaly)이라는 비극적 조건에 처한 어린이들을 묘사한다. 물무뇌증은 종종 태아 때 나타나는, 대뇌피질과 뇌의 다른 부분들이 없는 경우이다. 이들은 여러 방식으로 심각한 장애를 앓고, 대부분이 가진 정신적 삶과 같은 것을 가지지 못할 수 있다. 그러나 그들에게 경험이란 전혀 존재하지 않을까? 메르케르는 웃음과 같은 증거들, 짧지만 실재하는, 가까운 이들과의 교류로 보이는 것들을 증거로 삼아, 그렇지 않을 것이라 생각한다. 그는 대뇌피질이 없다고 해서 그들의 경험이 통째로 비어 있다고 믿을 이유가 없다고 생각한다. 그의 주장은 일리가 있어 보인다. 그의 논문은 "Consciousness Without a Cerebral Cortex: A Challenge for Neuroscience and Medicine," *Behavioral and Brain Sciences* 30, no. 1 (2007): 63-81이다. Antonio Damasio 역시 경험이 대뇌피질에 기반하는 것이 아니라 주장한다. Damasio and Gil B. Carvalho, "The Nature of Feelings: Evolutionary and Neurobiological Origins," *Nature Reviews Neuroscience* 14 (2013): 143-52를 참조하라.

p37 "알렉산더 그로텐디크의 문장이다."

해당 문단은 프랑스어로, 그의 *Récoltes et Semailles*, p. 553에 있다. 프랑스어 버전은 ncatlab.org/nlab/show/Récoltes+et+semailles에서 찾을 수 있다. 이 문단에 대한 논의와 영어 번역은 Colin McLarty, "The Rising Sea: Grothendieck on Simplicity and Generality," in *Episodes in the History of Recent Algebra* (1800-1950), ed. Jeremy J. Gray and Karen Hunger Parshall (*Providence, RI: American Mathematical Society,* 2007)을 참조했다. (Jane Sheldon의 도움을 받은) 나의 번역은 조금 다르다. 나는 수학자가 아니기에, 그의 수학적 작업을 따른다고 주장하지는 않는다.

p38 "이러한 상황에서 책을 이 인용으로 시작하는 것은 옳지 않아 보였다."

이 책을 시작하는 멜빌의 문장들에 대해 이야기하고자 한다. 존 위클리프는 14세기 영국의 신학자로, 가톨릭 교회의 초기 비판자였다. 그는 자연사한 뒤 묻혔지만, 30년 뒤 교황이 그의 시신을 꺼내어 불태우게 시켰고, 재를 강에 버리게 했다. 이 책의 첫 미국판에서, 멜빌은 위클리프의 자리에 토머스 크랜머를 집어넣었다. 크랜머는 또 한 명의 영국 종교 개혁가로, 한 세기가 지난 뒤 종교개혁 기간에 화형을 당했다. 비평가들은, 멜빌 스스로가 크랜머에서 영국판에 보이는 "위클리프"로 바꾸었다고 여기며, 그렇다면 수정한 것이 된다. 영국판에는 "범신론적"이라는 단어 역시 삭제하지만, 미국과 영국판을 섞은 결과로 후의 교정판에서 살아난다. 이 주제에 대한 John Bryant의 도움에 감사한다.

2. 유리해면

p41 "해면 정원은 특히 해류가 지나는 곳의 햇빛이 잘 드는 수면층의 바로 아래서부터 시작된다."

몇몇 장 제목에는 이 글을 쓰는 데 기여한 음악이 반영되어 있다. 이 장의 경우 Loren Chasse와 Jim Haynes의 앨범 〈*Coelacanth*〉를 참조하였다.

p43 "세포 속 사건들은 나노스케일"

이후 몇 쪽에 걸친 내용의 많은 부분은 Peter M. Hoffmann, *Life's Ratchet: How Molecular Machines Extract Order from Chaos* (New York: Basic Books, 2012)와 Peter B. Moore, "How Should We Think About the Ribosome?," *Annual Review of Biophysics* 41 (2012): 1-19, 그리고 Derek J. Skillings, "Mechanistic Explanation of Biological Processes," *Philosophy of Science* 82, no. 5 (2015): 1139-51을 참조하였다.

p45 "이 행성의 역사에서 생명은 꽤나 이른 시기인"

최근의 사유에 관한 다가가기 쉬운 탐구인 Nick Lane, 『바이털 퀘스천 (*The Vital Question: Why Is Life the Way It Is?*)』(김정은 옮김, 까치, 2016) 을 보라.

p45 "전하 길들이기"

이 절의 제목은 Ian Hacking의 확률론에 관한 책 『우연을 길들이다(*The Taming of Chance*)』(정혜경 옮김, 바다출판사, 2012)의 제목에서 따왔다. 다른 의미로 기회를 길들인다는 것은 (호프만의 Life's Ratchet에서 논하 듯) 여기서 일어나는 일의 일부가 된다.

p46 "리처드 파인만의 『물리학 강의』 속 독창적인 표현"

Lectures on Physics, vol. 2, chap. 1, "Electromagnetism," feynmanlectures. caltech.edu/II_01.html에 있다. 파인만의 『물리학 강의』는 온라인에서 feynmanlectures.caltech.edu/index.html (법적으로) 무료로 볼 수 있다.

p50 "박테리아가 발명한 것이 트랜지스터였다면"

Peter A. V. Anderson and Robert M. Greenberg, "Phylogeny of Ion Channels: Clues to Structure and Function," *Comparative Biochemistry and Physiology Part B* 129, no. 1 (2001): 17-28와 Kalypso Charalambous and B. A. Wallace, "NaChBac: The Long Lost Sodium Channel Ancestor," *Biochemistry* 50, no. 32 (2011): 6742-52를 보라. 트랜지스터의 비유는 Fred Sigworth, "Life's Transistors," *Nature* 423 (2003): 21-22를, 생물막 속 신호의 전달에 관해서는 Arthur Prindle et al., "Ion Channels Enable Electrical Communication Within Bacterial Communities," *Nature* 527 (2015): 59-63를 보라.

p54 "생명 활동은 그 자체로 생명체 밖에서 시작되고 끝나는 에너지의 흐름 속에 있는 하나의 패턴이다"

과학 아카데미 아서 M. 새클러 콜로키움(Arthur M. Sackler Colloquium)에서의 John Allen의 코멘트가 이 부분의 나의 사유에 도움을 주었다. 전기화학적 운동의 왕복 속에서 존재하는 방식으로서의 생명체의 본질은, 그것들이 외부의 사건들에 어쩔 수 없이 민감하도록 만든다.

p54 "나의 동료 모린 오말리가 이를 화학 용어와 다른 이미지를 적절히 조합해서 표현했다."

2017년의 이메일에서 기술하였다.

p55 "적어도 가장 기초적인 형태의 감각은 아주 오래도록 편재해 왔다."

Pamela Lyon의 논문은 단순한 감각의 형태에 관한 자세하고 도발적인 논의를 하고 있다. 박테리아에서 "바닥층"은 신호 변환 체계의 한 요소이다. 여기에서 내부의 제어 장치는, 세포 경계에 존재하는 수용체나 감각기 없이, 바깥으로부터 일어나는 자극들에 반응한다. 그녀의 "The Cognitive Cell: Bacterial Behavior Reconsidered," *Frontiers in Microbiology* 6 (2015): 264를 보라.

p55 ""후생동물"이란 개념은 *19*세기 후반 앞 장에 등장한 독일의 생물학자 에른스트 헤켈에 의해 소개되었다."

그의 *Anthropogenie oder Entwickelungsgeschichte des Menschen* (Leipzig: Wilhelm Engelmann, 1874)에서 드러나 있다.

p56 "동물은 다수의 세포로 이루어져서, 하나의 개체로 살아간다."

이렇게 말한 뒤, 나는 "현대 생물학에서 '동물'은 그것의 생태나 생김새에 관계없이, 계통수의 특정한 분파 속에서 발견되는 생명체 모두를 이른다"고 이야기했다. 두 문장 사이의 긴장이 존재하는가? 어떤 의미로는 그러하다. 만일 나무의 동물 부분에서 단세포 생명체를 찾는다면, 그것은 보다 공식적인 정의에 의하여 동물로 규정될 것이다. 실제 어떤 동물도 다세포에서 단세포로 넘어갔다고 알려진 바 없지만, 그에 가까운 사례는 있다. 작은 점액포자충류(myxozoan)는 어류나 곤충에 기생한다. 그들은 원래 (짚신벌레처럼) 원생생물로 여겨졌다. 그것들은 단세포는 아니지만 그에 가까우며, 일생 대부분 몇 개의 세포들로 살아간다. 그들은 산호와 말미잘의 친척뻘인, 지극히 단순화된 자포동물로 재분류되었다. Elizabeth U. Canning and Beth Okamura, "Biodiversity and Evolution of the Myxozoa," *Advances in Parasitology* 56 (2004): 43-131를 보라. 앞서의 언설들에서 보이는 다른 지점은 다음과 같다. "'동물'은 계통수의 특정한 분파 속에서 발견되는 생명체 모두를 이른다"고 나는 말했다." 맞는 말이지만, 정확히 어떤 분파인가? 현대의 생물학적 분류체계에서, 모든 갈래들에는 이름이 붙어 있다. 어떤 의미로 모든 갈래들에는 이름이 붙을 가치가 있다. (말하자면) 해면을 포함하지 않는 작은 가지를 "동물"이라 이르지 않을 이유가 있는가? 이 작은 가지 위의 모든 것이 포함된다면 이것 역시 적절할 것이다. 때로는 "진정후생동물(eumetazoa)"과 같은 개념이 이러한 종류의 보다 한정된 갈래를 가리키기 위해 쓰인다.

p57 "동물이 포함되어 있는 계통의 네트워크("생명의 나무")는 기실 나무의 형태는 아니다."

특히 박테리아와 같은 단세포 생명체의 경우에 "나무"를 이야기하는 것은 지나친 단순화이다. 생명의 "망(network)"이되 일부가 나무의 형태로 된 것이라 이야기하는 것이 보다 적확할 것이다.

p58 "동물이 등장하기 전, 세포골격의 존재는 단세포 생물의 움직임의 새로운 장을 열었고"

2014년 새클러 콜로키움에서 있었던 Patrick Keeling의 논의에 도움을 받았다. 세포 골격의 진화는 몇몇 생명체들로 하여금 대사적 화학작용을 단순화시키고 대신 움직이는, 행동적 삶에 보다 투자할 수 있게 만들었다. 이는 동물의 특질처럼 들리지만 단세포 생물의 이야기이다.

p59 "진핵세포도 이와 같이, 한 세포가 좀 더 단순한 다른 세포를 삼키는 방식을 통해 존재하게 되었다."

이 부분에서의 사유의 발전을 살펴려면 John Archibald, *One Plus One Equals One: Symbiosis and the Evolution of Complex Life* (Oxford, UK: Oxford University Press, 2014)을 보라.

p60 "이 가능성을 가장 먼저 그림으로 남긴 사람 역시 에른스트 헤켈이다."

그의 "Die Gastraea-Theorie, die phylogenetische Classification des Thierreichs und die Homologie der Keimblätter," *Jenaische Zeitschrift für Naturwissenschaft* 8 (1874): 1-55에 실려 있다.

p60 "우리의 소화기관에는 셀 수 없이 많은 박테리아가 살고 있다. "

이 장이 이야기하듯, 이 지점은 대체로 장조동물 이론의 일부는 아니다. 새로운 논문 하나가 이러한 이 지점을 들고나왔고, 내게는 이것이 중요한 아이디어일 수 있다고 생각된다. Zachary R. Adam et al., "The Origin of Animals as Microbial Host Volumes in Nutrient-Limited Seas." 이 논문은 아직 저널에 수록되지는 않았고, peerj.com/preprints/27173를 보라. 이 논문은 헤켈의 장조동물과 연결을 짓고 있지는 않다.

초기 동물과 박테리아의 다른 연관관계에 대해서는 충분히 논의되어 왔다. Margaret McFall-Ngai et al., "Animals in a Bacterial World, a

New Imperative for the Life Sciences," *Proceedings of the National Academy of Sciences USA* 110, no. 9 (2013): 3229-36와 Rosanna A. Alegado and Nicole King, "Bacterial Influences on Animal Origins," *Cold Spring Harbor Perspectives in Biology* 6, no. 11 (2014): a016162를 보라. 나는 장조 동물에 대한 이 수정된 아이디어는 조금 다르다고 생각한다.

p62 "이 실마리를 지닌 트리오, 해면, 빗해파리, 그리고 털납작벌레를 살펴보자."

Casey W. Dunn, Sally P. Leys, and Steven H. D. Haddock, "The Hidden Biology of Sponges and Ctenophores," *Trends in Ecology & Evolution* 30, no. 5 (2015): 282-91를 잘 참조하였다. 털납작벌레의 특징에 관하여서는 Bernd Schierwater and Rob DeSalle, "Placozoa," *Current Biology* 28, no. 3 (2018): R97-98와 Frédérique Varoqueaux et al., "High Cell Diversity and Complex Peptidergic Signaling Underlie Placozoan Behavior," *Current Biology* 28, no. 21 (2018): 3495-501.e2를 보라. 나무의 형태에 관한 지속적 논의의 사례에 관해서는 Paul Simion et al., "A Large and Consistent Phylogenomic Dataset Supports Sponges as the Sister Group to All Other Animals," *Current Biology* 27, no. 7 (2017): 958-67가 있다. 첫 페이지의 다이빙에서 내가 왜 해면만이 신경 체계가 없다고 말했는지에 대해 궁금한 이들을 위해서 말한다면, 역시 신경계가 없는 털납작벌레 역시 거기 있었을 법하지만 보이지는 않았을 것이기 때문이다.

p64 "역사적으로, 해면은 초기 동물에 대한 가장 중요한 실마리로 여겨져 왔다."

다음의 논문들이 도움이 되었다. Sally P. Leys and Robert W. Meech, "Physiology of Coordination in Sponges," *Canadian Journal of Zoology* 84, no. 2 (2006): 288-306과 Leys, "Elements of a 'Nervous System' in Sponges," *The Journal of Experimental Biology* 218 (2015): 581-91.

p67 "유리해면, 곧 육방해면류는 이 장의 테마인 단일성과 자아를 그들의

몸을 통해 고유한 방식으로 탐구했다."

Sally P. Leys, George O. Mackie, and Henry M. Reiswig, "The Biology of Glass Sponges," *Advances in Marine Biology* 52 (2007): 1–145와 James C. Weaver et al., "Hierarchical Assembly of the Siliceous Skeletal Lattice of the Hexactinellid Sponge Euplectella aspergillum," *Journal of Structural Biology* 158, no. 1 (2007): 93–106를 보라. 후자의 논문은 멋진 이미지들 역시 포함한다.

p67 "아래의 그림은 바티비우스 가설을 침몰시킨 *19*세기 챌린저 탐험대의 수집물 판화를 레베카 겔런터가 다시 그린 것이다."

원래 그림은 독일의 동물학자 Franz Eilhard Schulze가 그렸는데, 그는 털납작벌레를 처음으로 묘사한 이이기도 하다. 원 그림은 F. E. Schulze, *Report on the Hexactinellida Collected by H.M.S. 'Challenger' During the Years 1873-1876* (Edinburgh: Neill, 1886–87)에 실려 있다.

p69 "다양한 종의 해면을 두고 여러 가능성들이 제기되고 논의되었다."

Werner E. G. Müller et al., "Metazoan Circadian Rhythm: Toward an Understanding of a Light-Based Zeitgeber in Sponges," *Integrative and Comparative Biology* 53 (2013): 103–17를 보라. "이 광수용/광변환 프로세스가 신경세포와 같은 신호 전달 체계로서 기능할 수 있음을 제안한다." Franz Brümmer et al., "Light Inside Sponges," *Journal of Experimental Marine Biology and Ecology* 367 (2008): 61–64에는 이러한 언설이 있다. "해면은 빛 전달 체계가 있고, 깊은 조직의 영역에 광합성의 측면에서 활동적인 미생물을 품을 수 있다…산 해면 표본의 침골(spicule)은 빛을 이 깊은 조직 영역으로 전달한다." Joanna Aizenberg et al., "Biological Glass Fibers: Correlation Between Optical and Structural Properties," *Proceedings of the National Academy of Sciences, USA* 101, no. 10 (2004): 3358–63에서는 이렇게 말한다. "이와 같은 광섬유 램프는 아마도 이러한 어린 생물들 및 공생적 새우들이 해면에 깃들 수 있도록 이끄는 역할을 할 수 있다."

3. 연산호의 오름

p73 "회수한 카메라 속 결과물에서는"

두 명의 학자 Dave Harasti와 Steve Smith가 이 연구의 디자인과 집필에 도움이 되었다. 해당 논문은 Tom R. Davis, David Harasti, and Stephen D. A. Smith, "Extension of Dendronephthya australis Soft Corals in Tidal Current Flows," Marine Biology 162 (2015): 2155–59이다. 70퍼센트의 산호들이 작년 동안 죽었는데, 이유는 확실치 않다. Meryl Larkin이 이에 대해 연구하고 있으며, 그 결과가 곧 나올 것이다.

p73 "산호는 해파리 및 말미잘과 같은 자포동물에 속한다."

여기서 활용한 논문은 다음과 같다. Thomas C. G. Bosch et al., "Back to the Basics: Cnidarians Start to Fire," Trends in Neurosciences 40, no. 2 (2017): 92–105와 D. K. Jacobs et al., "Basal Metazoan Sensory Evolution," in *Key Transitions in Animal Evolution*, ed. Bernd Schierwater and Rob DeSalle (Boca Raton, FL: CRC Press, 2010).

p74 "많은 자포동물이 복잡한 생의 주기 속에서"

자포동물의 생애 주기에 대해서는 "Complex Life Cycles and the Evolutionary Process," *Philosophy of Science* 83, no. 5 (2016): 816-27를 살펴었다.

p75 "캐나다의 생물학자 존 루이스는 서른 종의 팔방산호를 살피다가"

John B. Lewis, "Feeding Behaviour and Feeding Ecology of the Octocoralli (Coelenterata: Anthozoa)," *Journal of Zoology* 196, no. 3 (1982): 371-84를 보라. 팔방산호는 역사적 재구성에 있어서 문제적인 집단으로 보인다. Catherine S. McFadden, Juan A. Sánchez, and Scott C. France, "Molecular Phylogenetic Insights into the Evolution of Octocorallia: A Review," Integrative and Comparative Biology 50, no. 3 (2010): 389–410를 참조하라.

p76 "그들에게 이러한 행동들은 다세포성의 진화에 있어 중요한 원동력이 되었을 것이다."

Susannah Porter, "The Rise of Predators," Geology 39, no. 6 (2011): 607–608와 John Tyler Bonner의 수년간의 연구를 보라. 그의 책 *First Signals: The Evolution of Multicellular Development* (Princeton, NJ: Princeton University Press, 2001)는 이 모든 것들에 대한 내 사유에 영향을 주었다. 다세포성으로의 전환에 대하여 생각할 때, 초기 단계에서 활동적인 등장 인물들이 나타나는 그림을 그리는 것이 중요하다. 단세포 생명체들도 움직이고 사냥을 할 줄 안다. 크게 자라게 되면 사냥당할 어려움을 겪지 않고 살 수 있고, 다세포성은 커지는 좋은 방법이 된다. 후에, 다세포 생명체들은 스스로 활동적인 포식자가 될 수 있으며, 실제 캄브리아기에 그리하였다. 캄브리아기의 생물들은 보다 조용한 시기였던, 행동이 새로운 공간적 스케일에서 재발명되었던 시기인 에디아카라기와 더불어, 적대적 행동들로 가득찬 앞선 세계가 더 큰 스케일에서 재생된 셈이었을 것이다. 이러한 포식 회피의 경로에서 부분적으로 분리되어, 해면으로, 후에 또 다른 형태인 육상 식물로 향하는 경로가 있다. 다세포성은 스스로를 원하는 공간에 고정시키고 타워와 같은 형태로 살면서 먹이들이 다가오도록 하게 만들 수가 있었다.

p78 "내가 특별한 발명품이라고 강조하는 이 동작은 세포 하나의 입장에서 보면 엄청나게 넓은 스케일에 걸친 협응이 필요하다."

이는 Alvaro Moreno와 Argyris Arnellos와 공동 연구자들의 핵심 연구 주제다. Arnellos and Moreno, "Multicellular Agency: An Organizational View," *Biology and Philosophy* 30 (2015): 333–57와 "Integrating Constitution and Interaction in the Transition from Unicellular to Multicellular Organisms," in *Multicellularity: Origins and Evolution*, ed. Karl J. Niklas and Stuart A. Newman (Cambridge, MA: MIT Press, 2016), Fred Keijzer and Argyris Arnellos, "The Animal Sensorimotor Organization: A Challenge for the Environmental Complexity Thesis," *Biology and Philosophy* 32 (2017): 421–41.

p78 "종종 해파리 단계는 자포동물의 삶의 방식 중에서도 나중에 더해진 단계로, 폴립 단계는 일찍 진화한 단계로 여겨진다."

이는 결코 확실하지 않다. Antonio C. Marques and Allen G. Collins, "Cladistic Analysis of Medusozoa and Cnidarian Evolution," *Invertebrate Biology* 123, no. 1 (2004): 23–42와 David A. Gold et al., "The Genome of the Jellyfish Aurelia and the Evolution of Animal Complexity," *Nature Ecology & Evolution* 3 (2019): 96–104를 보라.

p80 "신경 체계는 꽤 일찍 진화했는데 어쩌면 한 번에, 어쩌면 여러 번에 걸쳐 이루어졌다."

이는 계통수의 형태의 불확실성 때문에 오랫동안 논쟁적이었다. Gáspár Jékely, Jordi Paps, and Claus Nielsen, "The Phylogenetic Position of Ctenophores and the Origin(s) of Nervous Systems," *EvoDevo* 6 (2015): 1와 Leonid L. Moroz et al., "The Ctenophore Genome and the Evolutionary Origins of Neural Systems," *Nature* 510 (2014): 109–14를 참조하라.

p80 "하나의 세포가 흥분할 때(전기적 성질이 갑자기 변화할 때) 사건은 해당 세포 하나에만 국한된다."

예외가 있다. 간극연접(間隙連接, gap junction)은 세포들을 보다 직접적으로 연결시킨다.

p81 "동물의 감각이라는 측면에서 신경 체계를 특별하게 만드는 것은"

신경 체계의 기원에 관한 사유를 환기시키는 세 가지 저작은 다음과 같다. George O. Mackie, "The Elementary Nervous System Revisited," *American Zoologist* 30, no. 4 (1990): 907–20; Gáspár Jékely, "Origin and Early Evolution of Neural Circuits for the Control of Ciliary Locomotion," *Proceedings of the Royal Society* B 278 (2011): 914–22; Fred Keijzer, Marc van Duijn, and Pamela Lyon, "What Nervous Systems Do: Early Evolution, Input–Output, and the Skin Brain Thesis," *Adaptive Behavior* 21, no. 2 (2013): 67–85. Jékely, Keijzer와 나는 이 주제에 대해

"An Option Space for Early Neural Evolution," *Philosophical Transactions of the Royal Society* B 370 (2015): 20150181에서 논했다.

p82 "진화적 개념에서 신경 체계와 면밀히 연계되어 있는 또 다른 특질은 근육이다."

위에서 언급한 작업(Moreno, Arnellos, and Keijzer)에서 이러한 측면이 강조되어 있다. 이 논문은 동물 육체의 생성에 중요한 또 하나의 혁신은 상피(上皮, epithelium)에 있다고 이야기한다. 상피는 종이의 형태 속에 서로 붙어 있는, 때로 그 이웃들이게 신호를 전달하는 세포들을 포함하고 있다. 이러한 얇은 종이들은 경계로서 역할을하고, 접히어서 복잡한 형태들을 만들어 낸다. 상피는 몸을 싸도록 하며, 내적 형태와 통로를 구성하는 재료들을 제공한다. 우리의 몸은 세포로 된 종이들의 반복된 접힘에 의해 만들어진 종이접기와 같은 구조이다. 상피의 부분적 형태만을 지닌 해면의 경우 모든 것이 주변이 된다. 바닷물이 몸에 퍼져 있다. 자포동물 혹은 우리의 경우에는 내적인 환경이란 것이 분리되어 있다. 즉 육체가 세계의 나머지와 구분되어 있다.

p83 "그러나 자포동물의 경우, 동작의 측면에 비해 감각의 측면은 상대적으로 빈곤하다."

위에 인용된 Bosch et al., "Back to the Basics: Cnidarians Start to Fire"와 Jacobs et al., "Basal Metazoan Sensory Evolution," Natasha Picciani et al., "Prolific Origination of Eyes in Cnidaria with Co-Option of Non-Visual Opsins," *Current Biology* 28, no. 15 (2018): 2413-19를 보라.

p84 "해파리는 평형 세포라 불리는 작은 결정체가 있는 기관을 이용해 물에서 방향을 잡는다."

이는 결과적으로 그들이 소리에도 민감하게 만든다. Marta Solé et al., "Evidence of Cnidarians Sensitivity to Sound After Exposure to Low Frequency Noise Underwater Sources," *Scientific Reports* 6 (2016): 37979를 보라.

p85 "감각의 존재 이유는 행동을 제어하는 데 있다."

왜 이럴 수밖에 없는가? 행동의 존재 이유가 감각의 제어에 있다고 할 수는 없는가? 그렇지 않다. 여기에는 비대칭성이 존재한다. 행동은 먹이와 생산의 기회를 준다. 행동은 무엇을 인식하는지에 영향을 주기도 하며, 상당한 양의 행동이 감각된 것을 제어하기 위해 일어나기는 하지만, 살아남고 재생산하는 일이 보다 근원적으로 중요하다. 행동은 단순히 지각을 제어하는 것이 아니다.

그러한 이유 때문에, 나는 "예측 처리(predictive processing)"라는 설명 틀, 즉 지각과 행동의 근본적인 역할을 놀람과 불확실성의 제거로 보는 야망적인 시각들에 회의적이다. (이러한 시각은 Andy Clark, Surfing Uncertainty: Prediction, Action, and the Embodied Mind (Oxford, UK: Oxford University Press, 2015)와 Karl Friston, "The Free-Energy Principle: A Unified Brain Theory?," *Nature Reviews Neuroscience* 11 (2010): 127-38에 드러난다. 생명체들은 적응적으로, 선택적으로 그들 경험의 불확실성을 증대시킬 수 있다. 가치 있는 충분한 보상을 낳는 방식으로 행동할 수 있게 해 준다고 했을 때, 보다 더 위험이 큰 지역으로 움직이는 것이 한 예가 된다.

p85 "이 부분에서 나는 네덜란드의 심리학자이자 철학자인 프레드 케이저르가 강조한 행동의 형성이 신경 체계의 초기 진화에 중요한 영향을 미쳤다는 주장에 영향을 받았다."

행동의 초기 진화에 관하여 생각하던 초기에, 나는 프레드가 누군지 몰랐지만 제목에 이끌려서 유럽에서 열린 컨퍼런스에서 그의 강연에 갔다. 실제로 철학자들이 어떻게 보이는 것은 아니지만, 프레드는 철학자라기보다 멋진 테니스 선수처럼 보였다. 그의 강연은 나의 사유 습관에 대한 도전이었다. 생물학과 철학을 섞은 그의 이야기는 신경 체계의 진화, 동물의 삶 그리고 이 영역에서의 철학적 사유와 과학적 사유들 간의 관계에 대하여 다른 방식의 사고를 제공하였다. 그는 어떻게 철학적인 그림들(단순히 철학자들이 제공한 그림이 아니라, 과학자들이 철학이라 여기든 아니든 일종의 철학적 함의를 지니며 그린 그림들)이 과학적 연구

396

를 모양짓는지에 관심을 가졌다. 강연 속의 작업은 Pam Lyon과 Marc van Duijn과의 협업에 관해서도 논하였다. 나는 위에 언급한 프레드의 논문들을 인용하였다. "Moving and Sensing Without Input and Output: Early Nervous Systems and the Origins of the Animal Sensorimotor Organization," *Biology and Philosophy* 30 (2015): 311-31 역시 살펴보라.

p88 "동물 화석 자료를 찾을 수 있는 첫 번째 시대는"

다시 한 번, 에디아카라 관련 주제들에 관하여 도움을 준 남호주 박물관의 Jim Gehling에게 감사를 표한다.

p89 "이는 *2018*년 일리야 보브로프스키라는 학생이"

Ilya Bobrovskiy et al., "Ancient Steroids Establish the Ediacaran Fossil Dickinsonia as One of the Earliest Animals," *Science* 361 (2018): 1246-49.

p89 "어떤 에디아카라기 생명체들은 현재의 "바다조름"을 닮은 생김새를 하고 있다."

이에 대한 논의로는 Shuhai Xiao and Marc Laflamme, "On the Eve of Animal Radiation: Phylogeny, Ecology and Evolution of the Ediacara Biota," *Trends in Ecology and Evolution* 24, no. 1 (2009): 31-40와 Ed Landing et al., "Early Evolution of Colonial Animals (Ediacaran Evolutionary Radiation-Cambrian Evolutionary Radiation-Great Ordovician Biodiversification Interval)," *Earth-Science Reviews* 178 (2018): 105-35를 보라.

p90 "이 시기의 많은 동물들이 처음에는 *1946*년 호주 남부의 석탄 탐사 중 화석을 발견했던 레그 스프리그에 의해 "해파리"라고 불렸다."

이제는 유명해진, 이 주제에 대한 Sprigg의 첫 논문은 "Early Cambrian (?) Jellyfishes from the Flinders Ranges, South Australia," *Transactions of the Royal Society of South Australia* 71 (1947): 212-24이다.

p91 "섹스는 거의 확실하게 존재하였다."

Emily G. Mitchell et al., "Reconstructing the Reproductive Mode of an Ediacaran Macro-Organism," *Nature* 524 (2015): 343-46를 참조하라.

p91 "젊은 생물학자 벤 와고너가 20여 년 전에 분류한 기준이"

에디아카라기의 분류를 소개한 논문은 "The Ediacaran Biotas in Space and Time," *Integrative and Comparative Biology* 43, no. 1 (2003): 104-13이다. 이 단계들, 그리고 에디아카라기에 관한 최근 연구에 대한 나의 논의는 Mary L. Droser, Lidya G. Tarhan, and James G. Gehling, "The Rise of Animals in a Changing Environment: Global Ecological Innovation in the Late Ediacaran," *Annual Review of Earth and Planetary Sciences* 45 (2017): 593-617에 광범위하게 기반한다. 99쪽에 실린 삽화는 이 논문에 있는 것을 부분적으로 모델로 삼았다.

p92 "이는 어원과 멋지게 연결되는데"

Waggoner는 따라서 옛 신화에 관해 연구하였다. 그는 아서왕과 그의 과일나무 섬에서의 시기에 대해 관심이 있었던 것 같다.

p93 "해면은 아직 수수께끼 속에 묻혀 있다."

해면이 될 가능성이 있는 후보들에 관해서는, Erik A. Sperling, Kevin J. Peterson, and Marc Laflamme, "Rangeomorphs, Thectardis (Porifera?) and Dissolved Organic Carbon in the Ediacaran Oceans," *Geobiology* 9 (2011): 24-33와 Erica C. Clites, M. L. Droser, and J. G. Gehling, "The Advent of Hard-Part Structural Support Among the Ediacara Biota: Ediacaran Harbinger of a Cambrian Mode of Body Construction," *Geology* 40, no. 4 (2012): 307-10를 보라. 반면 Joseph P. Botting and Lucy A. Muir, in "Early Sponge Evolution: A Review and Phylogenetic Framework," *Palaeoworld* 27, no. 1 (2018): 1-29는 에디아카라기에 해면이 존재하지 않았을 것이라 이야기한다.

p93 "이 생물들의 가지-위-가지 형태는 표면적을 최대한으로 하는"프랙탈" 구조를 가지고 있어서"

Sperling, Peterson, and Laflamme, "Rangeomorphs, Thectardis (Porifera?) and Dissolved Organic Carbon in the Ediacaran Oceans,"와 Jennifer F. Hoyal Cuthill and Simon Conway Morris, "Fractal Branching Organizations of Ediacaran Rangeomorph Fronds Reveal a Lost Proterozoic Body Plan," *Proceedings of the National Academy of Sciences*, *USA* 111, no. 36 (2014): 13122–26를 보라.

p94 "19세기에 믿을 수 없을 만큼 어려운 이름이 붙은 이 화석은"

버지스 셰일로 유명한 Charles D. Walcott은 말한다. "피치 박사는 곤충이 만든 흔적과 유사한 흔적 때문에 헬민토이디히나이츠 속의 이름을 제안했다." Asa Fitch는 물리학자였고, 언어치료사였을 가능성도 있다. Walcott의 "Descriptive Notes of New Genera and Species from the Lower Cambrian or Olenellus Zone of North America," *Proceedings of the National Museum* 12, no. 763 (1889): 33–46를 보라. 현재는 다양한 시공간에서 나온 헬민토이디히나이츠의 여러 화석이 존재하며, 잠정적으로 여러 다른 이름으로 불린다. 어떤 경우든 "헬민토이디히나이츠"는 같은 흔적을 만들어 내는 동물을 지칭한다고 여겨지지는 않는다. 에디아카라기의 땅에 숨은 생물들과 관련하여서는, James G. Gehling and Mary L. Droser, "Ediacaran Scavenging as a Prelude to Predation," *Emerging Topics in Life Sciences* 2, no. 2 (2018): 213–22를 보라. 이 흔적을 만든 자들의 새로운 후보가 Scott D. Evans et al., "Discovery of the Oldest Bilaterian from the Ediacaran of South Australia," *Proceedings of the National Academy of Sciences USA* 117, no. 14 (2020): 7845–50에 묘사되어 있다.

p98 "이 사실은 신경 체계가 어느 정도 방사형 디자인을 한 몸에서 진화하였다는 좋은 증거다."

"방사형" 디자인을 가진 자포동물은, 더 일찍 등장했다고 여겨지는 형태인 좌우대칭형태보다 더 단순한 세포막 조직을 지니고 있다. 빗해파리는 중간 지점에 있다. 그들은 "이방사 대칭형(biradial)"이라는, 두 형태의 일종의 혼합인 디자인을 지니고 있다고 묘사된다. 몇몇 빗해파리들은 편형동물처럼 보이며 해저를 기어다닌다. 이는 매우 흥미롭다. 아마도 더 면밀히 살필 가치가 있지 않을까?

p100 "동작의 진화와 동물의 상호작용을 감안하면, 바다 밑바닥의 장면은 빙산의 일각일 뿐이며, 흔적을 전혀 또는 거의 남기지 않은 동물들에 의해 많은 일들이 일어나지는 않았을지 의문이 생긴다."

이 장에 앞서서 논의되는, 현존하는 자포동물의 실마리가 다시 여기에서 등장한다. 현존하는 자포동물에서 나타나는 자포(nematocytes) 즉 쏘는 세포는 주요 자포동물 (산호, 말미잘, 해파리)등이 서로 분리되기 전인 보다 초기에 진화했다고 여겨진다. 만일 이 분기가 에디아카라기에 이루어졌다면, 몇몇 연구들이 주장하듯, 적어도 이러한 자포의 단순한 형태들이 그때에도 있었을 것이다. 현재 볼 수 있는, 빠른 스피드를 보여 주는 작살과 같은 것일 필요가 없었을 것이나, 그것의 존재는 어떤 종류의 포식(predation)이 이미 존재하였음을 시사한다. 이는 자포가 공격적인 무기였는지, 혹은 방어적인 무기였는지에 따라 다르게 적용된다.

p102 "편형동물은 얼마나 유용한 실마리일까?"

단순한 "무체강" 편형동물의 진화에 관한 진지한 논의에는 Ferdinand Marlétaz, "Zoology: Worming into the Origin of Bilaterians," Current Biology 29, no. 12 (2019): R577-79와 Johanna Taylor Cannon et al., "Xenacoelomorpha is the sister group to Nephrozoa," *Nature* 530 (2016): 89-93가 있다. 다기장류 편형동물에 대해 더 자세히 논의하는 좋은 책으로는 Leslie Newman and Lester Cannon의 *Marine Flatworms: The World of Polyclads* (Clayton, Australia: CSIRO Publishing, 2003)가 있다.

p103 "꽤 많은 편형동물이 갯민숭달팽이류라 불리는 기어다니는 작은 동물을 모방한다."

모방에 대하여는 Newman and Cannon의 *Marine Flatworms*를 보라. 이끼벌레는 보다 방대한 문헌의 주제가 되었는데, 이는 다이버들에게 이들이 굉장히 인기 있었기 때문이기도 하다. 좋은 시작점으로는 David Behrens의 *Nudibranch Behavior* (Jacksonville, FL: New World Publications, 2005)가 있다.

4. 팔이 하나인 새우

p108 "그러나 이 동물들은 모두 나무의 크고 중요한 가지인 절지동물이다."

진화적 관계에 관하여는 David A. Legg, Mark D. Sutton, and Gregory D. Edgecombe, "Arthropod fossil data increase congruence of morphological and molecular phylogenies," *Nature Communications* 4 (2013): 2485를 보라. 화석에 관련해서는 Edgecombe and Legg, "The Arthropod Fossil Record," in *Arthropod Biology and Evolution*, ed. Alessandro Minelli et al. (Berlin: Springer-Verlag, 2013), 393-415가 멋진 자료들로 가득 차 있다. 그들의 뇌에 관해서는 Gregory Edgecombe, Xiaoya Ma, and Nicholas J. Strausfeld, "Unlocking the early fossil record of the arthropod central nervous system," *Philosophical Transactions of the Royal Society B* 370 (2015): 20150038를 참조하라.

p110 "5억4000만 년 전 시작된 캄브리아기에는"

이에 관한 문헌은 방대한데, 서로 다른 시각을 지닌 흥미로운 논문들을 소개한다. Erik A. Sperling et al., "Oxygen, ecology, and the Cambrian radiation of animals," *Proceedings of the National Academy of Sciences USA* 110, no. 33 (2013): 13446-51와 (비[非]폭발의 시각을 지닌) Rachel Wood et al., "Integrated Records of Environmental Change and Evolution

Challenge the Cambrian Explosion," *Nature Ecology & Evolution* 3 (2019): 528-38이 그것이다.

p112 "그들은 조용히 무대 뒤로 사라지고"

대안적 시나리오가 Simon A. F. Darroch et al., "Ediacaran Extinction and Cambrian Explosion," *Trends in Ecology & Evolution* 33, no. 9 (2018): 653-63에서 논의된다. 여기에서 저자들은, 에디아카라기 나마 시기와 초기 캄브리아기 동물들 사이의 연속성이 보여지며, 더 커다란 변화는 에디아카라기 백해와 나마 단계 사이에 있었다는 시각에 찬성한다.

p113 "발견된 것들 중 가장 큰 절지동물은"

이는 아이기로카시스 벤모울라이(Aegirocassis benmoulae)로, 적어도 2미터 이상까지 자랐다. Peter Van Roy, Allison Daley, and Derek Briggs, "Anomalocaridid Trunk Limb Homology Revealed by a Giant Filter-Feeder with Paired Flaps," *Nature* 522 (2015): 77-80. 엄밀히 말해, 이는 절지류의 가까운 친척이다.

p116 "같은 종류의 변화가 감각에도 일어났다."

Roy E. Plotnick, Stephen Q. Dornbos, and Junyuan Chen, "Information Landscapes and Sensory Ecology of the Cambrian Radiation," *Paleobiology* 36, no. 2 (2010): 303-17와 Andrew R. Parker, "On the Origin of Optics," *Optics & Laser Technology* 43 (2011): 323-29를 보라. Todd E. Feinberg and Jon M. Mallatt, *The Ancient Origins of Consciousness: How the Brain Created Experience* (Cambridge, MA: MIT Press, 2016) 역시 이 주제에 대한 풍부한 논의를 보여 준다. 그들은 공간 구조의 활용, 특히 복잡한 감각의 원천으로서 내적 "지도"의 형성을 강조한다.

p118 "로이 칼드웰이 공저한 논문을 인용했다."

해당 논문은 S. N. Patek and R. L. Caldwell, "Extreme Impact and Cavitation Forces of a Biological Hammer: Strike Forces of the Peacock

Mantis Shrimp Odontodactylus scyllarus," *The Journal of Experimental Biology* 208 (2005): 3655-64이다.

p118 "이 새우들은 내가 인도네시아에서 본 작은 이들처럼"

과학에서도 여전히 매혹적인 제목이 가능하다. "Hawksbill Turtles Visit Moustached Barbers: Cleaning Symbiosis Between Eretmochelys imbricata and the Shrimp Stenopus hispidus," by Ivan Sazima, Alice Grossman, and Cristina Sazima, *Biota Neotropica* 4, no. 1 (2004): 1-6.

p119 "더듬이 자체의 활용에 대한 연구나, 자신과 타자에 의해 일어나는 사건을 청소새우가 어떻게 다루는지에 대한 연구가 있는지는 모른다."

이 책이 편집 중일 때 바로 이 종들의 뇌에 관한 논문이 나왔다. Jakob Krieger et al., "Masters of Communication: The Brain of the Banded Cleaner Shrimp Stenopus hispidus (Olivier, 1811) with an emphasis on sensory processing areas," *Journal of Comparative Neurology* (2019): 1-27 가 그것이다. 해부학적 논문이기에 행동을 살피지는 않지만, 매우 흥미로운 자료들을 포함하고 있다. 더듬이들은 작은 센서들에 덮여 있고, 이 종들은 화학물질에 대한 매우 풍부한 감각을 지니고 있는 듯하다.

p119 "이러한 종류의 동물(가재와 파리)은"

이에 대한 리뷰로 Trinity B. Crapse and Marc A. Sommer, "Corollary Discharge Across the Animal Kingdom," *Nature Reviews Neuroscience* 9 (2008): 587-600가 있다. "세계를 움직이는 동안 그것을 분석할 수 있게 만드는 것은 [감각과 행동의] 두 체계 사이의 협응이다"라고 말한다.

1950년 두 독일 과학자 Erich von Holst와 Horst Mittelstaedt가 이러한 현상에 대한 고전적 저작을 집필했는데, 이때는 해당 현상이 잘 알려지지 않은 광범위한 동물들 사이에서 발견되기 전이다. 이들은 적절한 조어들을 만들어 냈다. 모든 활동적 동물들이 지닌 문제는 외구심성과 재구심성이라 부르는 것 사이의 구분이다. 외구심성은 어떤 종류든 외부적 사건에 기인하여 감각에 미치는 영향이다. 재구심성은 자기자신의 행동에 기인하여 감각에 미치는 영향을 말한다. 동물은 이러한 구분을, 자기에게 원인이 있는 사건이 다르게 보이도록 하는 방식을 찾음으로서 이루어내지만, 확실한 방법은 스스로 행한 행동을 고려하는 방식으로 감각적 정보를 해석하는 것이다. von Holst and Mittelstaedt, "The Reafference Principle: Interaction Between the Central Nervous System and the Periphery," in *Behavioural Physiology of Animals and Man: The Collected Papers of Erich von Holst*, vol. 1, trans. Robert Martin (Coral Gables, FL: University of Miami Press, 1973)을 보라.

David C. Sandeman, Matthes Kenning, and Steffen Harzsch, "Adaptive Trends in Malacostracan Brain Form and Function Related to Behavior," in *Nervous Systems and Control of Behavior*, ed. Charles Derby and Martin Thiel (Oxford, UK: Oxford University Press, 2014)은 해양 절지류의 행동에 대한 또 다른 흥미로운 논문이다. 다음 문단을 보자. "움직임은 망막 속에서 하나의 이미지가 광수용 세포를 거칠 때 눈으로 인식된다. 이는 움직이지 않는 눈앞 물체의 움직임 혹은 움직이지 않는 물체 앞의 움직이는 눈에 의해 이루어질 수 있다. 동물이 움직이지 않고 있는 한, 시야속 어떤 움직임도 자신 외부에서 이루어진 것이라고 확실히 가정할 수 있다. 그러나 의지에 따라 움직이는 중에는 상황이 보다 복잡한데, 외부의 이미지 움직임과 스스로가 초래한 이미지 움직임 사이의 구분이 필수적이기 때문이다. 이러한 문제를 대면하는 전략(몸에서 독립적으로 눈을 움직일 수 있도록 발달)이 여러 번에 걸쳐 진화하였다. 이는 이미지를 눈의 한 지역에 제한적으로 고정되도록 한다." 갯가재는 놀랍도록 움직이는 눈을 지닌다. 청소새우 역시, 더 작고 움직임의 범위가 적기는 하지만 역시 움직이는 자루눈을 지닌다.

p120 "신경과학자 비외른 메르케르가 그의 영향력 있는 논문에서 이렇게 상정한다."

그의 "The Liabilities of Mobility: A Selection Pressure for the Transition to Consciousness in Animal Evolution," *Consciousness and Cognition* 14, no. 1 (2005): 89-114를 보라. 바로 아래 "그렇지만 이 상황을 다른 방식으

로 볼 수도 있다"고 이야기했을 때, 나는 프레드 케이저르의 논의를 가져왔다.

p121 "그러나 청각은 많이 다르다."

내구심성과 관련한 감각들 사이의 차이, 그리고 그 중요성에 대한 다른 시각을 보여 주는 논문인 J. Kevin O'Regan and Alva Noë, "A Sensori-motor Account of Vision and Visual Consciousness," *Behavioral and Brain Sciences* 24, no. 5 (2001): 939-1031를 보라. Aaron Sloman, "Phenomenal and Access Consciousness and the 'Hard' Problem: A View from the Designer Stance," *International Journal of Machine Consciousness* 2, no. 1 (2010): 117-69 역시 이 주제에 관한 흥미로운 논문이다.

p123 "이 시험의 다른 버전을 통과한 것으로 알려진 유일한 동물은"

Masanori Kohda et al., "If a Fish Can Pass the Mark Test, What Are the Implications for Consciousness and Self-Awareness Testing in Animals?," *PLOS Biology* 17, no. 2 (2019): e3000021를 보라. 나는 "어떤 버전"이라고 말했는데, 이는 어류가 돌고래나 다른 동료들에 비해 상당히 단순한 것을 행한다는 주장 때문이다. Frans B. M. de Waal's commentary, "Fish, Mirrors, and a Gradualist Perspective on Self-Awareness," *PLOS Biology* 17, no. 2 (2019): e3000112를 참조하라. 이러한 의구심은 Kohda et al.의 논문 제목에 반영되어 있고, 이는 해당 질문에 관한 편집자 노트에도 있다. 이 결과물들은 내게 꽤 만족스럽다.

p123 "로버트 엘우드와 동료들이 중요한 연구를 해 왔다."

Mirjam Appel and Robert W. Elwood, "Motivational Trade-Offs and Potential Pain Experience in Hermit Crabs," *Applied Animal Behaviour Science* 119, no. 1-2 (2009): 120-24와 Barry Magee and R. W. Elwood, "Shock Avoidance by Discrimination Learning in the Shore Crab (Carcinus maenas) Is Consistent with a Key Criterion for Pain," *Journal of Experimental Biology* 216, pt. 3 (2013): 353-58를 보라. 엘우드는 "Evidence for Pain in Decapod Crustaceans," *Animal Welfare* 21, suppl. 2 (2012): 23-27에서 이에 대해 리뷰하고, Michael Tye는 이 작업을 그의 *Tense Bees and Shell-Shocked Crabs: Are Animals Conscious?* (Oxford, UK: Oxford University Press, 2016)에서 논한다(그리고 그것이 책의 제목이 된다).

소라게의 또 다른 흥미로운 행동에 대해서는 Brian A. Hazlett, "The Behavioral Ecology of Hermit Crabs," *Annual Review of Ecology and Systematics* 12 (1981): 1-22를 보라. 예를 들어, 이들은 조개껍데기들을 두고 "싸워" 큰 개체가 작은 개체를 쫓아낸다고 오랫동안 묘사되어 왔다. 그러나 적어도 몇몇 종들에서는, 싸움의 "패자"들 역시 더 알맞은 껍데기를 얻는다. "'방어자'가 교환에서 이득을 얻지 못할 때, 그것은 드물게 껍데기를 비워 버린다." Hazlett은, 이것이 "공격자"에 의한 껍데기 두드리기 소란이 게의 크기나 공격성을 표현하는 것이 아니라 껍데기를 두고 상호 이익이 되는 의사소통을 행하는 것일 수 있다고 이야기한다.

p126 "엘우드가 답하였듯이 갑각류에게는 우리처럼 시각과 관련된 영역이 있는 뇌는 없지만"

"Is It Wrong to Boil Lobsters Alive?," *The Guardian*, February 11, 2018를 보라.

p127 "소라게-말미잘 연합에 관한 초기 연구에 의하면"

이 연구는 D. M. Ross and L. Sutton, "The Association Between the Hermit Crab Dardanus arrosor (Herbst) and the Sea Anemone Calliactis parasitica (Couch)," *Proceedings of the Royal Society B* 155, no. 959 (1961): 282-91를 이른다. 동물의 몸 꾸미기에 관한 좋은 리뷰인 Graeme D. Ruxton and Martin Stevens, "The Evolutionary Ecology of Decorating Behaviour," *Biology Letters* 11, no. 6 (2015): 20150325 역시 참조하라.

심지어 어떤 말미잘은 게를 위하여, 게가 자라남에 따라 같이 자라는 "가짜-껍데기"을 만듦으로써 껍데기의 교체 필요성을 없애기도 한다. Hiroki Kise et al., "A Molecular Phylogeny of Carcinoecium-Forming Epizoanthus (Hexacorallia: Zoantharia) from the Western Pacific Ocean with Descriptions of Three New Species," *Systematics and Biodiversity* 17, no. 8 (2019): 773–86를 보라.

p130 "지난 두 장에서 보았던 동물 진화의 단계와 더불어"

Jeremy B. C. Jackson, Leo W. Buss, and Robert E. Cook, eds., *Population Biology and Evolution of Clonal Organisms* (New Haven, CT: Yale University Press, 1985)를 참조하라. 나는 몇몇 사례들을, 먼저 나온 책인 *Darwinian Populations and Natural Selection* (Oxford, UK: Oxford University Press, 2009)에서 면밀히 살펴었다.

p131 "모듈식 생물은 보통 가지를 뻗은 나무와 같은 형태를 이룬다."

일원화된 유기체인 몇몇 환형동물(annelid)들도 존재한다. Christopher J. Glasby, Paul C. Schroeder, and María Teresa Aguado, "Branching Out: A Remarkable New Branching Syllid (Annelida) Living in a Petrosia Sponge (Porifera: Demospongiae)," *Zoological Journal of the Linnean Society* 164, no. 3 (2012): 481–97를 참조하라. "우리는 기존에 알려지지 않은 가지를 치는(branching) 환형동물로서 북호주 얕은 바다의 해면(바위해면종(*Petrosia*) 데모스폰기애(Demospongiae)들과 체내 공생을 이루는 라미실리스 멀티카우다타(*Ramisyllis multicaudata*)의 형태론과 생물학을 묘사한다. 이는 다모강(polychaete) 염주발갯지렁이과(Syllidae)에 속하는데, 1875년의 챌린저 탐험대 기간에 심해에서 채집된 육방해면류 개체로부터 발견된 또 다른 (유일한) 가지치는 환형동물인 1879년의 실리스 라모사 맥킨토시(*Syllis Ramosa* McIntosh)와 마찬가지이다.

p131 "지난 장에서 다룬 나새류들이 기거하는 덤불 모양의 생명체인 이끼벌레는"

Matthew H. Dick et al., "The Origin of Ascophoran Bryozoans Was Historically Contingent but Likely," *Proceedings of the Royal Society* B 276 (2009): 3141–48를 보라.

p138 "이 시기에 나는 새우들에 대해 좀 더 공부했다."

Victor R. Johnson Jr., "Behavior Associated with Pair Formation in the Banded Shrimp Stenopus hispidus (Olivier)," *Pacific Science* 23, no. 1 (1969): 40-50, 및 Johnson, "Individual Recognition in the Banded Shrimp Stenopus hispidus (Olivier)," *Animal Behaviour* 25, pt. 2 (1977): 418-28, 또 theaquariumwiki.com/wiki/Stenopus_hispidus를 보라.

몇몇 다른 갑각류들도 개체를 인식할 수 있다. Joanne Van der Velden et al., "Crayfish Recognize the Faces of Fight Opponents," *PLOS ONE* 3, no. 2 (2008): e1695와 Roy Caldwell, "A Test of Individual Recognition in the Stomatopod Gonodactylus festate," *Animal Behaviour* 33, no. 1 (1985): 101-6를 보라.

p139 "해초류들이 기침과 재채기를 해 댔다."

이 책의 첫 장에서 나는 해초강 생물들의 행동을 "움츠리고 한숨 쉬는" 것에 비유하였다. 실제로 무엇을 하는 것일까? 그들은 몸에 머금어진 물을 빼내는 것처럼 보인다. 때로는 노폐물이 뿜어져 나오는 것을 볼 수 있지만, 이 움직임은 종종 단순한 재채기 이상의 기능을 하는 듯 보인다. "재채기"라는 용어는 해면에 대한 생물학자들의 저작에 쓰여 왔다. 어떤 해면들은 탁한 물을 느릿한 동작의 재채기로 다루어 낸다(Leys, "Elements of a 'Nervous System' in Sponges"). 이는 굉장히 오래되었을 협응된 행동의 또 다른 형태이다.

해초강 생물들은 학문적 재담의 주제로서도 악명이 높다. 그들은 어릴 때 움직일 수 있고, 정주하게 되면 스스로의 뇌를 먹는다고들 말해져 왔다. 이 일화는 이 책에서 추후 등장하는 신경과학자 로돌포 이나스에 의해 유명해졌다. George O. Mackie와 Paolo Burighel은 해초들에 대한 일련의 논문들에서, 이러한 일화에 강하게 반발하며 분개했다. "사실 성체 해초는 완벽히 멋지며 어릴 때보다 규모가 큰 질서로서의 뇌를 가지고 있고, 그들의 행동은 어릴 때 운동에 적응하였던 것처럼 정착성(sessility)에 아름답게 적응되어 있다." Mackie and Burighel, "The Nervous System in Adult Tunicates: Current Research Directions," *Canadian Journal of*

Zoology 83, no. 1 (2005): 151–83.

5. 주체의 기원

p143 "철학자 수잔 헐리는 이 관계를 생각해 볼 수 있는 좋은 이미지를 제시한다."

이는 그녀의 *Consciousness in Action* (Cambridge, MA: Harvard University Press, 1998), 249에 들어 있다. 원문은 다음과 같다. "사람에 대한 전통적인 사고방식은 여전히 많은 이들에게 자연스러운 듯 보인다. 한 사람의 핵심부에는 하나의 주체와 하나의 행위자가 서서, 말하자면, 등을 맞대고 있다. 주체는 의식적, 지각적 경험을 지니고, 때로는 의식하는 경험이 그 자체로 (세계의 사물들이 아닌) 의식의 대상이라는 의미에서 스스로를 의식한다. 행위자는 여러 가지를 하기 위해 노력하며, 때로는 (세계의 사건들이 아니라) 특정한 행동, 노력, 혹은 의지의 상태가 그 스스로 노력의 대상이 된다는 의미에서 자기 결정적이 되기도 한다. 주체는 이 사람의 입력하는 측의 끝 지점에 있다. 세계는 주체에 영향을 준다. 행위자는 배출되는 쪽의 첫 지점에 있다. 행위자는 세계에 영향을 준다."

헐리는 감각적 측면과 행위자적 측면의 얽힘들 사이를 구분한다. 어떤 경우, 행동과 그것의 감각적 결과들은 서로 분리된다(당신은 아래 무엇이 있는지를 보기 위해 바위를 뒤집는다). 다른 상황들은 보다 더 경색된 관계를 보여 준다. 당신의 눈은 의식하든 의식하지 못하든 계속 움직여서, 망막 위의 인상들이 계속해 변하지만 당신 앞 장면에 있어서의 변화로서 기록되지 않는다. 인간은 꽤나 잘, 왼쪽의 사물을 오른쪽 시야로, 오른쪽의 사물을 왼쪽 시야로 취하는 "인버팅 고글"에 적응한다. 사람들은 "제자리"에서 사물을 보는데, "제자리"는 당신이 행동하려 할 때 일어나는 일에 좌우된다.

p145 "17세기에 르네 데카르트는 자신이 육신이 없는 영혼일 수가 있음을 가정하면서"

그의 *Meditations on First Philosophy* (1641)를 보라.

p146 "데이비드 차머스가 말한 것처럼, 당신의 물리적 복제물은 전혀 의식이 없는 "좀비"에 불과할 수도 있다."

그의 책 *The Conscious Mind: In Search of a Fundamental Theory* (Oxford, UK: Oxford University Press, 1996)를 참조하라.

p146 "토머스 네이글은 물질주의의 비판자임에도 불구하고, 이 기묘함의 원인을 규명하고"

이는 그의 논문 "What Is It Like to Be a Bat?" 주석에 있다. 나의 "Evolving Across the Explanatory Gap," *Philosophy, Theory, and Practice in Biology* 11, no. 001 (2019): 1-24도 참조하라.·

p148 "철학자 대니얼 데닛 같은 일부 비평가들은"

특히 그의 논문 "Quining Qualia," in *Consciousness in Contemporary Science*, ed. Anthony J. Marcel and E. Bisiach (Oxford, UK: Oxford University Press, 1988), 42-77를 보라.

p149 "일부 물질주의 입장의 비평은 원리대로라면 불가능한 일을 해내기 위해 인간이나 다른 동물을 3인칭 시점에서 묘사하길"

논문 "Evolving Across the Explanatory Gap"에서, 나는 "삼인칭 시점"이라는 아이디어가 전체적으로 혼란스러우며, 모든 관점은 일인칭이라 말한다. 그러나 보다 친숙한 언어들이 여기에서는 도움이 될 것이다.

p150 "헐리는 심리학과 신경생물학에서 사용하는 뇌의 "무엇" 체계와 "어디" 체계 사이의 구분을 철학으로 가지고 왔다."

이 역시 *Consciousness in Action*에 있다.

p151 "헐리는 우리의 "어디" 체계가 행하는 일종의 프로세스가"

Consciousness in Action, 326.

p152 "이 조상들은 당대 경험주의 철학에서 말하는 "단순 관념"과 "인상" 이었고"

전형적인, 또한 읽기 용이한 사례로 데이비드 흄의 『인간 오성의 이해 (*An Enquiry Concerning Human Understanding*)』(1748)이 있다. 뒤를 이어 20세기 초에 나타나는 "감각 정보" 이론에 관해서는, 예를 들어 Bertrand Russell, *The Problems of Philosophy* (New York: Henry Holt, 1912)를 보라.

p153 "독일 "관념주의"의 철학적 기획은"

이 전통은 임마누엘 칸트의 『순수이성비판(*Critique of Pure Reason*)』 (1781)에서 헤겔(그의 『정신현상학(*Phenomenology of Spirit*)』(1807)까지 이어진다. 영어권에서의 이 전통의 지속은 때로, 보다 적극적인 시각과 보다 수동적인 시각 사이의 논쟁으로 나타났다. 19세기 말의 William James는 이러한 반목의 관찰자였다. (*The Will to Believe* 및 *Popular Philosophy* (1896)의 다른 에세이들을 보라.)

p153 "행화주의라 불리는 시각의 적어도 일부는, 지각 자체가 행동의 한 형태라 설명한다."

행화주의에 관한 방대한 문헌이 존재하며, 아마도 모든 버전의 행화주의가 이러한 시각을 지지하지는 않을 것이다. J. Kevin O'Regan and Alva Noë, "A sensorimotor account of vision and visual consciousness," *Behavioral and Brain Sciences* 24, no. 5 (2001): 939-1031와 Noë의 책 『뇌과학의 함정(*Out of Our Heads: Why You Are Not Your Brain, and Other Lessons from the Biology of Consciousness*)』(김미선 옮김, 갤리온, 2009)을 보라. 전자에서 인용을 해 본다. "우리는 보는 것이 행동의 한 방식이라 제안한다. 그것은 환경을 탐구하는 특정한 방식이다."(초록) "주장해 왔듯, 경험은 상태가 아니다. 그것은 행동의 방식이다. 그것은 우리가 하는 것들이다."(960쪽) 이 맥락에서의 "행화적/작동적(enactive)"이라는

개념은 Francisco J. Varela, Evan Thompson, and Eleanor Rosch의 책 *The Embodied Mind: Cognitive Science and Human Experience* (Cambridge, MA: MIT Press, 1991)에서 소개되었다.

p154 "미국 철학자 존 듀이는 씁쓸하게 지적한다."

그의 『경험과 자연(*Experience and Nature*)』(Chicago: Open Court, 1925), 36쪽에 있다.

p155 "뉴욕에서 함께 일했던 제시 프린츠는"

그의 책 *The Conscious Brain: How Attention Engenders Experience* (Oxford, UK: Oxford University Press, 2012), 341-42를 보라. 드레츠키와 관련하여서는, "Conscious Experience," *Mind* 102, no. 406 (1993): 263-83를 보라. 드레츠키에 있어 문제적인 사례에 대한 그의 논의가 아래 있다.

"다마시오를 따라···감정, 느낌, 기분을 화학의, 호르몬의, 내장의, 그리고 근골격의 상태에 대한 지각으로 받아들이지 못할 이유가 있는가? 고통, 가려움, 간지러움, 그리고 다른 몸의 느낌을 생각하는 이러한 방식은, 우리가 우리 환경을 지각적으로 인식하게 되었을 때 지니는 경험과 정확히 같은 카테고리에 그것들을 넣도록 한다."

나는 에너지 레벨의 사례와 관련한 논의에 있어 Leonard Katz의 도움을 받았다.

p157 "여기 철학자 존 설을 인용해 본다."

그의 "Consciousness," *Annual Review of Neuroscience* 23 (2000): 557-78, p. 573에 있는 문장이다.

p158 "반면 철학이나 심리학과는 달리 신경과학에서는 몇몇 저명한 학자들, 예컨대 로돌포 이나스 같은 이들이"

Llinás and D. Paré, "Of dreaming and wakefulness," *Neuroscience* 44, no. 3 (1991): 521-35를 보라. 설은 또한 Giulio Tononi and Gerald M. Edelman의 "Consciousness and Complexity," *Science* 282 (1998): 1846-51

를 인용하고도 있다.

p158 "현전을 감각한다는 아이디어는 경험에 관한 최근의 논의에서 가장 자리로 밀려났고, 역할도 불확실하다."

보다 신중한 언설은 다음과 같다. "현전의 관념은 세계라는, 그리고 세계 속 자아라는 실재의 주체적 감각을 지칭하는 데 쓰여 왔다." Anil K. Seth, Keisuke Suzuki, and Hugo D. Critchley, "An Interoceptive Predictive Coding Model of Conscious Presence," *Frontiers in Psychology* 2 (2012): 395. 헐리가 "세계에 자신이 현전한다는 감각"에 대해 말하는 인용 역시 도 참고하라. 마찬가지로 아래의 Evan Thompson 인용도 참고하라.

p159 "이에 동의하는 어떤 이들은 또한 투명성이라 알려진 시각을 신봉한 다."

나는 언제나 투명성이란 것이 이 특이하고 받아들이기 어려운 사유들 사 이의 논쟁 중에서도 가장 특이하며 받아들이기 어려운 사유라 생각해 왔 다. 무언가를 볼 때 당신의 시각을 의도적으로 흐릿하게 만든다고 생각 해 보자. 당신은 시야에서 흐릿함을 경험할 것이다. 당연히도, 경험하고 있는 물체가 흐릿함의 갑작스런 원인이 아니다. 그것은 경험 자체의 특 질일 뿐이다. 이에 대한 답변 및 논의가 있어 오긴 했지만 이것이 투명성 에 대한 좋은 (그리고 잘 알려진) 반론이다. (현재는 잘 알려진 이 예는 처음 Paul A. Boghossian and J. David Velleman, "Colour as a Secondary Quality," *Mind* [n.s.] 98, no. 389 [1989]: 81–103.에서 사용되었다.) 투명 성에 대한 영향력 있는 옹호는 Gilbert Harman, "The Intrinsic Quality of Experience," in *Philosophical Perspectives 4: Action Theory and Philosophy of Mind*, ed. James E. Tomberlin (Atascadero, CA: Ridgeview, 1990), 31–52 가 있다.

p159 "이와 연관된 사유들은 때로 명상에 관한 글을 쓰는 사람들에 의해 나타나는데"

하나의 예로 Sam Harris, *Waking Up: A Guide to Spirituality Without Religion* (New York: Simon and Schuster, 2014)가 있다. 전통적인 불교의 "비-자아(no-self)" 교리가 연관되지만, 나는 구체적으로 비교할 만큼 불교에 대해 알지 못한다.

p159 "현전이 인식되면 이 현전을 세계 속에 위치 지어진 생명체가 지닌 자동적인 특징으로 바라보고 싶어진다."

이와 같은 관점이 철학자 Evan Thompson의 책 『생명 속의 마음(*Mind in Life: Biology, Phenomenology, and the Sciences of the Mind*』(박인성 옮김, 비, 2016)에 드러난다. Thompson에 의하면 주체적 경험의 문제는, 자결적 체계로서의 삶을 살아나가는 데서 오는 활력 및 현전에 대한 기본적 느낌을 인식함으로써 부분적으로 해결된다.

　어떤 이들은 의식을, 원시적으로 자각적인 활력 혹은 육체적 활기의 일종으로서의 감응이라는 의미로 묘사할지 모른다(161쪽)…이 책 앞에서 나는 감응을 살아 있음의 느낌으로 묘사하였다. 감응하고 있음은 자신의 몸 그리고 세계의 현전을 느낄 수 있음을 의미한다. 감응은 자기 생산적 정체성 그리고 살아 있는 존재의 감각 생산에 기반을 두지만, 그에 더해서 자아와 세계에 대한 느낌도 함의한다(221쪽).

p160 "고무손 착각 역시 빙산의 일각이다."

Olaf Blanke and Thomas Metzinger, "Full-Body Illusions and Minimal Phenomenal Selfhood," *Trends in Cognitive Sciences* 13, no. 1 (2009): 7-13 과 Frédérique de Vignemont, *Mind the Body: An Exploration of Bodily Self-Awareness* (Oxford, UK: Oxford University Press, 2018)를 원용하였다.

p163 "본다는 것이 단지 카메라의 기능처럼 단순한 정보의 수집이 아닌 것처럼 느껴지는 것은"

4장에서 감각과 행동의 상호작용에 대해 논하기 시작했을 때, 나는 청각이 시각 및 촉각과 이러한 점에서 크게 다르다고 이야기한 바 있다. 행동이 듣는 데에 주는 영향 역시 실재이지만 보다 경미하다. "어디" 체계들 및 감각들 간의 교차-점검이 하는 역할 역시 다르다. 청각 역시 시각만큼이나 명백한 감각의 사례이다. 이는 계속해서 주시해야 하는 문제이다.

6. 문어

p168 "해면으로 된 보호구이자 은폐 장비를 입은 긴집게발게는"

나는 문어가 긴집게발게를 먹는 장면을 한 번 지나친 적이 있다. 너무 늦게 도착했기에 그 자세한 상호작용을 알지는 못한다.

p170 "캄브리아기 이후, 초기 두족류 중 일부가 바닥에서 떠올라"

『아더 마인즈』에서와 마찬가지로 여기서 그려낸 역사에 관해서는 Björn Kröger, Jakob Vinther, and Dirk Fuchs, "Cephalopod Origin and Evolution: A Congruent Picture Emerging from Fossils, Development and Molecules," *BioEssays* 33, no. 8 (2011): 602-13, 그리고 보다 최신 논문인 Alastair R. Tanner et al., "Molecular Clocks Indicate Turnover and Diversification of Modern Coleoid Cephalopods During the Mesozoic Marine Revolution," *Proceedings of the Royal Society B* 284 (2017): 20162818을 참조하였다.

p172 "1억 년 전에 나타난 그 결과는"

1억 6천 5백만년 된 프랑스의 화석 하나가 문어로 해석되어 왔는데 (그리고 『아더 마인즈』에서 그렇게 썼는데), 추가 연구들은 이 동물에 오늘날의 오징어에서 볼 수 있는 "단검"처럼 생긴 딱딱한 내부 구조가 있다는 점에서 문어의 형태가 전혀 아니며 뱀파이어 오징어(vampire squid)에 보다 가까운 것일지 모른다고 이야기한다. Isabelle Kruta et al., "Proteroctopus ribeti in Coleoid Evolution," *Palaeontology* 59, no. 6 (2016): 767-73를 참조하라.

p173 "곤충을 면밀히 연구하는 몇몇 생물학자들은"
Gabriella H. Wolf and Nicholas J. Strausfeld, "Genealogical Correspondence of a Forebrain Centre Implies an Executive Brain in the Protostome-DeuterostomeBilaterian Ancestor," *Philosophical Transactions of the Royal Society B* 371 (2016): 20150055를 보라.

p173 "2018년에 MDMA 또는 엑스터시라 불리는 약물을 문어에게 주입하고"
이 연구는 Eric Edsinger and Gül Dölen, "A Conserved Role for Serotonergic Neurotransmission in Mediating Social Behavior in Octopus," *Current Biology* 28, no. 19 (2018): 3136-42.e4이다.

p175 "수십 년 전 로저 핸론과 존 메신저는"
그들의 책 *Cephalopod Behaviour*, 1st ed. (Cambridge, UK: Cambridge University Press, 1996)을 보라.

p176 "그 이후로 이 질문들을 가장 면밀히 살핀 곳은 예루살렘의 베니 호크너의 연구실이었다."
이 책에서 여러 번 이야기되는 결과들을 적은 논문들은 Tamar Gutnick et al., "Octopus vulgaris Uses Visual Information to Determine the Location of Its Arm," *Current Biology* 21, no. 6 (2011): 460-62와 Letizia Zullo et al., "Nonsomatotopic Organization of the Higher Motor Centers in Octopus," *Current Biology* 19, no. 19 (2009): 1632-36, 그리고 Hochner 의 "How Nervous Systems Evolve in Relation to Their Embodiment: What We Can Learn from Octopuses and Other Molluscs," *Brain, Behavior, and Evolution* 82 (2013): 19-30이다.

p178 "핵심을 찌르는 중요한 사례는 우리와 같은 동물의 뇌에 있는 좌우 분화이다."

Lesley J. Rogers, Giorgio Vallortigara, and Richard Andrew, Divided Brains: The Biology and Behaviour of Brain Asymmetries (Cambridge UK: Cambridge University Press, 2013)와 Giorgio Vallortigara, Lesley J. Rogers, and Angelo Bisazza, "Possible Evolutionary Origins of Cognitive Brain Lateralization," *Brain Research Reviews* 30 (1999): 164-75를 보라.

p179 "문어와 마찬가지로 두족류인 갑오징어의 경우 오른눈은 먹이를, 왼눈은 포식자를 다루는 경향이 있다."

Alexandra K. Schnell et al., "Lateralization of Eye Use in Cuttlefish: Opposite Direction for Anti-Predatory and Predatory Behaviors," *Frontiers in Physiology* 7 (2016): 620를 참조하라.

p180 "호주의 두 장소에서는 너무나 당혹스러우면서도 매혹적인 문어의 행동이 뚜렷하게 드러났다."

이 장소는 『아더 마인즈』에 묘사된 바 있다. 보다 최신의 저작인 David Scheel et al., "Octopus Engineering, Intentional and Inadvertent," *Communicative & Integrative Biology* 11, no. 1 (2018): e1395994도 살펴보라. 행동에 관한 논문으로는 Scheel, Godfrey-Smith, and Matthew Lawrence, "Signal Use by Octopuses in Agonistic Interactions," *Current Biology* 26, no. 3 (2016): 377-82가 있다.

p180 "기실 문어는 *1~2*년이라는 놀랍도록 짧은 생을 산다."

깊은 바다에 사는 이들은 예외적이다. 이러한 사례들은 『아더 마인즈』의 7장을 보라.

p184 "더 높은 사회성이 존재할 수 있다."

위의 "Signal Use by Octopuses in Agonistic Interactions"에서, 열두 종을 포함한 알려진 예외를 정리해 놓았다.

p184 "마티 힝과 카일리 브라운 두 다이버가 옥토폴리스만큼이나 평범한 지대를 탐험하다가"

David Scheel et al., "A Second Site Occupied by Octopus tetricus at High Densities, with Notes on Their Ecology and Behavior," *Marine and Freshwater Behaviour and Physiology* 50, no. 4 (2017): 285-91를 보라.

p186 "특히 흥미롭게 느껴지는 행동은 던지기이다."

현재 이에 대해서 "Octopuses Throw Debris, Often Hitting Others, with Behavioral Consequences"라는 가제로 논문을 준비하고 있다.

p190 "제니퍼 매더의 기록대로"

"What Is in an Octopus's Mind?," *Animal Sentience* 2019. 209를 보라.

p191 "이안 워터맨으로 이름 붙여진 유명한 신경학적 환자는"

Shaun Gallagher, *How the Body Shapes the Mind* (Oxford, UK: Clarendon Press / Oxford University Press, 2005)의 논의를 참조하라.

p194 "문어를 비롯한 두족류를 연구하는 브렛 그라세는"

Ben Guarino, "Inside the Grand and Sometimes Slimy Plan to Turn Octopuses into Lab Animals," *The Washington Post*, March 3, 2019에 묘사되어 있다.

p201 "생물학자이자 로봇 공학자인 프랭크 그라소는 "두 개의 뇌를 가진 문어"라는 논문에서"

해당 논문은 "The Octopus with Two Brains: How Are Distributed and Central Representations Integrated in the Octopus Central Nervous System?," in *Cephalopod Cognition*, ed. Anne-Sophie Darmaillacq, Ludovic Dickel, and Jennifer Mather (Cambridge, UK: Cambridge University Press, 2014), 94-122이다. 시드니 칼스디아만테의 논의에 관해서는 그녀의 "The Octopus and the Unity of Consciousness," *Biology and Philosophy* 32, no. 6 (2017): 1269-87를 보라.

p201 "내가 아는 한, *1+1*의 가능성에 대한 가장 전면적인 탐구는"

Adrian Tchaikovsky, *Children of Ruin* (New York: Orbit / Hachette, 2019).

p203 "뇌의 두 반구 사이의 가교를 끊은 환자들이 있다."

Thomas Nagel, "Brain Bisection and the Unity of Consciousness," Synthese 22, no. 3/4 (1971): 396-413은 이 이슈를 다루는 여전히 좋은 방식을 보여 준다. Tim Bayne, *The Unity of Consciousness* (Oxford, UK: Oxford University Press, 2010)은 단일성에 이슈를 철저하게 다루고 있다. 여기서 나는 Elizabeth Schechter, *Self-Consciousness and "Split" Brains: The Minds' I* (Oxford, UK: Oxford University Press, 2018)를 광범위하게 원용하고 있다.

p205 "나는 빠른 전환설이 옳을 수 있다고 생각한다."

수년 간 이러한 관점의 여러 버전들이, 때로는 그다지 심도 있지 않게 옹호되어 왔다.

Michael Tye의 *Consciousness and Persons: Unity and Identity* (Cambridge, MA: MIT Press, 2003) 그리고 아래에서 논의될 Adrian Downey의 글은 보다 자세하다. Elizabeth Schechter는 Jerome A. Shaffer, "Personal Identity: The Implications of Brain Bisection and Brain Transplants," *The Journal of Medicine and Philosophy* 2, no. 2 (1977): 147-61를 초기 진술로서 인용한다.

p205 "철학자 엘리자베스 세흐터의 작업을 인용했다."

위에 언급한 책 *Self-Consciousness and "Split" Brains*이 그것이다.

p206 "대부분의 시간에 이 두 뇌 반구가 하나의 경험 주체를 만들도록 함께 작동하다가 가끔씩 둘로 나뉜다는 것이다."

몇몇 사례에서, 분할뇌 환자의 일상은 불일치로 드러나는 지속적인 비단일성의 징후를 보여 준다. 예를 들면, 한 손이 셔츠에서 담배를 꺼내려 할 때 다른 손이 그 행동을 저지하는 것이다. 이러한 종류의 행동이 일반적이라면, (셰흐터가 생각하는 것처럼) 두 개의 정신이라는 조건이 영속한다고 말하기 쉬울 것이다. 어떤 사례들은 이와 같고, 다른 사례들은 보다 통합성을 보여 주는가? 나는 이 현상들에 대해 "Integration, Lateralization, and Animal Experience" in *Mind and Language*를 면밀히 참고하였다.

p206 "이 책 5장의 아이디어를 말할 때 등장했던 수잔 헐리는"

그녀의 "Action, the Unity of Consciousness, and Vehicle Externalism," in *The Unity of Consciousness: Binding, Integration, and Dissociation*, ed. Axel Cleeremans (Oxford, UK: Oxford University Press, 2003)를 보라.

p207 "철학자 에이드리언 다우니는"

그의 논문 "Split-Brain Syndrome and Extended Perceptual Consciousness," *Phenomenology and the Cognitive Sciences* 17 (2018): 787-811를 보라.

p207 "일본계 캐나다인 의사 준 아츠시 와다의 이름을 딴 와다 테스트는 (외과적 실험이며 전혀 일반적이지 않지만) 누구에게나 할 수 있다."

여기서의 논의는 대부분 James Blackmon, "Hemispherectomies and Independently Conscious Brain Regions," *Journal of Cognition and Neuroethics* 3, no. 4 (2016): 1-26을 참고하였다. 텍스트 속 인용은 블로그 포스트인 https://jcblackmon.com/2018/02/02/the-wada-test-for-philosophers-what-is-it-like-to-be-a-proper-part-of-your-own-brain-losing-and-regaining-other-proper-parts-of-your-brain/에서 가져왔으며, 이는 뇌전증에 대한 웹사이트인 epilepsy.com/connect/forums/surgery-and-devices/wada-test-1에 있다.

뇌에 분리된 많은 의식들이 있음에 대한 옹호의 관점 중 가장 극단적인, 그리고 아주 자세한 버전은 신경과학자 Semir Zeki의 것이다. 그의 입장에 대한 요약은 논문 "The Disunity of Consciousness," *Trends in Cognitive Sciences* 7, no. 5 (2003): 214-18을 보라.

p210 "'부분적 통합'이란, 분할뇌 사례에서 정신이 한 개인지 두 개인지 깔끔하게 셀 수 없다는 아이디어이다."

셰흐터는 이러한 가능성이 논리적일 수 있음을 옹호한 바 있다. 그녀의 "Partial Unity of Consciousness: A Preliminary Defense," in *Sensory Integration and the Unity of Consciousness*, ed. David J. Bennett and Christopher S. Hill (Cambridge, MA: MIT Press, 2014), 347-73을 보라.

p211 "분할뇌 사례는 매우 복잡하며"

셰흐터에 의해 인용된 문단 속에서 Roger Sperry는, 각 반구가 서로 접근할 수 없는 각자의 기억을 지닌다고 이야기한다.(그의 논문 "Hemisphere Deconnection and Unity in Conscious Awareness," *American Psychologist* 23, no. 10 [1968]: 723-33를 보라). 이는 영속적인 두 개의 정신이라는 상황을 시사한다. 그러나 Sperry의 논문 그리고 내가 접한 또 다른 자료들은, 실험의 한 단계에서 보관되고 다른 단계에서 불러내어지는 기억에 대해 이야기하는 것 같다. 기억이 보다 긴 시간에 걸쳐 각 반구와 연계되는지는 다를 수가 있다(그리고 아마 이것이 실제 작동하는 방식일 것이다). 이것은 두 정신이 영속적이라고 생각하는 또 다른 이유가 될 수도 있을 것이다.

p217 "이를 상상해 보려 할 때 나는 환각 상태에 있는 느낌이 드는데"

이 문장은 나의 전작이자 Jennifer Mather의 "What Is in an Octopus's Mind?"에 대한 코멘터리인 "Octopus Experience," in *Animal Sentience* 2019.270의 자료를 가져왔다. 한편, 어떤 극피동물들은 명백히 몸 전체로 볼 수가 (사물을 집어낼 수가) 있다. Divya Yerramilli and Sönke Johnsen, "Spatial Vision in the Purple Sea Urchin Strongylocentrotus purpuratus (Echinoidea)," *Journal of Experimental Biology* 213, no. 2 (2010): 249-55를 보라.

p220 "극피동물은 적어도 캄브리아기 때부터 있었다."

어쩌면 더 일찍 나타났을 수도 있는데, James G. Gehling, "Earliest Known Echinoderm—A New Ediacaran Fossil from the Pound Subgroup of South Australia," *Alcheringa* 11, no. 4 (1987): 337-45를 보라. 일반적인 좌우대칭형 디자인으로부터 벗어나는 경로에 대한 논의와 멋진 이미지들을 보여 주는 Samuel Zamora, Imran A. Rahman, and Andrew B. Smith, "Plated Cambrian Bilaterians Reveal the Earliest Stages of Echinoderm Evolution," *PLOS One* 7, no. 6 (2012): e38296도 참조하라. 내 생각에 옥토폴리스 인근에서 내가 본 종들은 안테돈 로베니(Antedon loveni)인 듯하다.

7. 부시리

p222 "생물학자 닐 슈빈의 책은"

『내 안의 물고기(*Your Inner Fish: A Journey into the 3.5-Billion-Year History of the Human Body*)』 (김명남 옮김, 김영사, 2009).

p223 "어류는 매우 하찮은 존재로 시작하였다."

이 부분에서의 주요 참고문헌은 John A. Long, *The Rise of Fishes: 500 Million Years of Evolution* (Baltimore: Johns Hopkins University Press, 1995)이다. 그의 책은, 내가 때로 비판하기도 하고 있는 진화론적 사다리 및 스케일에 대한 이야기로 가득차 있다. 척추동물의 초기 진화를 의식에 대한 관점으로 보는 좋은 책으로는 Todd E. Feinberg and Jon M. Mallatt, *The Ancient Origins of Consciousness: How the Brain Created Experience* (Cambridge, MA: MIT Press, 2016)가 있다. 최근의 한 논문인 Lauren Sallan et al., "The Nearshore Cradle of Early Vertebrate Diversification," *Science* 362 (2018): 460-64는 어류의 초기 진화에 있어서 근해 환경의 역할에 대해 이야기하고 있고, 멋진 삽화들도 포함하고 있다.

p224 "프랑스의 생물학자 프랑수아 자코브가 말한 진화의 "땜질""

그의 "Evolution and Tinkering," *Science* 196 (1977): 1161-66를 보라.

p225 "2018년, 호주의 한 아마추어 화석 수집가가"

이는 호주 SBS 뉴스에서 보고된 바 있다. (sbs.com.au/news/rare-set-of-
mega-shark-teeth-from-prehistoric-species-unearthed): "Think a Steak
Knife. They're Sharp." *Carcharocles angustidens*는 9미터 이상으로 자랐다.

p227 "그들은 지구 전체의 자기를 감지해서"

Sönke Johnsen and Kenneth J. Lohmann, "The Physics and Neurobiology
of Magnetoreception," *Nature Reviews Neuroscience* 6 (2005): 703-12를 참
조하라.

p227 "고래상어는 오늘날 바다에서 가장 큰 물고기다."

역사상 가장 큰 것은 아닐 것이다. 아마도 공룡 시기의 리드시크티스 프
로블레마티쿠스(*Leedsichthys problematicus*)였을 것이다.

p227 "이 글을 쓰는 시점에도, 그들이 모두 갈라파고스 제도 가까이의 특
정한 한 곳에서 짝짓기를 한다고 추측될 뿐이다."

호주 CTV의 프로그램 Blue Planet II (2017)를 참조하였다. 이들의 성에
대해 알고 있는 사실 하나는 닝갈루 산호초에서 성비는 3:1의 남초를 이
루며, 이유는 알려지지 않았다는 것이다.

p229 "뼈 척추동물로의 전환은, 뼈를 만드는 유전자가 중복되며 뼈가 더
광범위한 역할을 갖게 되면서 이루어졌을 것이다."

Darja Obradovic Wagner and Per Aspenberg, "Where Did Bone Come
From?," *Acta Orthopaedica* 82, no. 4 (2011): 393-98를 보라.

p230 "이것은 거칠게 말해서 촉각의 한 형태이다."

Horst Bleckmann and Randy Zelick, "Lateral Line System of Fish,"

Integrative Zoology 4, no. 1 (2009): 13-25를 대부분 원용하였다. 측선에 대한 면밀한 탐구는 Sheryl Coombs et al., eds., *The Lateral Line System* (New York: Springer, 2014)가 있다. "원격 촉각"에 대한 묘사로는 John Montgomery, Horst Bleckmann, and Sheryl Coombs, "Sensory Ecology and Neuroethology of the Lateral Line," in *The Lateral Line System*, 121-50을 보라.

p231 "진화적으로 이야기해 보자면 이렇다."

나는 여기서 Bernd Fritzsch and Hans Straka, "Evolution of Vertebrate Mechanosensory Hair Cells and Inner Ears: Toward Identifying Stimuli That Select Mutation Driven Altered Morphologies," *Journal of Comparative Physiology* A 200, no. 1 (2014): 5-18과 Bernd U. Budelmann and Horst Bleckmann, "A Lateral Line Analogue in Cephalopods: Water Waves Generate Microphonic Potentials in the Epidermal Head Lines of Sepia and Lolliguncula," *Journal of Comparative Physiology* A 164, no. 1 (1988): 1-5를 원용하였다.

p232 "작은 물고기일지라도 지나가고 난 *1*분 후까지 흔적이 남을 수 있다."

Bleckmann and Zelick, "Lateral Line System of Fish." 측선 감각은 감각과 행동 사이의 풍부한 상호작용을 지닌다. John C. Montgomery and David Bodznick, "An Adaptive Filter That Cancels Self-Induced Noise in the Electrosensory and Lateral Line Mechanosensory Systems of Fish," *Neuroscience Letters* 174, no. 2 (1994): 145-48를 참조하라.

p233 "이름대로 눈이 전혀 보이지 않는 장님동굴고기는"

Bleckmann and Zelick, "Lateral Line System of Fish." 이 고기들은 측선의 정보를 그들을 둘러싼 환경의 내적인 지도를 그리는 데 활용한다. Theresa Burt de Perera, "Spatial Parameters Encoded in the Spatial Map of the Blind Mexican Cave Fish, Astyanax fasciatus," *Animal Behaviour* 68, no. 2 (2004): 291-95를 참조하였다.

p233 "몇몇 물고기들, 특히 상어들의 경우, 측선계는 다른 형태의 감각이 가능하도록 변화되었다."

Clare V. H. Baker, Melinda S. Modrell, and J. Andrew Gillis, "The Evolution and Development of Vertebrate Lateral Line Electroreceptors," *The Journal of Experimental Biology* 216, pt. 13 (2013): 2515-22과 Nathaniel B. Sawtell, Alan Williams, and Curtis C. Bell, "From Sparks to Spikes: Information Processing in the Electrosensory Systems of Fish," *Current Opinion in Neurobiology* 15, no. 4 (2005): 437-43. 전기감각을 지닌 육상 동물은 단공류(monotremes) 즉 오리너구리(platypus)와 바늘두더지(echidna)뿐인 듯하다. 이는 John D. Pettigrew, "Electroreception in Monotremes," *Journal of Experimental Biology* 202 (1999): 1447-54를 참조하라.

p234 "상어 연구자 에이단 마틴은"

elasmo-research.org/education/topics/d_functions_of_hammer.htm

p234 "특히 메기는 지진을 예견할 정도로 전기감각이 뛰어나다."
"일반적인 흥미 때문에, 메기의 지진 예측에 대해 뭔가를 이야기해야 하겠다. 주요 충격적인 결과들이 나오기 전 가장 잘 문헌으로 정리된 동물 반응에 대한 사례가 바로 메기의 사례이다. 지진 몇 시간 전 통계적으로 의미 있는 행동적 변화를 정리한 1930년대 초 일본의 논문들이 Kalmijn에 의해 리뷰되었다(1974). 일본인 저자들은, 지구로부터의 전위가 적절한 자극이 된다는 증거들을 제시하였다. 메기 민감성 및 지진을 예견할 (지진에 보편적으로 수반된다기보다는 특정 지역에 적용될) 전위의 규모에 관한 통계적 측정들이 된 후에야 이 신호들이 임계치를 초과함을 보여 주었고, 그리하여 기존의 관찰들이 꽤나 타당함을 보여 주었다." Theodore H. Bullock, "Electroreception," *Annual Review of Neuroscience* 5 (1982): 121-70, p. 128.

p235 "놀랍게도 군영에 대한 연구들은 측선계의 역할을 애매하게 본다."

한 예로 Prasong J. Mekdara et al., "The Effects of Lateral Line Ablation and Regeneration in Schooling Giant Danios," *Journal of Experimental Biology* 221 (2018): jeb175166를 보라.

p236 "보기 드물게 많은 수의 홍대치를 발견했다."

홍대치, 즉 피스툴라리아 코메르소니(*Fistularia commersonii*)였다.

p238 "이 과정의 어딘가에서 어떤 물고기는 똑똑해졌다."

이 절에서 나는 Redouan Bshary and Culum Brown, "Fish Cognition," *Current Biology* 24, no. 19 (2014): R947–50와 이 문헌의 참고문헌들을 참조하였다. Jonathan Balcombe, 『물고기는 알고 있다(*What a Fish Knows: The Inner Lives of Our Underwater Cousins*)』(양병찬 옮김, 에이도스, 2017)도 있다.

　셈하기에 관해서는, Christian Agrillo et al., "Use of Number by Fish," *PLOS One 4*, no. 3 (2009): e4786. 음악 인지 실험은 위 Balcombe의 책에 실려 있다.

p240 "이 이론은 더욱 사회적인 행동을 하는 종에서 특별히 큰 뇌가 나타나는 영장류를 연구하기 위해 만들어졌다."

Nicholas K. Humphrey, "The Social Function of Intellect," in *Growing Points in Ethology*, ed. P. P. G. Bateson and R. A. Hinde (Cambridge, UK: Cambridge University Press, 1976), 303–17를 보라.

p240 "알려진 대부분의 어류는 생의 일부 동안이라도 다른 개체와 함께 지낸다."

Matz Larsson, "Why Do Fish School?," *Current Zoology* 58, no. 1 (2012): 116–28. 나는 부시리를 포함한 꽤 많은 은빛 물고기들의 꼬리에 있는, 노란색의 수직으로 된 띠들이 위치와 움직임에 대한 시각적 실마리를 줌으로써 군영을 하는 데 특정한 기능을 하는지가 궁금하다. 군영은 개체들이 불 수 있고 예측을 할 수 있게 되는 데서 얻는 이익을 필요로 할 것이다. 이는 망을 보는 물고기나 무리 전체에 있어 보다 일을 더 용이하게 만들기에 충분치는 않다.

p241 "장 폴 사르트르는 "타인은 지옥이다"라는 유명한 말을 했는데(덧붙이면 그는 게와 문어를 비롯한 바다 생물들에 대한 극심한, 게다가 마약으로 인해 증폭된 공포를 느꼈다)"

다른 연구로는 Thomas Riedlinger, "Sartre's Rite of Passage," *Journal of Transpersonal Psychology* 14, no. 2 (1982): 105-23가 있다.

p241 "물고기의 영민함은 특히 다른 존재를 대하면서 돋보인다."

Jeremy R. Kendal et al., "Nine-Spined Sticklebacks Deploy a Hill-Climbing Social Learning Strategy," *Behavioral Ecology* 20, no. 2 (2009): 238-44와 Stefan Schuster et al., "Animal Cognition: How Archer Fish Learn to Down Rapidly Moving Targets," *Current Biology* 16, no. 4 (2006): 378-83, 그리고 Logan Grosenick, Trisha S. Clement, and Russell D. Fernald, "Fish Can Infer Social Rank by Observation Alone," *Nature* 445 (2007): 429-32를 보라.

p242 "어떤 종류의 청소고기는 구경꾼이 있을 때 부정행위를 덜 하고, 없을 때는 더 많이 하는 경향이 있다."

Ana Pinto et al., "Cleaner Wrasses Labroides dimidiatus Are More Cooperative in the Presence of an Audience," *Current Biology* 21, no. 13 (2011): 1140-44를 보라.

p242 "해저 곳곳에서 새우와 망둥이의 협력을 볼 수 있다."

이러한 관계에 대해 많은 논문들이 있다. Annemarie Kramer, James L. Van Tassell, and Robert A. Patzner, "A Comparative Study of Two Goby Shrimp Associations in the Cariean Sea," *Symbiosis* 49 (2009): 137-141도 그중 하나이다.

p243 "이들은 곰치들과 협력하여 사냥을 하는데"

Alexander L. Vail, Andrea Manica, and Redouan Bshary, "Referential Gestures in Fish Collaborative Hunting," *Nature Communcations* 4 (2013): 1765.

p245 "1920년대 초 텔레파시, 즉 초능력 혹은 초감각적 지각을 믿었던 독일의 한스 베르거는"

David Millett, "Hans Berger: From Psychic Energy to the EEG," *Perspectives in Biology and Medicine* 44, no. 4 (2001): 522-42를 원용하였다. 베르거에 대한 이야기는 다소간 왜곡되어 온 듯 보인다.

p246 "베르거의 몇몇 실험에 연구 대상으로 참여했던 젊은 동료 라파엘 긴즈버그는"

Millett의 "Hans Berger: From Psychic Energy to the EEG"에 묘사되어 있다.

p246 "이러한 일을 그가 처음 한 것은 아니었다"

Vladimir Vladimirovich Pravdich-Neminsky는 분명한 선구자였다. 그는 소련 체제 하에서 체포되어 추후에 연구를 거의 할 수 없었다.

　베르거가 죽은 뒤 종종 나치의 반대자로 여겨졌으나, 최근의 연구는 전혀 그렇지 않았음을 시사한다. Lawrence A. Zeidman, James Stone, and Daniel Kondziella, "New Revelations About Hans Berger, Father of the Electroencephalogram (EEG), and His Ties to the Third Reich," *Journal of Child Neurology* 29, no. 7 (2014): 1002-10를 보라.

p248 "이는 자연의 힘인 전하의 역할이 지닌 이중성의 결과이다."

여기서 나는 전자기적 현상에서의 전기와 자기에 대해 이야기하는 것이 아니다. 보다 비공식적인 단어 사용이다. 이 장에서 나는 자기적인 측면을 최대한 치워놓고 이야기하고 있다.

p249 "뇌전도 패턴은 대체로 활동전위보다는 이 느릿한 변화에 기인하지만, 서로 영향을 미친다."

이 부분 그리고 리듬 및 장에 대한 초기 논의에 대한 대부분에서 György Buzsáki, *Rhythms of the Brain* (Oxford, UK: Oxford University Press, 2006)와 (보다 기술적인 글이지만 역시 도움이 된) György Buzsáki, Costas A. Anastassiou, and Christof Koch, "The Origin of Extracellular Fields and Currents—EEG, ECoG, LFP and Spikes," *Nature Reviews Neuroscience* 13 (2012): 407-20를 원용하였다. 뇌전도 패턴이 대부분 활동전위에 기반하지 않는다는 아이디어는 논쟁적이며, 맥락에 따라 그리고 뇌전도 패턴이 무엇이냐에 따라 달라질 수 있다. 위의 리뷰를 보라.

p250 "초파리, 가재, 문어를 비롯한 다른 많은 동물을 대상으로 측정했을 때"

몇몇 예로 Theodore H. Bullock, "Ongoing Compound Field Potentials from Octopus Brain Are Labile and Vertebrate-Like," *Electroencephalography and Clinical Neurophysiology* 57, no. 5 (1984): 473-83와 R. Aoki et al., "Recording and Spectrum Analysis of the Planarian Electroencephalogram," *Neuroscience* 159, no. 2 (2009): 908-14, 그리고 Bruno van Swinderen and Ralph J. Greenspan, "Salience Modulates 20-30 Hz Brain Activity in Drosophila," *Nature Neuroscience* 6 (2003): 579-86 및 Fidel Ramón et al., "Slow Wave Sleep in Crayfish," *Proceedings of the National Academy of Sciences USA* 101, no. 32 (2004): 11857-61이 있다.

p251 "활동의 동기화가 뇌가 하는 일의 중요한 부분이라는 견해는 점차 유력해지고 있다."

György Buzsáki, *Rhythms of the Brain*과 Rodolfo R. Llinás, 『꿈꾸는 기계의 진화(*I of the Vortex: From Neurons to Self*)』(김미선 옮김, 북센스, 2019), 그리고 Wolf Singer, "Neuronal Oscillations: Unavoidable and Useful?," *European Journal of Neuroscience* 48, no. 7 (2018): 2389-98 및 Conrado A. Bosman, Carien S. Lansink, and Cyriel M. A. Pennartz, "Functions of Gamma-Band Synchronization in Cognition: From Single Circuits to

Functional Diversity Across Cortical and Subcortical Systems," *European Journal of Neuroscience* 39, no. 11 (2014): 1982-99를 보라.

p252 "안젤리크 아르바니타키는 프랑스의 신경생리학자였다."

그녀는 전혀 알려지지 않은 듯 보인다. 나는 François Clarac and Edouard Pearlstein, "Invertebrate Preparations and Their Contribution to Neurobiology in the Second Half of the 20th Century," *Brain Research Reviews* 54, no. 1 (2007): 113-61의 자료를 활용하였다.

p253 ""점핑 유전자"의 바버라 매클린톡이나, 미토콘드리아의 공생적 기원을 말한 린 마굴리스가 떠오른다.

매클린톡은 결국 노벨상을 수상하였다. 마굴리스의 역할은 2장에서 인용된 책 John Archibald, *One Plus One Equals One*에서 논의되어 있다. 매클린톡에 대하여는 Evelyn Fox Keller, 『생명의 느낌(*A Feeling for the Organism: The Life and Work of Barbara McClintock)*』(김재희 옮김, 양문, 2001)을 보라.

p253 "아르바니타키는 *1942*년 출판된 가장 중요한 논문에서"

"Effects Evoked in an Axon by the Activity of a Contiguous One," *Journal of Neurophysiology* 5, no. 2 (1942): 89-108. 이 연구는 갑오징어를 가지고 이루어졌다.

p253 "어떤 경우에는, 뇌의 전 영역에 의해 생성되는 장의 리듬 패턴이"

주로 활용한 논문은 Costas A. Anastassiou et al., "Ephaptic Coupling of Cortical Neurons," *Nature Neuroscience* 14, no. 2 (2011): 217-23; Chia-Chu Chiang et al., "Slow Periodic Activity in the Longitudinal Hippocampal Slice Can Self-Propagate Non-Synaptically by a Mechanism Consistent with Ephaptic Coupling," *Journal of Physiology* 597, no. 1 (2019): 249-69, 그리고 Costas A. Anastassiou and Christof Koch, "Ephaptic Coupling to Endogenous Electric Field Activity: Why Bother?," *Current*

Opinion in Neurobiology 31 (2015): 95-103이다.

p254 "크리스토프 코흐와 코스타스 아나스타시오가 말하듯, 이는 "전기장이, 처음 전기장을 발생시킨 것과 같은 신경의 구성 요소들의 활동을 변화시키는" 새로운 피드백 메커니즘이다."

위의 "Ephaptic Coupling to Endogenous Electric Field Activity: Why Bother?"를 보라.

p254 "2002년에 쓴 책『꿈꾸는 기계의 진화』에서, 이나스는"

그의 책 『꿈꾸는 기계의 진화』를 일컫는다. 그의 "Review of György Buzsáki's book Rhythms of the Brain," *Neuroscience* 149 (2007): 726-27에서, 이나스는 내가 텍스트 속에서 적은 선택항 중 두 번째, 즉 동기화된 활동은 중요하지만 장과 그것의 진동은 중요하지 않다는 아이디어를 취한다. 그러나 그는 단서를 단다.

　놀랍게도, 이러한 리듬이 뇌로부터 "발하며" 뇌 기능의 궁극적인 표현이라고 보는 사람도 있다. 이러한 시각은 세포 밖에서 기록된 전기장을 생물학적으로 중요한 신경 전도의 측면으로 보는 것만큼 어리석다. 경골어류에서 마우트너 세포의 축색돌기에 여덟 번째 신경 활동이 주는 억제 효과와 같은 경우, 혹은 "신경 흥분성의 에팝스적 조율"과 같은 몇몇 사례를 제외한다면, 이러한 세포 외부의 장 전위는 부수적인 현상이다. 그것들은 외부의 관찰자에게 뉴런 군집의 전기적 일관성의 현전을 보여줄 순 있지만, 그 자체로는 플라톤적 동굴의 그림자 이상의 것이 아니다.

　보다 최근의 이러한 메시지는 커다란 "예외"가 있음을 보여 준다.

p255 "나는 매미와 그 친구들이 우는 이유에 대한 자료를 읽었다."

M. Hartbauer et al., "Competition and Cooperation in a Synchronous Bushcricket Chorus," *Royal Society Open Science* 1, no. 2 (2014): 140167가 한 예이다.

p257 "17세기 스타일로 훌륭한 과학 박식가였던 크리스티안 하위헌스는"

Wolf Singer는 그의 "Neuronal Oscillations: Unavoidable and Useful?"에서, 하위헌스를 "네덜란드의 시계장이"라 칭했다. 이는 토성의 고리를 발명한 이에게 붙이기에는 다소간 부적절한 듯하다.

p261 "이 비유는 전화 교환만큼이나 오래되었다."

이는 Carl Pearson의 영향력 있는 책 *The Grammar of Science* (London: Adam and Charles Black, 1900)에 있다.

p261 "이 장에서 설명해 온 연구들은"

이 부분에 있어 나는 Rosa Cao와의 수년간에 걸친 논의 속에서 영향을 받았다. 그녀의 "Why Computation Isn't Enough: Essays in Neuroscience and the Philosophy of Mind" (PhD dissertation, New York University, 2018)를 보라.

p262 "여기서의 사유는 경험이나 의식이 물리적 의미에서 장이라는 것이 아니다."

이러한 종류의 시각은 여러 사람들에 의해 제기되어 왔다. Susan Pockett, *The Nature of Consciousness: A Hypothesis* (New York: iUniverse, 2000) 이나 E. R. John, "A Field Theory of Consciousness," *Consciousness and Cognition* 10 (2001): 184-213; AND 및 Johnjoe McFadden, "Synchronous Firing and Its Influence on the Brain's Electromagnetic Field: Evidence for an Electromagnetic Field Theory of Consciousness," *Journal of Consciousness Studies* 9, no. 4 (2002): 23-50 등이 그러하다. 5장으로 돌아가면, 나는 존 설을 인용하면서, 경험이 무엇을 포함하려 하는지에 대한 사유들, 감각에만 초점을 맞추는 것으로부터 벗어나려는 사유들을 소개하였다. 설은 자신의 의식에 대한 접근을 "통일장(unified field)" 시각이라고 불렀다. 나는 여기서 물리적 의미에서의 "장"을 이야기한다고 생각지 않는다. 설의 논문에서 장의 아이디어는, 경험의 많은 측면들이 하나의 전체로 통합되는 방식을 강조하는 역할을 한다. 마지막 장에서 나는

"경험적 프로파일"이라는 표현으로 이와 같은 아이디어를 장의 개념을 가져오지 않고 사용한다.

p263 "몇 년 전 몇몇 과학자와 철학자들이, 뇌의 특정한 고주파 패턴(감마파)이 의식과 특별한 관련이 있다는 아이디어를 제기하였다."

Francis Crick and Christof Koch, "Towards a Neurobiological Theory of Consciousness," *Seminars in the Neurosciences* 2 (1990): 263–75를 보라. 이러한 아이디어를 활용하는 다른 저작으로 Jesse Prinz, "Attention, Working Memory, and Animal Consciousness," in *The Routledge Handbook of Philosophy of Animal Minds, ed. Kristin Andrews and Jacob Beck* (New York: Routledge, 2018가 특히 생각들을 환기시킨다. 감마파에 대한 연구 역시 중요한 혁신이긴 하나, 나의 관점은 보다 넓으며 40헤르츠 리듬의 중요성에 대해 주장하고 있지는 않다.

p263 "예로, 그와 랄프 그린스펀은"

van Swinderen and Greenspan, "Salience Modulates 20–30 Hz Brain Activity in Drosophila"를 보라.

p265 "이러한 과정의 상상을 이 장에서 언급한 신경과학자들이 원하는 방식으로 바꾸어 보자."

이나스, 부즈사키, 싱어, 코흐 등은 많은 것들에 동의하지 않을 수는 있겠지만, 이 지점에서는 아마도 동의하게 될 것이다.

p268 "이러한 것들을 수행하지 않는 생명체를 상상한다면, 그것은 대규모 동적 특성을 지니고 있지 않을 것이다."

Rosa Cao가 지적했듯, 이에 대해 생각할 수 있는 흥미로운 사례로는 인공적으로 자라나는 뉴런의 작은 군집 즉 "브레이노이드(brainoid)"가 있다. 그것들은 신경 체계 속에서 나타나는 패턴들을 보여줄 수가 있다.

p268 "마찬가지로, 의식을 지닌 정신은 활동들이 서로 비정상적으로 밀접하게 연결되어 있거나, 언제나 능동적이고 활기찬 방식으로 한데 엮여 있는 시스템인 것만은 아니다."

"통합 정보 이론(Integrated Information Theory, IIT)"은 한 체계 속 활동에 있어서의 고도의 통합이 해당 체계를 의식적으로 만든다고 주장한다. (Giulio Tononi and Christof Koch, "Consciousness: Here, There and Everywhere?," *Philosophical Transactions of the Royal Society B* 370: 20140167를 보라.) 통합은, 정신과 물질 즉 주체 되기와 관점 지니기의 관계에 있어 가교 역할을 하는 다른 특질들과의 연계성 때문에 중요하다.

p268 "이 장에서 여러 번 언급된 신경과학자 로돌포 이나스는"

Llinás and Paré, "Of Dreaming and Wakefulness," *Neuroscience* 44, no. 3 (1991): 521-35. "우리는, 과거에 그러했던 것처럼 여기에서 제안하기로 …운동과 마찬가지로 의식은 감각적인 활동보다 보다 더 본질적인 활동의 사례일 수 있다. 따라서, 의식은 감각에 의해 생성된 것이라기보다는, 몽상과 같은 내부의 조절된 기능적 상태이다."

p269 "메르케르는 대신, 이 리듬이 뇌 활동의 배경 유지에 중요할 것이라 여긴다."

Björn Merker, "Cortical Gamma Oscillations: The Functional Key Is Activation, Not Cognition," *Neuroscience and Biobehavioral Reviews* 37, no. 3 (2013): 401-17.

8. 육지에서

p272 "태양을 향해 기어 올라간 첫 번째 동물은 절지동물이었다."

Jason A. Dunlop, Gerhard Scholtz, and Paul A. Selden, "Water-to-Land Transitions," in *Arthropod Biology and Evolution: Molecules, Development,*

Morphology, ed. Alessandro Minelli, Geoffrey Boxshall, and Giuseppe Fusco (Berlin: Springer-Verlag, 2013), 417-40 및 Casey W. Dunn, "Evolution: Out of the Ocean," *Current Biology* 23, no. 6 (2013): R241-43 를 보라.

p272 "육지는 만만치가 않지만, 절지동물은 유리한 특질들을 지니었다."
짚고 넘어가야 할 다른 문제는 자외선 복사에 대한 것이다. 이는 George McGhee Jr., *When the Invasion of Land Failed: The Legacy of the Devonian Extinctions* (New York: Columbia University Press, 2013)를 보라.

p273 "절지동물은 대략 일곱 가지, 어쩌면 그보다 많은 서로 다른 경로로 육지로 이동했다."

Dunlop, Scholtz, and Selden, "Water-to-Land Transitions."

p274 "육상식물, 특히 종자식물은 바다의 삶을 훨씬 능가하는 강도와 효율로 태양 에너지를 소비한다."

Richard K. Grosberg, Geerat J. Vermeij, and Peter C. Wainwright, "Biodiversity in Water and on Land," *Current Biology* 22, no. 21 (2012): R900-903를 보라.

p275 "이 성취들 중 일부는 간단히 묘사하기가 쉽지 않을 정도로 매우 복잡하다."

Scarlett R. Howard et al., "Numerical Cognition in Honeybees Enables Addition and Subtraction," *Science Advances* 5, no. 2 (2019): eaav0961과 Aurore Avarguès-Weber et al., "Simultaneous Mastering of Two Abstract Concepts by the Miniature Brain of Bees," *Proceedings of the National Academy of Sciences USA* 109, no. 19 (2012): 7481-86, 그리고 Olli Loukola et al., "Bumblebees Show Cognitive Flexibility by Improving on an Observed Complex Behavior," *Science* 355 (2017): 833-36.

p275 "가장 인상적이고 또한 아름다운 벌들의 습성은"

Vincent Gallo and Lars Chittka, "Cognitive Aspects of Comb-Building in the Honeybee?," *Frontiers in Psychology* 9 (2018): 900을 보라.

p276 "벌들은 언제나 새로운 선택지를 물색하는데,"

자원의 효율적 사용과 선택항에 대한 지속적인 탐구의 혼합에 대하여 Joseph L. Woodgate et al., "Life-Long Radar Tracking of Bumblebees," *PLOS ONE* 11, no. 8 (2016): e0160333를 참고하였다.

p277 "동료 연구자들은 문어에게 연속된 두 동작(밀고 당기기)을 학습해야 풀 수 있는 수수께끼 상자를 과제로 냈다."

Jonas N. Richter, Binyamin Hochner, and Michael J. Kuba, "Pull or Push? Octopuses Solve a Puzzle Problem," *PLOS ONE* 11, no. 3 (2016): e0152048.

p278 "의식을 지닌 곤충에 대한 질문은 어렵고"

곤충의 의식이라는 아이디어에 관한 특히 좋은 접근은 Andrew B. Barron and Colin Klein, "What Insects Can Tell Us About the Origins of Consciousness," *Proceedings of the National Academy of Sciences USA* 113, no. 18 (2016): 4900-908을 보라.

p279 "많은 곤충들은 감각의 측면에서 매우 인상적이다."

나는 이 책에서 거미를 다루지 않는데, 이는 이미 그 성격이 광범하게 알려져 있기 때문이지만, 몇몇 거미들은 감각의 측면에 있어 굉장히 인상적이다. 이들은 거미줄을 치지 않고 돌아다니며 사냥하는 종들이다. 깡충거미(Salticidae)들이 특히 놀랍다. Robert R. Jackson and Fiona R. Cross, "Spider Cognition," *Advances in Insect Physiology* 41 (2011): 115-74를 보라.

p279 "몇십 년 전, 호주 퀸즐랜드 대학의 크레이그 아이즈만과 동료들은"

Craig H. Eisemann et al., "Do Insects Feel Pain?—A Biological View,"

Experientia 40 (1984): 164-67.

p280 "경험의 감각적 측면과 판단적 측면의 분리라는 아이디어는"

매우 흥미로운 논문인 Justin Sytsma and Edouard Machery, "Two Conceptions of Subjective Experience," *Philosophical Studies* 151, no. 2 (2010): 299-327는, 보통 사람이 "감각된" 혹은 주체적 경험이라는 단일한 개념을 철학자들이 인식하는 방식으로 바라보는지를 살핀다. 저자들은, 사람은 그리 하지 않으며, (예를 들면 붉은 빛을 봄 같은) 순수한 감각 사건들을 좀 더 빈곤한 방식으로 다루면서 경험을 판단과 묶어 버린다고 보고했다. 그들의 논의는 경험에 대한 일상적 개념에 대해서는 맞을지 모르지만 일상적 생각 역시 오류가 있을 수 있다. Feinberg and Mallatt는 책 *Ancient Origins of Consciousness*에서 의식을 세 가지 즉 감각적(외수용적, 정서적, 내수용적) 의식으로 구분한 바 있다.

p282 "그 결과, 사람들은 그 이상의 표지, 느낌과 관련이 있을 수도 있는 어떤 표지를 기대한다."

Lynne U. Snedden et al., "Defining and Assessing Animal Pain," *Animal Behaviour* 97 (2014): 201-12를 보라.

p283 "줄리아 그레이닝과 동료 연구자들은"

Julia Groening, Dustin Venini, and Mandyam V. Srinivasan, "In Search of Evidence for the Experience of Pain in Honeybees: A Self-Administration Study," *Scientific Reports* 7 (2017): 45825.

p284 "텍사스 대학교의 테리 월터스는"

Edgar T. Walters, "Nociceptive Biology of Molluscs and Arthropods: Evolutionary Clues About Functions and Mechanisms Potentially Related to Pain," *Frontiers in Physiology* 9 (2018): 1049와 Robyn J. Crook and E. T. Walters, "Nociceptive Behavior and Physiology of Molluscs: Animal Welfare Implications," *ILAR Journal* 52, no. 2 (2011): 185-95를 보라.

p284 "멜리사 베이트슨과 그의 동료들이 이와 비슷한 유사 감정 상태를"

Melissa Bateson et al., "Agitated Honeybees Exhibit Pessimistic Cognitive Biases," *Current Biology* 21, no. 12 (2011): 1070-73를 보라. 낙관주의에 관련해서는 Clint Perry, Luigi Baciadonna, and Lars Chittka, "Unexpected Rewards Induce Dopamine-Dependent Positive Emotion-Like State Changes in Bumblebees," *Science* 353 (2016): 1529-31를 보라. Cwyn Solvi 는 Clint Perry의 이름 아래 제1저자로 되어 있다.

p285 "판단적 경험에 대한 또 다른 논의는 즉각적 반응(심한 통증을 나타내지만 반사작용일 수도 있다)과 학습(보다 정교한 뭔가의 흔적으로 보인다) 간의 차이를 중심으로 구성된다."

Simona Ginsburg and Eva Jablonka, *The Evolution of the Sensitive Soul: Learning and the Origins of Consciousness* (Cambridge, MA: MIT Press, 2019)에서, "제한 없는 연상 학습(unlimited associative learning)"의 진화는 의식의 출현을 보여 주는 변화로서 여겨진다. 나는 이러한 종류의 학습이 매우 중요한 발견이라고 생각하나, 그것이 의식과 본질적인 연관이 있다고는 보지 않는데, 보다 단순한 동물의 감정과 같은 상태에 대한 연구들이 있기 때문이다.

p288 "복족류의 이러한 가능성을 보여 주는 장면이 나와 같은 지역들을 자주 방문했던 스티브 윙크워스의 비디오에 담겨 있다."

윙크워스의 멋진 유튜브 채널이다. youtube.com/user/swinkworth.

p289 "나는 대니얼 데닛이 우리는 우리와 먼 동물을 볼 때 그들의 "행동 템포와 리듬"에 막대한 영향을 받는다고 언급한 것을 떠올렸다.

그의 "Review of Other Minds," *Biology & Philosophy* 34, no. 1 (2019): 2에 들어 있는 말이다.

p291 "다른 어류들과는 달리 상어와 가오리는 통각 수용기가 없으며"

Michael Tye, *Tense Bees and Shell-Shocked Crabs: Are Animals Conscious?*

(Oxford, UK: Oxford University Press, 2016)와 Lynne U. Sneddon, "Nociception," *Fish Physiology* 25 (2006): 153-78를 보라.

p292 "마르타 소아레스와 동료 연구자들의 (여러 의미로) 멋진 실험에서"
Marta Soares et al., "Tactile Stimulation Lowers Stress in Fish," *Nature Communications* 2 (2011): 534.

p292 "로빈 크룩과 테리 월터스가 연체동물에 관한 리뷰 논문에서 이야기 했듯"
"Nociceptive Behavior and Physiology of Molluscs: Animal Welfare Implications."

p294 "곤충과 달팽이 같은 이들을 살피고 난 다음에는"
곤충에 대한 질문에는 또다른 복잡함이 있다. 지금껏 나는 "곤충" 전체의 삶에 대해 적어 왔다. 그러나 곤충의 라이프스타일에 있어서의 모험 중 한 부분은 변태(metamorphosis), 즉 애벌레에서 나비 같은 성충이 되는 것이다. 많은 곤충들은 형태적으로 구분되는 두 삶을 이끌어간다. 몸의 광범위한 부서짐과 재구축이 이루어진다.

여기서 논의되는 종류의 곤충들에 있어, 명확한 감각과 복잡한 움직임을 지닌 것은 성충이며, 애벌레는 그러하지 않다. (많은 경우 애벌레는 눈을 지니지만, 훨씬 단순하다.) 한편, 손상에 대한 민감성은 애벌레들에 더 크게 나타난다. 성충은 상처를 돌보고 보호하는 능력이 있지만 하지 않는다. 애벌레가 더 민감하지만, 상처를 돌보지는 못한다. 돌보기를 원하더라도 말이다. 다른 한편, 베이트슨과 페리의 연구는 감정과 같은 상태를 성충들에서 찾아냈지만, 나는 애벌레의 행동이 낙관과 비관을 지닐 정도로 복잡한지는 알지 못한다.

p295 "이윽고, 아마도 오르도비스기에는 몇몇 녹조류가"
Karl J. Niklas의 책 *The Evolutionary Biology of Plants* (Chicago: University of Chicago Press, 1997)는 꽤 오래 되었지만 매우 흥미로운 저작이다. 초

기 단계에 관한 보다 최근 저작으로 Charles H. Wellman, "The Invasion of the Land by Plants: When and Where?," *New Phytologist* 188, no. 2 (2010): 306–309 및 Jennifer L. Morris et al., "The Timescale of Early Land Plant Evolution," *Proceedings of the National Academy of Sciences USA* 115, no. 10 (2018): E2274–83이 있다.

여러 방식으로 광합성을 하는 동물에 대한 리뷰로 Mary E. Rumpho et al., "The Making of a Photosynthetic Animal," *Journal of Experimental Biology* 214 (2011): 303–311을 보라. 많은 식물들의 성 세포에 이동의 흔적들이 남아 있다. 양치식물과 소철류 식물 등은 수정을 위해 헤엄을 치는 정자를 갖고 있다. 생애 주기의 한 작은 부분에서 움직이는 것이다. 이보다 더 이동적인 삶을 쟁취하는 속에서, 식물들은 두꺼운 세포벽에 제약을 받는다. 이것은 그들이 극복해야 하는 무언가가 된다.

p297 "식물의 입장에 선 사람들에게 어떤 식물이 가장 똑똑하냐고 묻는다면"

내가 물은 한 식물학자는 Monica Gagliano로, Thus Spoke the Plant (Berkeley, CA: North Atlantic Books, 2018)의 저자이다. 그녀는 식물은 학습의 단순한 형태를 보여줄 수 있다고 주장하였다. Monica Gagliano et al., "Learning by Association in Plants," *Scientific Reports* 6 (2016): 38427를 참조하라. 문제적인 식물은 덩굴식물이다. 위로 뻗는 덩굴 식물들은 몇몇 예외(겉씨식물인 그네툼[gnetum]과 양치식물인 해금사[lygodium])를 빼고는 대부분 속씨식물 즉 종자식물이다.

p297 "다윈은 이것을 알고 있었다."

찰스 다윈이 아들 프란시스 다윈과 함께 쓴 *The Power of Movement of Plants* (London: John Murray, 1880)를 보라.

p297 "나를 놀라게 만든 사례 하나를 소개하겠다."

Masatsugu Toyota et al., "Glutamate Triggers Long-Distance, Calcium-Based Plant Defense Signaling," *Science* 361 (2018): 1112-15.

p298 "식물의 이러한 점은 적어도 *18*세기 후반"

Johann Wolfgang von Goethe, *Metamorphosis of Plants* (1790)와 Erasmus Darwin의 *Phytologia* (1800)를 보라.

p299 "특별한 경우에는 그 연결이 매우 단단해져서"

이러한 연결 속에서 산호나 이끼벌레와 같은 모듈식 동물의 신경 체계에 대해 생각하는 것은 흥미롭다. 각각의 "조이드(zoid)" 즉 편모를 지닌 생식 세포가 그 스스로의 신경 체계를 가지고 있다고 생각한다면 말이다.

p300 "식물을 그저 "아주 느린 동물"로 여기는 시각에는 동의하지 않는다."

인용은 식물의 감각에 관한 이야기 "Plants Can See, Hear and Smell— and Respond," *C Earth*, January 10, 2017에서 가져왔다.

p301 "놀라운 전기-식물학적 사실이 기다리고 있을지도 모른다."

이러한 지점은 매우 흥미를 돋운다. Gabriel R. A. de Toledo et al., "Plant Electrome: The Electrical Dimension of Plant Life," *Theoretical and Experimental Plant Physiology* 31 (2019): 21-46.

p302 "식물과 같은 생명체의 감각과 신호에 관한 연구가 진전되면서, 이들 내부에서 일어나는 것들을 설명하기 위해 "최소 인지"라는 개념이 도입되었다."

이 개념은 꽤나 논쟁적인데, Pamela Lyon, "Of What Is 'Minimal Cognition' the Half-Baked Version?," *Adaptive Behavior*, September 2019의 제목에 드러나 있는 이유 때문이기도 하다. Jules Smith-Ferguson and Madeleine Beekman, "Who Needs a Brain? Slime Moulds, Behavioural Ecology and Minimal Cognition," *Adaptive Behavior*, January 2019도 참조하라.

9. 지느러미, 다리, 날개

p305 "척추동물의 이야기는 달랐다."

여기서 나는 Miriam Ashley-Ross et al., "Vertebrate Land Invasions—Past, Present, and Future: An Introduction to the Symposium," *Integrative and Comparative Biology* 53, no. 2 (2013): 192-96와 Jennifer A. Clack, *Gaining Ground: The Origin and Evolution of Tetrapods*, 2nd ed. (Bloomington: University of Indiana Press, 2012)를 참조하였다.

p306 "사실 척추동물들에게 마른 땅은 장애물로 가득하다."

메기의 삼키기에 대하여는 Sam Van Wassenbergh, "Kinematics of Terrestrial Capture of Prey by the Eel-Catfish Channallabes apus," *Integrative and Comparative Biology* 53, no. 2 (2013): 258-68를 보라.

p307 "또 다른 난점은 육지가 알을 낳기에 적합하지 않은 공간이라는 것이었다."

이는 때로 장애물로 여겨져 왔다. 반면에 최근의 연구는, 물을 떠나지 않는 현존 어류들 몇몇이 알을 낳기 위해 뭍으로 외도를 하는 것처럼, 뭍에서의 재생산이 지금껏 보았던 만큼 나쁜 문제는 아니었다고 주장하였다. 몇몇 어류들은 조수가 바뀌는 사이에 잠시 뭍에 체류하며 알을 남긴다. 또 다른 어류인 스플래시 테트라(splash tetra)의 경우, 짝짓기는 돌출된 이파리로 둘이 도약하는 중간에 이루어지고, 알은 이파리에 남는다. 그러고 나서 수컷은 알들에 몇 분마다 물을 끼얹어 알이 배양되는 동안 습기를 유지토록 하고, 알을 까고 나온 물고기들이 물로 다시 떨어지게 된다.

이러한 사례들 속에서, 물은 아마도 산소의 풍부함과 높은 온도로 인해 알에게 좋은 장소가 된다. 육지는 이점과 난점을 모두 갖고 있다. Karen L. M. Martin and A. L. Carter, "Brave New Propagules: Terrestrial Embryos in Anamniotic Eggs," *Integrative and Comparative Biology* 53, no. 2 (2013): 233-47를 보라.

p307 ""처음에는 단궁류라 불리는 무리가 더 크고, 더 많고, 더 다양했다. "
이 부분에서 나는 Steve Brusatte, 『완전히 새로운 공룡의 역사(*The Rise and Fall of the Dinosaurs: A New History of Their Lost World*)』(양병찬 옮김, 웅진지식하우스, 2020)를 대대적으로 참조했다.

p312 "완전한 형태의 내온성은 포유류와 조류에서 각기 독립적으로 발달하였다."
아마도 트라이아스기 이전의 최초 포유류 혹은 줄기 그룹(stem-group) 포유류들일 것이나, 여전히 논쟁중이다.
　　주지해야 할 두 가지의 구분이 있다. 온혈성와 외온성(ectothermy)은 각기 스스로의 열을 만들어냄과 주변 환경에서 열을 얻는 것이다. 항온성(homeothermy)과 변온성(poikilothermy)은 각기 항상적인 체온과 변화하는 체온의 문제이다. 우리 포유류들은 온혈성이며 항온성이다. 초기의 저작들을 논의하는 논문으로 Michael S. Hedrick and Stanley S. Hillman, "What Drove the Evolution of Endothermy?," *Journal of Experimental Biology* 219 (2016): 300-301를 보라.

p313 "케임브리지 대학교 사이먼 래플린 연구실의 면밀한 연구는"
Benjamin W. Tatler, David O'Carroll, and Simon B. Laughlin, "Temperature and the Temporal Resolving Power of Fly Photoreceptors," *Journal of Comparative Physiology A* 186, no. 4 (2000): 399-407를 참조하라.

p313 "바다에서 온혈성은 드물다."
Barbara A. Block et al., "Evolution of Endothermy in Fish: Mapping Physiological Traits on a Molecular Phylogeny," *Science* 260 (1993): 210-14와 Kerstin A. Fritsches, Richard W. Brill, and Eric J. Warrant, "Warm Eyes Provide Superior Vision in Swordfishes," *Current Biology* 15, no. 1 (2005): 55-58를 보라. 이 주제에 대한 생각을 도와준 Bill Blessing에 감사한다.

p313 "오래전 살았던 어룡을 비롯한 몇몇 포식성 해양 파충류들도 내온성을 지녔을 가능성이 있다."

Jorge Cubo et al., "Bone Histology of Azendohsaurus laaroussii: Implications for the Evolution of Thermometabolism in Archosauromorpha," *Paleobiology* 45, no. 2 (2019): 317-30를 보라.

p314 "공룡의 체온은 뜨거운 논쟁거리다."

Brusatte의 『완전히 새로운 공룡의 역사』를 보라.

p316 "또한 뇌의 양측은 다소간 다른 "스타일"로 프로세스를 처리하고"

Giorgio Vallortigara와 Lesley Rogers의 많은 연구를 참조하였다 (Lesley Rogers에게 이 자료의 도움에 감사를 표한다). 여기에는 Giorgio Vallortigara, "Comparative Neuropsychology of the Dual Brain: A Stroll through Animals' Left and Right Perceptual Worlds," *Brain and Language* 73, no. 2 (2000): 189-219와 Lesley J. Rogers, "A Matter of Degree: Strength of Brain Asymmetry and Behaviour," *Symmetry* 9, no. 4 (2017): 57가 포함된다. 리뷰에 관해서는, 다시 한 번 Rogers, Vallortigara, and Andrew, *Divided Brains: The Biology and Behaviour of Brain Asymmetries*를 참조하라.

p316 "예를 들면, 지오르지오 발로티가라와 루카 토마시는 병아리 눈에 잠시 안대를 씌워,"

Vallortigara의 "Comparative Neuropsychology of the Dual Brain"을 보라. 그는 또한 두꺼비에 관한 연구를 요약하고 있다.

p317 "특히나 도마뱀과 물고기 연구자들은 이 동물들과 인간의 "분할뇌" 사례를 노골적으로 비교하여 왔다."

위에 언급된 Vallortigara를 인용한다. "어류나 파충류와 같은 동물들은 대체로, 동측성 전달(ipsilateral projection)이 매우 적은 상태에서 눈이 머리의 양 측면에 위치해 있다는 사실을 조합한다. (따라서 각 눈은 반대쪽 눈으로 전달되는 반쪽 공간으로의 접근이 제한된다.) 그들은 뇌량에 상응하는 구조체가 없고, 대신 앞쪽의 작은 이음새 그리고 종뇌(telencephalon)의 등쪽 부위를 연결하는 해마 교련(hippocampal commissure)이 있을 뿐이다. 신경해부학적으로, 그들은 "분할뇌" 대비책들에 꽤나 가깝게 여겨질 수 있다. (Deckel, 1995, 1997를 보라)."

Deckel의 연구는 아놀도마뱀(anolis lizards)에 관한 것으로, 그들을 분할뇌 상태와 끊임없이 비교한다. "포유류와는 다리, 아놀도마뱀의 시각 체계는 어떤 의미에서 '분할뇌' 대비 즉 왼쪽 뇌반구가 상대적으로 오른쪽 반구에 의해 지각되고 처리되는 정보를 '인식하지 못하는' 조건으로 여겨진다." A. Wallace Deckel, "Laterality of Aggressive Responses in Anolis," *Journal of Experimental Zoology* 272, no. 3 (1995): 194-200.

p318 "장님동굴고기 역시 유사한 성향을 지니고 있다."

Theresa Burt de Perera and Victoria A. Braithwaite, "Laterality in a Non-Visual Sensory Modality—The Lateral Line of Fish," *Current Biology* 15, no. 7 (2005): R241-42를 보라. Victoria Braithwaite는 이 책을 쓰다가 사망하였다. 그녀는 감응에 대한 멋진 작업을 하였고, 그녀를 잘 알지는 못하지만 아주 멋진 사람인 듯하였다.

p319 "그러나 때로 몸의 절반만 창백해지고 나머지는 그렇게 되지 않기도 한다."

그러나 달아나는 움직임 자체는 즉시 몸 전체를 가로질러 협응되는 것처럼 보인다. 그것은 팔이 달아나려고 준비하는 쪽만이 신호를 하는 것이 아니다. 어떤 경우, 회피는 이완된 팔로 단순히 분사하고 나부끼는 것만으로 이루어지는 쉬운 것이다. 그러나 다른 경우, 여덟 다리로 겨우겨우 기어가는 것일 때도 있다. (『아더 마인즈』의 마지막 장에, 분절된 피부색의 그림이 포함되어 있다.)

p319 "새가 한쪽 눈만으로 어떤 과제(일종의 선택)를 학습한다면"

Laura Jiménez Ortega et al., "Limits of Intraocular and Interocular

Transfer in Pigeons," *Behavioural Brain Research* 193, no. 1 (2008): 69-78 를 보라.

p319 "캥거루 등의 유대류나 오리너구리 등 단공류의 경우 뇌량이 없다는 사실을 알고 놀랐다."

Rodrigo Suárez et al., "A Pan-Mammalian Map of Interhemispheric Brain Connections Predates the Evolution of the Corpus Callosum," *Proceedings of the National Academy of Sciences USA* 115, no. 38 (2018): 9622-27를 참조하라. 그들에 의하면, "선천적으로 뇌량이 없지만 반구간 통합 기능은 지닌 사람들은, 종종 진수류외(noneutherian)의 신경망을 닮은 보완적 전교련(anterior commissure)이 있는 경우가 있다."

p321 "앞서 언급한 병아리 연구의 주인공이자, 이러한 좌우 차이에 대해 수십 년간 연구해온 지오르지오 발로티가라는"

그의 "Comparative Neuropsychology of the Dual Brain"을 보라.

p321 "다름의 정도는, 5장에서 논의한 자아와 관련 요소들의 역할 및 7장에서 이야기한 뇌의 동적 특성에 따라 달라질 것이다."

앞서 나 역시 분할뇌 상황을, 뇌 윗부분의 각 반구가 차례로 잠이 들게 하는 와다 실험 절차와 비교한 바 있다. 와다 실험은 분할뇌 환자의 빠른 전환 가능성을 지지하기 위한 앞의 논의에서 사용되었다. 이 실험의 경우, 피험자의 뇌량이 온전하기 때문에 실험 밖의 상황에서는 두 반구 모두 그리고 뇌 전체가 내적 연계를 지니어 대규모 동적 특성들이 일원화될 수 있게끔 한다. 분할뇌 사례에서 나타나는 빠른 전환에서, "하나의 정신" 상태란 대규모 동적 패턴을 통합하는 수많은 연결이 부재하는 상태일 것이다.

p323 "돌고래는 절대적으로나 몸 크기에 비해서나 매우 큰 뇌를 가졌다."

Kieran C. R. Fox, Michael Muthukrishna, and Susanne Shultz, "The Social and Cultural Roots of Whale and Dolphin Brains," *Nature Ecology*

& *Evolution* 1 (2017): 1699-705와 Lori Marino, Daniel W. McShea, and Mark D. Uhen, "Origin and Evolution of Large Brains in Toothed Whales," *The Anatomical Record Part A, Discoveries in Molecular Cellular and Evolutionary Biology* 281, no. 2 (2004): 1247-55; 그리고 Richard C. Connor, "Dolphin Social Intelligence: Complex Alliance Relationships in Bottlenose Dolphins and a Consideration of Selective Environments for Extreme Brain Size Evolution in Mammals," *Philosophical Transactions of the Royal Society of London B*, *Biological Sciences* 362 (2007): 587-602를 참조하라.

p324 "돌고래는 진수류 포유류처럼 뇌의 반구를 연결하는 뇌량을 갖고 있지만"

Raymond J. Tarpley and Sam H. Ridgway, "Corpus Callosum Size in Delphinid Cetaceans," *Brain, Behavior and Evolution* 44, no. 3 (1994): 156-65를 보라.

p325 "왜 그녀가 그를 선택했는지는 알 수 없었다."

그의 빨간 머리 때문이었을까? 돌고래들은 그들의 육상 친척들과는 달리 색맹으로 여겨진다. 그들 눈의 생리학은 그들이 색을 보지 못함을 시사하지만, 문어의 경우와 마찬가지로 돌고래들에게 색을 구분하는 숨겨진 수단이 있을 수도 있다. 행동적인 증거는 아직 모호하다. Ulrike Griebel and Axel Schmid, "Spectral Sensitivity and Color Vision in the Bottlenose Dolphin (Tursiops truncatus)," *Marine and Freshwater Behaviour and Physiology* 35, no. 3 (2002): 129-37를 참조하라. 그들은 한 개체에서 색 민감성을 찾아냈다. 문어의 색 민감성에 대한 최근의 흥미로운 연구가, 다음의 저자가 말한 것처럼 돌고래에도 적용될는지 모른다. Alexander L. Stus and Christopher W. Stus, "Spectral Discrimination in Color Blind Animals via Chromatic Aberration and Pupil Shape," *Proceedings of the National Academy of Sciences USA* 113, no. 29 (2016): 8206-11.

p327 "육지는 지구의 *3분의1*을 차지하지만 적어도 다세포 생물종의 약 *85* 퍼센트가 살고 있다."

Geerat J. Vermeij and Richard K. Grosberg, "The Great Divergence: When Did Diversity on Land Exceed That in the Sea?," *Integrative and Comparative Biology* 50, no. 4 (2010): 675–82와 Grosberg, Vermeij, and Peter C. Wainwright, "Biodiversity in Water and on Land," *Current Biology* 22, no. 21 (2012): R900–903를 참조하라.

p328 "*2017*년의 논문에서, 버메이는 진화적 혁신의 목록을 살피고"

이는 그의 논문 "How the Land Became the Locus of Major Evolutionary Innovations," *Current Biology* 27, no. 20 (2017): 3178–82이다.

10. 점진적 조합

p331 "한밤중 깨어났을 때 나는 내가 어디에 있는지 알지 못했고"

Proust의 *Swann's Way*, trans. C. K. Scott Moncrieff (New York: Henry Holt, 1922). 우리말로는 번역자가 직접 번역했다.

p334 "캐나다의 심리학자 엔델 툴빙은 *1970*년대와 *1980*년대에 일화 기억 개념을 명명하고"

원전은 그의 "Episodic and semantic memory," in Endel Tulving and Wayne Donaldson, *Organization of Memory* (New York: Academic Press, 1972)이다. 환자인 켄트 코크레인은 원래 "KC"라고만 알려져 있었다.

p334 "고음악 전문가인 영국의 클라이브 웨어링은"

그의 부인 Deborah Wearing이 그의 사례와 삶을 함께 적은 *Forever Today: A Memoir of Love and Amnesia* (London: Transworld, 2004)를 펴냈다. Wearing의 사례는 Oliver Sacks의 "The Abyss," *The New Yorker*,

September 24, 2007에도 묘사되어 있다.

p334 "2007년경, 이 문제들의 관계에 대한 새로운 데이터를 제시하고, 이를 이론 또는 이론의 집합으로 엮은 일련의 논문들이 발표되었다."

Donna Rose Addis, Alana T. Wong, and Daniel L. Schacter, "Remembering the Past and Imagining the Future: Common and Distinct Neural Substrates During Event Construction and Elaboration," *Neuropsychologia* 45, no. 7 (2007): 1363-77와 Demis Hassabis, Dharshan Kumaran, and Eleanor A. Maguire, "Using Imagination to Understand the Neural Basis of Episodic Memory," *Journal of Neuroscience* 27, no. 52 (2007): 14365-74를 포함한다. 나는 여기서 특히 Thomas Suddendorf, Donna Rose Addis, and Michael C. Corballis, "Mental Time Travel and the Shaping of the Human Mind," *Philosophical Transactions of the Royal Society B* 364 (2009): 1317-24와 Daniel L. Schacter et al., "The Future of Memory: Remembering, Imagining, and the Brain," *Neuron* 76, no. 4 (2012): 644-94, Donna Rose Addis, "Are Episodic Memories Special? On the Sameness of Remembered and Imagined Event Simulation," *Journal of the Royal Society of New Zealand* 48, no. 2-3 (2018): 64-88를 참조하였다. 경험되지 않은 시각으로부터의 기억에 관하여는 Schacter and Addis, "Memory and Imagination: Perspectives on Constructive Episodic Simulation," in *The Cambridge Handbook of the Imagination*, ed. Anna Abraham (Cambridge, UK: Cambridge University Press, 2020)에 들어 있다.

p337 "이 분야의 뛰어난 심리학자 도나 로즈 애디스는"

이는 논문 "Are Episodic Memories Special?"에서 보여진다.

p337 "꿈의 문제를 종교와 영적 개념으로 다루는 것이 상식이었던 수 세기를 지나"

"The Brain as a Dream State Generator: An Activation-Synthesis Hypothesis of the Dream Process," *American Journal of Psychiatry* 134, no.

12 (1977): 1335-48. 이 부분에서의 꿈에 대한 나의 논의는 Erin J. Wamsley and Robert Stickgold, "Dreaming and Offline Memory Processing," *Current Biology* 20, no. 23 (2010): R1010-13에 의존하였다.

p338 "그 후 프란시스 크릭과 그레이엄 미치슨은 꿈이 곧 정크라는"

"The Function of Dream Sleep," *Nature* 304 (1983): 111-14.

p338 "이러한 과거의 이론과 맞서는 최근에 등장한 몇몇 이론이 꿈이 하는 일에 대한 설명으로 가장 타당해 보인다."

Wamsley and Stickgold, "Dreaming and Offline Memory Processing"를 참조하고 있다.

p339 "마르틴 하이데거의 시대부터 철학에 숨어 있던 환기적 구절이자 앤디 클라크의 영향력 있는 책 제목으로 쓰였던"

이는 하이데거의 『존재와 시간』에서의 중심이 되는 독일어 "Dasein"의 한 번역인데, 그 스스로는 "거기 있음(being there)"은 "Dasein"의 좋은 번역이 아니라고 명백히 생각하였다. (Hubert L. Dreyfus, *Being-in-the-World: A Commentary on Heidegger's "Being and Time"* [Cambridge, MA: MIT Press, 1990]를 보라). 앤디 클라크의 책은 *Being There: Putting Brain, Body, and World Together Again* (MIT Press, 1997)이다. 헤겔 역시 이 "Dasein"을 그의 『대논리학(Science of Logic)』(1812-16)에서 사용했지만, 이 개념을 유명하게 만든 것은 하이데거이다.

p339 "수면 자체는 동물들에게도 매우 보편적이고"

Alex C. Keene and Erik R. Duboue, "The Origins and Evolution of Sleep," *Journal of Experimental Biology* 221, no. 11 (2018): jeb159533의 리뷰를 보라. 몇몇 해파리(상자해파리, Cubozoa)조차 잠 같은 것을 행한다.

p339 "꽤 화려한 빛깔을 갖춘 문어의 친척 갑오징어는 수면에 관한 두 가지 주목할 만한 연구의 대상이다."

Marcos G. Frank et al., "A Preliminary Analysis of Sleep-Like States in the Cuttlefish Sepia officinalis," *PLOS ONE* 7, no. 6 (2012): e38125와 Teresa L. Iglesias et al., "Cyclic Nature of the REM Sleep-Like State in the Cuttlefish Sepia officinalis," *Journal of Experimental Biology* 222 (2019): jeb174862.

p341 ""장소 세포"는 쥐가 경험하는 물리적 환경을 그려 내는 뇌 체계 속의 많이 연구된 한 부분이다."

광대한 문헌이 존재한다. 고전적 저작으로는 John O'Keefe and Lynn Nadel, *The Hippocampus as a Cognitive Map* (Oxford, UK: Clarendon / Oxford University Press, 1978)가 있다. 보다 최근의 작업으로는, H. Freyja Ólafsdóttir et al., "Hippocampal Place Cells Construct Reward Related Sequences Through Unexplored Space," *eLife* 4 (2015): e06063 와 H. Freyja Ólafsdóttir, Daniel Bush, and Caswell Barry, "The Role of Hippocampal Replay in Memory and Planning," *Current Biology* 28, no. 1 (2018): R37–50가 있다. 최근의 연구는 학습하고 계획을 세울 때 깨어 있는 쥐들이 재생하고(replay) 미리 움직여 보는(preplay) 사이의 지속적인 상호작용을 보여 주어 왔다. Justin D. Shin, Wenbo Tang, and Shantanu P. Jadhav, "Dynamics of Awake Hippocampal-Prefrontal Replay for Spatial Learning and Memory-Guided Decision Making," *Neuron* 104, no. 6 (2019): 1110–25.e7.

p342 "경로의 재연은 렘 수면과 서파 수면으로 비교할 수 있다."

서파 수면에 관해서는 Thomas J. Davidson, Fabian Kloosterman, and Matthew A. Wilson, "Hippocampal Replay of Extended Experience," *Neuron* 63, no. 4 (2009): 497–507를 보라. 렘 수면 속 자연스러운 페이스의 재생과 관련해서는 Kenway Louie and Matthew A. Wilson, "Temporally Structured Replay of Awake Hippocampal Ensemble

Activity during Rapid Eye Movement Sleep," *Neuron* 29, no. 1 (2001):
145-56을 보라. 비교는 Ólafsdóttir, Bush, and Barry, "The Role of
Hippocampal Replay in Memory and Planning"에서 이루어지고 있다.

p347 "만일 당신이 정상적인 생명체라면(그리고 깨어 있다면), 당신은 매
순간에 해당하는 경험 프로파일을 가지고 있다."

이는 보다 약한 주장으로 의도되어 있지만, 나는 Michael Tye의 "일경
험(one experience) 관점"에 어느 정도 동감한다. 그의 *Consciousness and
Persons* (Cambridge, MA: MIT Press, 2003)를 보라. 나를 우려시키는
것은 6장과 8장에서 옹호한 비단일성 및 부분적 통합에 대한 아이디어
로 이 시각을 둘러싸는 것이다. 경험 프로파일의 개념은 설의 의식에 대
한 "통합된 장" 시각을 상기시키지만, 나는 이 시각이 이 장 그리고 7장
에서 논의된 "장" 개념을 잘못 사용한 것일 수 있다고 생각한다. 그의
"Consciousness," 2000를 보라.

p349 "동물(개미, 해파리, 오징어) 안의 의식의 조명은 켜져 있든 꺼져 있
든 둘 중 하나라는 것이다."

이는 2007년의 NYU Animal Consciousness conference에서 논의되었
다. Michael Tye는 다른 이들과 마찬가지로 그의 발표 및 논의에서 점진
주의를 거부하였다. Jonathan A. Simon, "Vagueness and Zombies: Why
'Phenomenally Conscious' Has No Borderline Cases," *Philosophical Studies*
174 (2017): 2105-23도 보라. Tim Bayne, Jakob Hohwy, and Adrian
M. Owen은 이를 "the notion of degrees of consciousness is of dubious
coherence": "Are There Levels of Consciousness?," *Trends in Cognitive
Sciences* 20, no. 6 (2016): 405-13에서 이야기한다.

p351 "나는 그들이 인간이 아기일 때 처음으로 의식을 얻는 것에 대해서도
똑같은 이야기를 할 것이라고 생각한다."

Alison Gopnik, 『우리 아이의 머릿속(*The Philosophical Baby: What
Children's Minds Tell Us About Truth, Love, and the Meaning of Life*)』(김아

영 옮김, 랜덤하우스코리아, 2011)를 보라.

p353 "많은 최신 연구에서, 연구자들은 아주 미세한 정보 처리 모델, 즉 뇌의 프로세스에서 특정한 중요 단계나 경로를 찾아내는 모델을 사용하여 의식 경험을 설명하려고 한다."

Stanislas Dehaene 버전의 "작업공간(workspace)" 시각이 여기에서 초점이 된다. 그의 책『뇌의식의 탄생(*Consciousness and the Brain: Deciphering How the Brain Codes Our Thoughts*)』(박인용 옮김, 한언, 2017)을 보라. 같은 계열의 다른 시각은 Prinz의 *The Conscious Brain* (Oxford, UK: Oxford University Press, 2012)에서 드러나는 AIR 관점, Michael Tye의 *Ten Problems of Consciousness: A Representational Theory of the Phenomenal Mind* (Cambridge, MA: MIT Press, 1995) 속의 PANIC 관점 등이 있다.

p354 "나는 이러한 실험 결과들을 존중하지만, 그들의 해석 방식과 전체적 그림을 그려 내는 방식에는 동의할 수가 없다."

Morten Overgaard의 작업이 대안적 해석을 위한 자극이 된다. 한 예로 Morten Overgaard et al., "Is Conscious Perception Gradual or Dichotomous? A Comparison of Report Methodologies During a Visual Task," *Consciousness and Cognition* 15 (2006): 700–708를 보라.

p354 "프랑스의 신경과학자 스타니슬라스 드앤이"

『뇌의식의 탄생』을 보라.

p363 "다음으로 인공지능의 영역에서 내가 가장 동의하지 않는 것은 "업로드" 시나리오다."

업로딩에 관한 논문 모음으로 Russell Blackford and Damien Broderick, eds., *Intelligence Unbound: The Future of Uploaded and Machine Minds* (Malden, MA: John Wiley and Sons, 2014)이 있으며, 이 안에 David Chalmers와 Massimo Pigliucci의 논문들도 포함되어 있다.

p365 "이 책에는 포유류에 대한 내용이 많지 않아서"

Jonathan Birch, "Animal Sentience and the Precautionary Principle," *Animal Sentience* 2017.017를 보라.

p366 "이 책은 포유류에 대한 많은 내용을 포함하지 않았기에"

이 장 앞 부분에 언급된 Hobson의 연구는 고양이에 관한 매우 충격적인 실험을 포함하고 있다.

p366 "뇌가 어떻게 작동하는지에 대한 질문들이 이 연구에 의해 바뀌었고"

위의 "장소 세포"에 대해 인용된 작업을 참조하라. 노벨상은 2014년에 John O'Keefe(절반)와 May-Britt Moser와 Edvard Moser(절반, 공동)에 주어졌다. 현재 대량으로 사용되고 있는 쥐의 사례에 특히 초점을 둔, 동물 실험에 대한 논의로는 Phillip Kitcher, "Experimental Animals," *Philosophy and Public Affairs* 43, no. 4 (2015): 287-311를 보라.

p367 "이러한 종류의 추론이 현재 상황에 만연하다고 할지라도, 동물에게 일어날 수 있는 경험적 영향을 줄이면서 실험을 유익하게 유지하기 위해 많은 것을 할 수 있다."

이 모든 이슈들에 관련해서는 Lori Gruen, *Ethics and Animals: An Introduction* (Cambridge, UK: Cambridge University Press, 2011)를 보라.

p371 "이 용어는 이러한 질문과 씨름했던 헤켈이 만들어 낸 것이지만"

이는 그의 "Our Monism" (1892)에 나타나 있다. 나는 이 사유를 "Mind, Matter, and Metabolism," *Journal of Philosophy* 113, no. 10 (2016): 481-506에서 논한 바 있다.

p374 "1920년대에, 철학자 존 듀이는"

그의 *Experience and Nature* (Chicago: Open Court, 1925), 227-28를 참조하라.

p374 "*30년 전 학생일 때 학회에 가서*"

이는 1989년의 Eastern Division Meeting of the American Philosophical Association으로, Crispin Wright, Warren Goldfarb, John McDowell이 함께한 "Thought of Wittgenstein"라는 심포지움이 있었다.

p374 "*20세기 초중반에 활동했던 비트겐슈타인은*"

그의 『철학 탐구(*Philosophical Investigations*)』, trans. G.E.M. Anscombe (London: Basil Blackwell, 1953)와 Gilbert Ryle, 『마음의 개념(*The Concept of Mind*)』(이한우 옮김, 문예출판사, 1994)을 보라. Ryle의 인용은 다음과 같다: "이론가들이 해석하듯 '정신은 그 자신의 장소(place)이다' 라는 언설은 진실이 아닌데, 정신은 비유적으로조차 '장소'가 아니기 때문이다. 반대로, 체스판, 플랫폼, 학자의 책상, 판사의 의자, 트럭 운전사의 자리, 방과 축구장이 그 장소들 속에 있다. 이것들은 사람들이 어리석게 혹은 영민하게 일하고 노는 장소들이다."

p375 "*이러한 주제를 좇으며, 모임의 연사 중 하나인 크리스핀 라이트는*"

다른 이들도 논하였지만, Wright가 이 아이디어를 제시하였다고 생각한다. Wright의 "Wittgenstein's Later Philosophy of Mind: Sensation, Privacy, and Intention," in *Meaning Scepticism*, ed. Klaus Puhl (Berlin: De Gruyter, 1991), 126-47 (Journal of Philosophy에 실린 Wright의 같은 제목 논문과 다르다) 및 같은 논문집에 실린 McDowell's "Intentionality and Interiority in Wittgenstein"을 보라.

감사의 말

이 책은 점점 더 많은 동물 그룹들, 계속 쌓여가는 연구 문헌들, 그리고 많은 과학적 철학적 경로들, 골목들로 헤매어 가는 형태를 취하며 완성되었다. 이 영역의 전문가들과의 논의와 소통이 없었다면 많은 단계에서 완전히 길을 잃었을 것이다. 순서대로 대략 적어보자면, 크리스 실즈, 앨리슨 시몬스, 개리 햇필드, 모린 오말리, 가스파르 제켈리, 톰 데이비스, 데이브 하라스티, 메릴 라킨, 짐 겔링, 존 앨런, 스티브 웨일런, 게리 콥, 앤드류 배런, 팜 라이언, 닉 레인, 데릭 덴튼, 비외른 메르케르, 비외른 브렘스, 매들린 비크먼, 킴 스턴리, 앤드류 놀, 닉 스트라우스펠드, 조나단 버치, 에반 톰슨, 마이클 쿠바, 엘리자베스 셰흐터, 팀 베인, 브루노 판 스빈데렌, 라스 치트카, 크윈 솔비, 클레어 오캘러한, 크리스토프 코흐, 테리 월터스, 캐서린 프레스턴, 모니카 갈리아노, 그리고 레슬리 로저스에게 감사한다. 특별히, 정신에 대하여 보다 덜 교조적인 철학으로 이끈 프레드 케이저르와 로사 카오에게 감사를 보내며, 오래 전 내가 동물을 다르게 볼 수 있도록 이끌어준 로리 그루엔에게도 고마움을 전한다.

알베르토 라바와 레베카 겔렌터, 두 삽화가의 작업을 실을 수 있어 기쁘다. 알베르토는 다이버이자 아티스트로, 동물이 어떻게 움직이고 어떻게 그들의 몸 속에 거하는지 잡아내는 솜씨가 있다. 그의 작업은 77, 90, 123, 193, 237, 259, 280, 311쪽에 있다. 레베카 겔렌터의 우아하면서도 과학적 정밀성을 갖춘 특색 있는 작품은 67, 88, 99, 114, 135, 171, 315쪽에 있다.

교열자의 역할은 종종 감사의 말에서 생략되어 있지만, 두 번째로 함께 작업한 애니 괴틀렙은 원고의 미묘하면서도 실질적인 발전을 이끌어내는 완벽한 일을 해 주었다. 바다와 관련하여서는, 매튜 로렌스, 데이비드 실, 마티 힝, 카일리 브라운에게 큰 감사를 전하고 싶다. 렘베의 쿵쿵안 베이 리조트에서 다이빙 가이드를 해 준 짐 리스 마무코와, 고래상어와 관련하여 많은 도움을 준 라이브 닝갈루의 크리스 젠센과 케이티 앤더슨에게 감사를 표한다. 마법과도 같은 공기를 가득 넣어준 렛츠고 어드벤처스의 믹 토드와 핏 퍼스트 다이브의 트루디 캠페이, 그리고 다이브 센터 맨리의 리처드 니콜스에게도 고마움을 전한다. 이 멋진 장소들을 돌봐준 캐비지 트리 베이 아쿠아틱 리저브와 부더리 국립 공원, 저비스 베이 마린 파크의 관리인들, 그리고 그레이트 레이크 마린 파크, 포트 스티븐스의 관리인들에게 감사를 전한다.

이 과학적 경로를 헤쳐 나가는 것을 도와 준 이들, 그리고 물 속과 주변에서 도와준 이들과 더불어서, 몇몇 사람들이 각 부분, 그리고 모든 단계에 관련된 몇 명이 있다. 멋진 솜씨와 날카로운 비판적 시각을 보여 준 제인 셀든과, 깊은 관심과 통찰로 이 글을 모든 면에서 형태짓는 데 도움을 준 편집자 알렉스 스타, 그리고 이 전체 기획을 멋지게 탈바꿈시켜준, 나의 에이전트 사라 칼판트에게 깊이 감사한다.

찾아보기